현대의 천문학 시리즈 | 02

Modern Astronomy Series

우주론 I

- 우주의 시작 -

사토 카츠히코佐藤勝彦 · 후타마세 토시후미二間瀨敏史 엮음

오충식 옮김

지성사

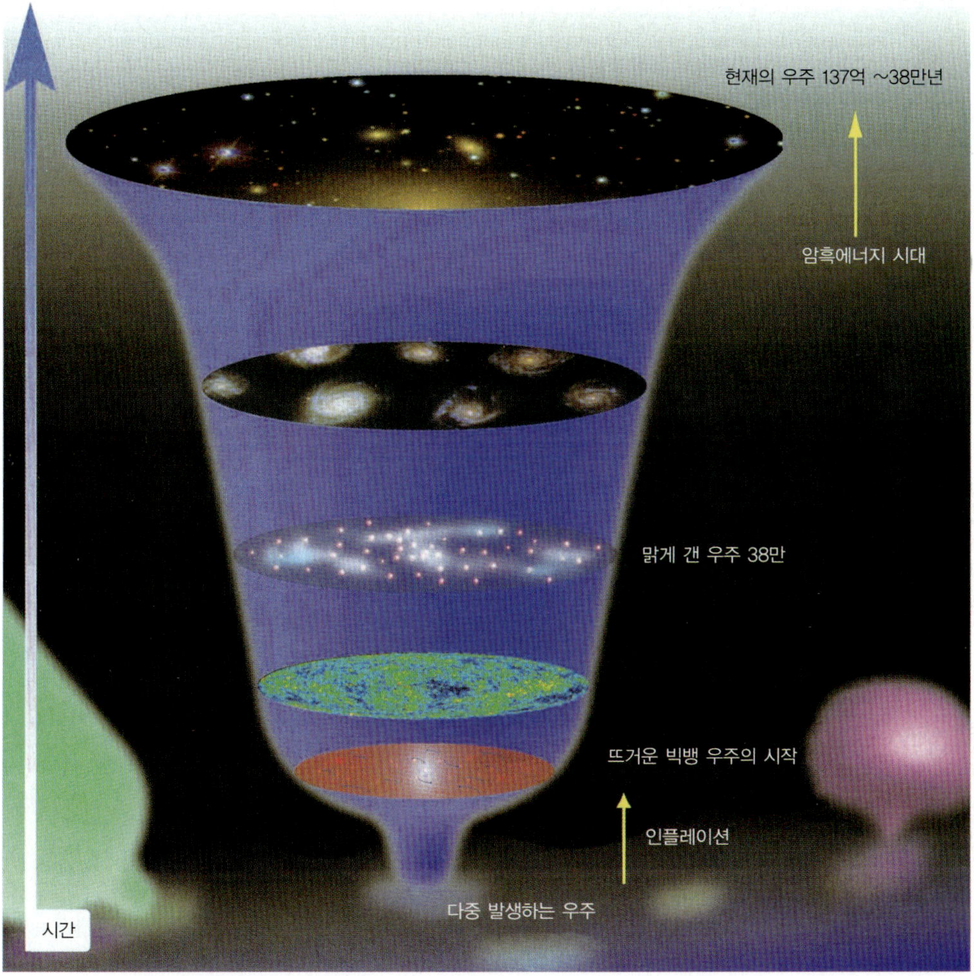

화보 1 양자 깔때기모형(우주 역사의 모식도)
일설에 따르면 무수히 많은 우주가 '무'라는 양자 상태에서 태어나 일부는 인플레이션을 일으켜 거대한 우주로 진화한다. 인플레이션이 끝난 후, 인플라톤 에너지는 해방되고, 우주는 과열되어 뜨거운 빅뱅 우주가 시작된다. 38만 년 후, 우주는 식어서 수소원자나 헬륨원자가 생기고 우주는 투명해진다. 그 후, 구조형성이 진행되어 은하가 태어나고 현재에 이르렀다.

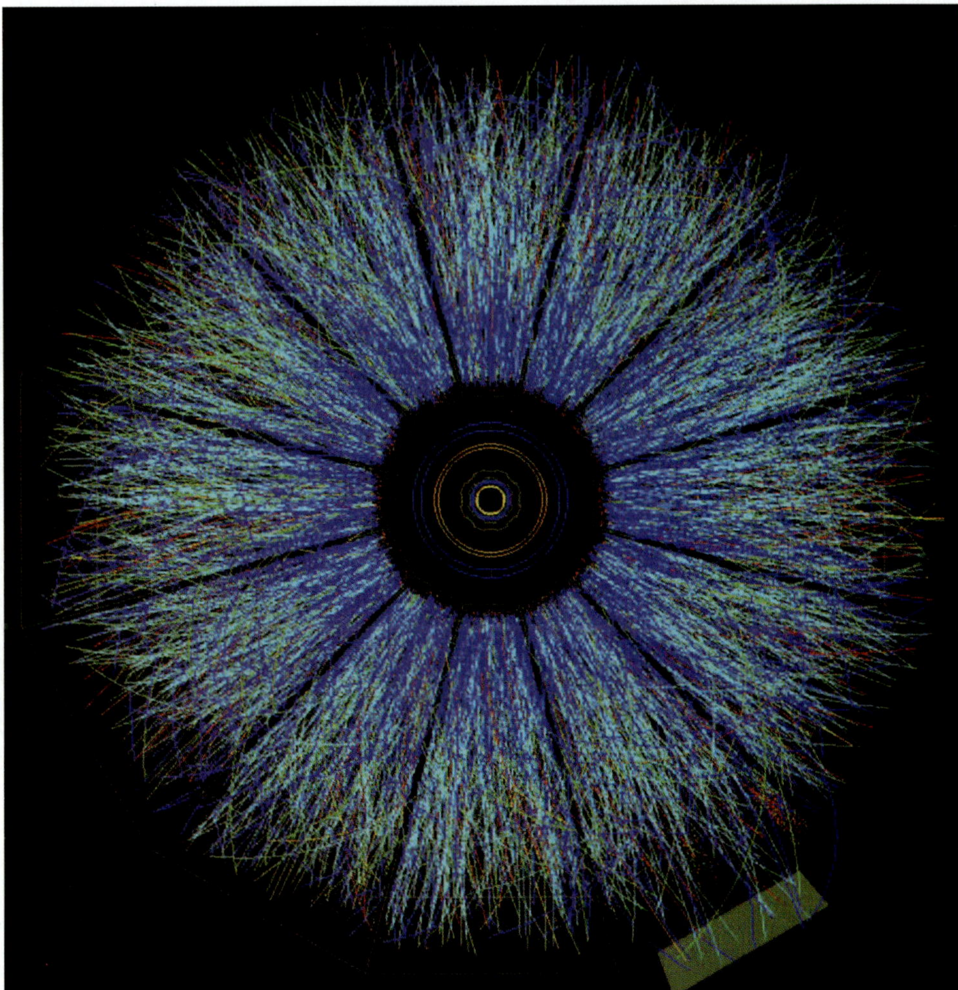

화보 2 빅뱅 우주의 재현
미국 브룩헤이븐 국립 연구소, 상대론적 중이온 충돌 가속기(RHIC) 실험. 금의 원자핵들이 정면 충돌한 후 양성자나 중간자 등 입자가 발생하여 튀어나오는 그림이다. 이 충돌로 빅뱅 후 수 마이크로 초에 해당하는 초고온 상태가 되었고 쿼크와 글루온의 플라즈마 상태가 발생한 것으로 추측한다. 이 그림에서 밖으로 튀어나오는 여러 입자는 충돌 후 5×10^{-23}초 후에 쿼크와 글루온이 재결합하여 생긴 입자다(Courtesy of Brookhaven National Lavoratory).

천문학은 최근 들어 놀라운 추세로 발전하면서 많은 사람들의 관심을 모으고 있다. 이것은 관측기술이 발전함으로써 인류가 볼 수 있는 우주가 크게 넓어졌기 때문이다. 우주의 끝으로 나아가려는 인류의 노력은 드디어 129억 광년 너머의 은하에 이르게 됐다. 이 은하는 빅뱅으로부터 불과 8억 년 후의 모습을 보여준다. 2006년 8월에 명왕성을 행성과는 다른 천체로 분류하는 '행성의 정의'가 국제천문연맹에서 채택된 것도 태양계 외연부의 모습이 점차 뚜렷해졌기 때문이다.

이러한 시기에 일본천문학회의 창립 100주년기념 출판사업으로 천문학의 모든 분야를 망라하는 ≪현대의 천문학 시리즈≫를 간행할 수 있게 되어 큰 영광이다.

이 시리즈에서는 최전선의 연구자들이 천문학의 기초를 설명하면서 본인의 경험을 포함한 최신 연구성과를 보여줄 것이다. 가능한 한 천문학이나 우주에 관심이 있는 고등학생들이 이해할 수 있도록 쉬운 문장으로 설명하기 위해 신경을 썼다. 특히 시리즈의 도입부인 제1권에서는 천문학을 우주-지구-인간의 관점에서 살펴보면서 세계의 성립과 세계 속에서의 인류의 위치를 명확하게 밝히고자 했다. 본론인 제2권~제17권에서는 우주에서 태양까지 여러 방면에 걸친 천문학의 연구대상, 연구에 필요한 기초

지식, 천체현상의 시뮬레이션 기초와 응용, 그리고 여러 파장의 관측기술을 설명했다.

이 시리즈는 '천문학 교과서를 만들고 싶다' 는 취지에서 추진되었으며, 일본천문학회에 기부해준 한 독지가의 성의로 가능할 수 있었다. 그 마음에 깊이 감사드리며, 많은 분들이 이 시리즈를 통해 천문학의 생생한 '현재' 를 접하고 우주를 향한 꿈을 키워나가기를 기원한다.

편집위원장 오카무라 사다노리岡村定矩

머리말

우리가 살고 있는 우주는 끝없이 펼쳐져 있을까, 아니면 끝이 있는 유한한 것일까. 끝이 있다면 그 너머에는 무엇이 있을까. 또 우주는 무한한 과거에도 존재했을까, 아니면 유한한 과거 어느 시점에 시작됐을까. 시작이 있다면 우주의 시작은 어떠했을까. 은하와 별들로 가득 찬 현재의 우주구조는 어떻게 만들어진 것일까. 우주의 시작이 있다면 시작 전에는 무엇이 있었을까.

이러한 소박한 질문들은 우주를 생각할 때면 누구나 떠올리게 되는 의문들로, 인류 역사가 시작된 이래 지속되어 온 궁금증이기도 하다. 이러한 의문들을 과학적으로 연구하는 분야가 '우주론'이며, 《현대의 천문학 시리즈》 제2권과 제3권에서는 이들 내용을 다룬다.

제3권이 주로 관측을 토대로 하여 우주의 진화를 다룬다면, 제2권 『우주론 I _우주의 시작』은 우주의 시작과 물리학이론에 기초한 이론 중심으로 구성되어 있으며 빅뱅과 그 후 약 38만 년 동안의 초기우주를 소개한다. 우주 초기로 거슬러 올라가면 물질은 궁극의 구성요소로 분해되기 때문에 초기우주에서 일어나는 현상을 이해하려면 소립자물리학에 대한 이해는 필수적이다. 초기우주에 대한 연구를 소립자론이라고도 하는 이유이다.

이 책의 제1장에서도 언급한 것처럼 소립자론적 우주론의 창시자는 하야시 츄지로林忠四郎이고, 인플레이션이론이나 바리온수 생성 연구 등으로 1980년 이후 소립자론적 우주론이 발전하는 데도 일본인 연구자들의 기여가 컸다.

한편 제3권에서 소개하는 빅뱅이 일어나고 38만 년 지난 그 이후의 우주 연구는, 주로 다양한 관측과 이론적 예상을 비교, 검증하는 식으로 진행되므로 관측적 우주론이라 한다. 일본에서도 은하의 2점 상관함수의 선구적 연구가 이루어졌으며, 스바루 망원경이 본격적으로 관측을 시작한 2000년 이후에는 원시은하를 발견하거나 대규모 구조의 형성 등 눈부신 업적들이 이어졌다. 이러한 관측적 우주론에 관해서는 제3권에서 기술하고, 제2권에서는 낱낱의 관측이 아니라 그 이론적 기초에 중점을 두어 설명한다. 각각의 관측, 특히 일본에서 이루어지는 관측 중심의 연구에 대해서는 제4권과 제5권에서 자세하게 다룬다.

현대의 우주론은 '우주는 뜨거운 불덩어리로 태어나 팽창하고 냉각하는 과정에서 은하와 별이 생성되어 지금의 우주가 형성되었다' 고 하는 빅뱅이론이다. 그리고 소립자물리학의 진척과 더불어 발전한 소립자론적 우주론에 의해 '우주는 무無의 상태에서 양자중력적 효과에 의해 생겨났다. 그 양자우주는 인플레이션이라고 불리는 급격한 팽창을 시작했고 그 팽창이 끝날 무렵 우주는 격하게 가열되어 불덩어리 우주가 됐다. 또한 인플레이션 중 급격한 팽창으로 양자요동이 늘어나 지금의 우주구조의 기원이 되었다' 라는 우주탄생의 시나리오가 만들어졌다. 인플레이션이론에서 예측한 요동을 우주 배경복사 관측위성인 COBE나 WMAP이 관측함으로써 우주탄생 시나리오는 큰 지지를 받고 있다. 일반상대성이론이나 물리학이론을 적용하여 WMAP의 자료를 해석함으로써 우주나이가 137억 년이라는 결과도 얻었다. 아인슈타인이 처음 상대성이론 논문(1095년)을 쓴 지 100여 년 남짓 만에 우리는 우주탄생에서 현재까지 우주 진화의 대략적 줄기를 이해한 것이다.

1장 우주론 입문에서는 우주론의 역사, 현재의 우주가 성립되기까지의 과정, 우주의 계층구조를 소개한다. 또한 빅뱅우주에서 물질이 어떻게 진화했는지도 간단히 소개한다. 빅뱅이론은 아인슈타인의 상대성이론에 기초한 이론이다.

2장 상대론적 우주론에서는 우주팽창의 해解를 비롯해 빅뱅이론의 기본적 틀이 되는 식式과 과제를 소개한다.

3장에서는 뜨거운 초기우주에서 일어나는 소립자반응, 특히 중성미자나 암흑물질 후보의 반응을 소개한다.

4장에서는 가모브가 빅뱅 모델을 제창하는 동기가 되었던 우주 초기의 원소 합성이론, 그 원소 구성을 관측하고 비교하는 것 등을 소개한다.

인플레이션이론 등 현재 이론의 기본적인 틀이 된 초기우주 이론은, 자연계의 운동을 지배하는 기본적 힘을 통일한다는 통일이론에 의해 제창되었다. 5장에서는 소립자의 표준이론이나 그것을 초월하는 시도로 초대칭성이론이나 대통일이론의 소개에 이어 그 이론들에 기초하여 진공의 상전이, 바리온수 문제, 암흑물질, 암흑에너지 문제를 소개한다. 인플레이션이론은 현대우주론의 최대 성과이며, 이를 6장에서 자세하게 소개한다.

7장에서는 양자론적으로 우주의 탄생과 진화를 다루는 양자우주론을 소개한다. 최근에 인기 있는 주제는 우리가 속한 우주가 고차원 공간을 떠돌아다니는 '막우주' 라는 이론이다. 이 이론의 새로운 전개도 소개한다.

이렇듯 이 책에서는 우주론, 특히 우주탄생 등 우주 초기에 관하여 기초부터 새로운 발전 이론까지 계통적으로 소개하고 있다. 저자들은 현재 이 분야의 최일선에서 활약하고 있는 연구자들로, 이 책을 교재로 사용할 학생들을 염두에 두고 집필했다. 이 분야에 흥미를 갖고 공부하는 학생은 물론이요, 우주론 해설서부터 차근차근 깊이 있게 공부해 보려는 사람들에게도 꼭 읽어보기를 권하다. 또한, 우주론은 천문학의 큰 틀을 완성시키는 것이다. 은하나 별의 탄생과 진화 등 다양한 천체현상도 빅뱅우주 전체의 진화와 분리시켜 생각할 수 없다. 개별 천체나 다양한 천체현상에 흥미를 갖고 천문학을 익히려는 사람들도 천문학의 기초를 다지기 위해 이 책을 읽어 보면 좋을 것이다. 이 책이 널리 읽혀서 많은 사람들이 빅뱅우주를 이해하는 데 조금이라도 도움이 되었으면 한다.

사토 카츠히코佐藤勝彦

후타마세 토시후미二間瀬敏史

차례

차례

제6장 인플레이션

제7장 양자중력과 양자우주론

제1장
우주론 입문

현대우주론은 대략적으로 우주가 초고온, 초고밀도 상태에서 폭발하면서 시작했다는 빅뱅이론big bang theory이다. 1장은 제2권과 제3권의 도입부로써 현대우주론이 어떻게 확립됐는가, 그리고 서론에서 언급한 우주론 연구의 두 가지 접근 방법인 소립자론적 우주론과 관측적 우주론에 대해 간략하게 설명하겠다.

1.1 현대우주론의 역사

저 멀리 가면 어떤 세계가 펼쳐질까? 이 세계는 끝이 있을까? 이 세계는 줄곧 지금과 같은 모습이었을까? 이 세상은 시작이 있었을까? 시작이 있었다면 끝도 있을까? 세계 신화나 민화에서 볼 수 있듯이 이 물음들은 인류 역사가 시작됐을 때부터 알고 싶어 했다.

제1권 1장에 소개된 것처럼 인류는 자연세계를 관찰해 스스로 살고 있는 세계의 인식을 넓혀왔다. 우리가 살고 있는 대지는 둥그런 천체로 지구라는 것을 알았고 지구도 태양 주위를 돌고 있는 여덟 개의 행성 중 하나에 지나지 않음을 알았고 또 태양도 약 2,000억 개의 항성이 모인 은하계에서 흔한 항성에 지나지 않는다는 것도 알았다. 게다가 20세기 초반에는 은하는 커다란 우주에서 기본 구성요소이며 은하가 무수히 펼쳐진 세계, 즉 은하우주라는 것을 밝혀냈다.

그러나 은하우주가 단순히 무한히 펼쳐져 있다면 밤하늘은 끝없이 빛나야 한다는 모순이 발생한다. 당연하게 생각하는 '밤하늘은 어둡다' 라는 사실을 설명할 수 없다. 이것은 올버스의 역설Olbers' paradox로 유명하다. 간단하게 말해서 모든 은하는 똑같이 밝다고 단순화하고 공간적으로 개수밀도는 균일하다고 가정하자. 땅 위에서 본 은하들의 겉보기밝기는 지구와 은하의 거리 R의 제곱에 반비례해 어두워진다. 하지만 거리가 R인 은하의 개수는 거리 R의 제곱에 비례해 증가한다. 이 두 가지를 곱한 값이 거리 R인 은하의 밝기에 영향을 주지만 두 가지가 거리의존성에 서로 상쇄돼 거리와 무관한 값, 즉 상수가 된다. 밤하늘의 밝기는 이 상수를 영에서 무한대의 거리까지 적분해 얻을 수 있기 때문에 당연히 무한대가 된다.

이 점을 명확하게 지적한 독일의 안과의사 올버스의 이름을 따서 올버스의 역설이라고 부른다. 바로 생각해 낼 수 있는 쉬운 해결법으로 '우주공간에는 먼지dust[1]가 있고 빛을 흡수하기 때문에 먼 곳에는 빛이 도달하지 않는다' 라고 생각할 수 있다. 그러나 흡수된 빛은 먼지를 따뜻하게 데운다. 그리고 흡수한 파장과 다르지만 먼지는 흡수했던 만큼 에너지를 발산한다. 따라서 먼지를 흡수한 이 모순은 해결되지 않는다.

잘 알려진 것처럼 올버스의 역설은 우주 나이가 유한하며 팽창한다는 점을 통해 해결된다. 우주가 팽창해 먼 곳에 도달하는 빛은 파장이 길어진다. 결국 적색편이(2.3절 참조)를 보이며 도달하는 전자파에너지는 작아진다. 또 시간이 유한하다는 점 때문에 적분범위도 유한해진다. '하늘은 왜 어두울까' 라는 소박한 궁금증은 놀랍게도 우주팽창이 직접적으로 발견되기 이전부터 유한한 과거에 우주가 시작됐고 팽창한다는 것을 시사한다.

천체가 공간적으로 균일하게 분포한다는 우주현상은 천체를 은하가 아닌 별이라고 생각한 것으로 뉴턴시대부터 존재했다. 천체가 균일하게 분포한다면 각각의 천체에 작용하는 중력은 모든 방향에서 균일하게 작용하기 때문에 상쇄되고 우주는 중력적으로 균형 잡힌 상태로 존재할 수 있다고 생각된다. 그러나 이 계는 명백하게 밀도요동의 관점에서 보면 불안정하다. 그것은 어떤 부분의 밀도가 어떤 원인 때문에 높아지면 중력이 주위로부터 물질을 끌어모아 점점 밀도가 높아진다. 따라서 뉴턴역학에서는

1 고체 미립자. 빛을 흡수한다.

천체가 균일하게 분포하는 정적인 우주는 불안정하므로 현대우주를 설명할 수 없다.

1.1.1 상대론적 우주론의 탄생

다양한 물질적 존재를 내포하는 우주 전체를 이론적으로 논의할 수 있게 된 것은 아인슈타인이 일반상대성이론을 구축하고 나서다. 1917년에 아인슈타인은 일반상대성이론을 완성한 직후에 이 이론이 우주 전체를 다룰 수 있는 이론이라는 것을 곧 인식하고 우주의 모델을 만들려고 했다. 아인슈타인은 단순화하기 위해서 우주의 물질 분포나 시공의 계량metric은 균일등방하다는 '우주원리'를 채택했다. 우주는 굴곡도 없고 또 특정한 방향도 없이 단순하다는 것이다. 공간 구조는 3차원의 구면, 즉 우주의 크기는 유한하며 어느 방향으로 진행해도 언젠가는 출발점의 반대 방향으로 돌아온다는 모델이다. 차원은 한 차원 낮지만 2차원 구면인 지구 표면과 동일하다.

아인슈타인은 또 당시의 상식에 따라 우주는 영원히 변하지 않는다고 생각하고 시간적 변화가 없는 정적 모델을 만들려고 했다. 그러나 아인슈타인 방정식을 풀면 처음에는 정지해 있어도 우주는 수축하고 일그러지는 것으로 나타난다. 만유인력이라고도 하듯 중력은 모든 물질에 인력으로 작용하므로 우주의 물질은 서로 중력으로 끌어당겨 서로의 거리를 좁히려고 한다.

그래서 아인슈타인은 우주공간이 서로 밀어내 넓어지는 '우주상수'를 자신의 방정식에 도입했다. 우주상수의 값을 조금씩 조절하고 중력과 우주상수를 이용해 우주척력을 잘 조합시킨 것이다. 팽창도 수축도 하지 않는 정적인 모델은 아인슈타인의 정지우주모델로 알려져 있다. 우주상수는 몇 억 광년이라는 우주론적 거대규모에서 그 효과가 나타나는데 지구나 태양계, 은하의 역학이나 운동에는 영향력이 적은 값으로 조절된다.

한편 네덜란드의 천문학자 드 지터W. de Sitter는 우주상수만 존재하고 물질이 존재하지 않는 즉 무시할 수 있을 만큼 물질의 양이 적은 우주모델을 만들었다. 드 지터 우주모델에서는 먼 천체에서 오는 빛은 멀리 있는 천체일수록 적색편이 된다는 것을 알게 됐다. 사람들은 우주척력으로 작용하는 우주상수가 있어 우주가 지수함수적으로 팽창하지만 발표 당시에 사용되던 좌표계 때문에 오히려 정적인 우주모델로 받아들여 우주가 팽창하고 있다고는 인식하지 못했다.

1922년 러시아의 프리드만A. Friedmann은 우주상수를 포함하지 않은 원래의 아인슈타인 방정식을 있는 그대로 풀어 우주가 팽창하거나 수축한다는 해를 발견하고 독일의 학술지 〈물리학시보*Zeitschrift für Physik*〉에 발표했다. 그러나 이 논문의 심사위원이었던 아인슈타인은 당초 이 논문은 계산이 잘못됐다고 판단해 바로 게재하지 않았다. 그러나 후에 계산이 잘못된 것은 자신이라는 것을 인정했고 이 논문을 게재했다. 이것이 바로 오늘날 우주의 표준이론인 프리드만이론이다. 그러나 아인슈타인은 우주팽창을 받아들인 것도 아니었고 정지우주모델을 포기한 것도 아니었다.

1927년 벨기에의 신부 르메트르G. Lemaitre가 우주상수가 들어간 아인슈타인 방정식을 풀어 지금의 르메트르 우주이론이라 불리는 이론을 발표했다. 이 이론은 당연히 팽창우주이론이고 아인슈타인은 그 답이 수학적으로 옳음을 인정했지만 물리적으로 의미 있는 답이라고 인정하지 않았다. 아인슈타인은 르메트르에게 이 답에 대해서 설명을 들었을 때 "당신 계산은 맞지만 그런 답을 믿는 당신의 물리적 식견은 정말이지 불쾌하다"라고 냉담하게 반응했다고 한다. 나중에 언급하겠지만 현재의 우주에는 암흑에너지dark energy가 가득하다고 생각했다. 암흑에너지가 시간이 흐르며 변화하지 않는다면 수학적으로는 우주상수가 존재하는 경우와 같다. 르메트르 우주이론은 현재의 우주를 가장 적절하게 기술하고 있는 우주이론이라고

그림 1.1 아인슈타인(Albert Einstein, 1879~1955)과 르메트르(Georges Lemaitre, 1894~1966). 루뱅신대학 박물관 소장.

할 수 있다.

1929년에 미국의 천문학자 허블E. Hubble이 우주가 팽창하고 있음을 발견했다. 먼 은하일수록 우리 은하계로부터 빠른 속도로 멀어진다는 것을 발견했기 때문이다. 이것이 허블의 법칙이다. 1913년 미국의 천문학자 슬라이퍼V. Slipher가 가까이에 있는 여러 은하(당시는 성운이라고 불렀다)를 관측하면 빠른 속도로 멀어진다는 것을 발견했다. 이 성운들의 스펙트럼을 측정하면 적색편이를 나타냈다. 적색편이는 도플러 효과 때문이라고 생각해 적색편이가 얼마나 나타났는지로 은하들은 1,000km$\,s^{-1}$를 넘는 빠른 속도로 멀어지고 있다고 봤다. 그러나 천문학의 가장 기본적인 양이라고 할 수 있는 거리를 측정하는 것은 은하계의 크기만큼 멀어지면 점점 더 측정하기 어려워진다.

허블은 약 20년 전에 발견된 세페이드[2] 변광성의 주기와 절대밝기 사이의 관계를 이용해 거리를 측정했다. 어떤 은하계 거리를 측정하고 싶다면 우선 세페이드 변광성을 찾아서 그 주기를 측정한다. 다음으로 변광의 주기가 긴 것은 밝고 짧은 것은 어둡다는 간단한 관계, 즉 주기-밝기 관계를 이용해 세페이드 변광성의 절대밝기를 추정했다. 세페이드 변광성의 절대밝기를 알면 겉보기밝기는 거리의 제곱씩 어두워진다는 관계를 이용해 거리를 구할 수 있다[3]. 1924년에 허블은 이 방법으로 거리를 측정해 처음으로 안드로메다은하의 거리가 은하계의 크기를 훨씬 넘는다는 것을 발견해 안드로메다은하가 은하계 밖에 있는 천체임을 밝혀냈다.

허블은 관측한 은하의 거리 d와 도플러 효과로 구해지는 후퇴속도 v의 관계를 그래프로 그려 양쪽이 비례관계 $v = Hd$인 것을 나타냈다. 비례상

2 변광성의 일종으로 케페우스자리 δ형 변광성이라고도 한다.

3 실제 밝기를 알고 있고 겉보기밝기를 측정해 거리를 구하는 데 이용되는 천체를 표준 광원이라고 한다 (제4권 6.2절 참조).

수 H는 허블상수(또는 허블 매개변수)라고도 하고 우주팽창의 속도를 나타낸다. 허블이 그린 그래프에는 30개 가량 은하의 데이터가 기록돼 있는데 데이터 분산도가 크고 직선의 비례관계가 통계적으로 바르게 도출됐는가 의심스러운 부분도 있다. 그러나 그래프를 보면 오차 크기에 상관없이 우주팽창을 보여준다는 것을 말할 수 있다. 또 허블이 측정한 허블상수는 530km s^{-1} Mpc^{-1}이었다. 이것은 지금의 값인 72km s^{-1} Mpc^{-1}보다 약 7배나 크다. 비슷한 변광특성을 보이는 변광성은 세페이드 변광성과 거문고자리 RR형 변광성 두 종류가 있고 주기-밝기 관계는 각각 다르다. 그 당시에 구별이 되지 않아 두 별을 혼동했기 때문에 허블상수의 값이 크게 달라졌다고 예측된다.

그러나 이런 한계들이 있었음에도 불구하고 우주팽창의 발견은 단순하게 천문학적 발견을 넘어 인간의 세계관에도 영향을 줬다. 우주가 팽창한다는 것은 우주는 영원불변한 존재가 아니라 유한한 과거에 우주가 시작됐음을 의미하기 때문이다. 아인슈타인은 허블이 우주팽창을 발견해 우주상수를 도입하고 도출한 스스로의 정적인 우주모델을 폐기하고 프리드만이 말한 팽창우주모델을 받아들였다. "우주상수의 도입은 인생 최대의 실수였다."라는 아인슈타인의 말은 유명하다.

1.1.2 빅뱅우주모델

우주가 유한한 과거에서 시작됐다면 우주는 어떻게 시작됐을까 궁금해하는 것은 당연하다. 르메트르는 팽창우주모델에 기초해 최초로 우주의 시작을 생각한 사람이다. 르메트르는 우주의 모든 원자가 압축돼 한 개의 원시원자primeval atom에서 시작됐다고 생각하고 팽창과 더불어 분열해 지금의 구조를 이루었다고 생각했다. 1931년에는 「양자역학의 시점에서 본 우주탄생」이라는 논문도 썼다. 그의 연구는 선구적이었지만 시기상조였

그림 1.2 프리드만(Alexander Friedmann, 1888~1925).

다. 우주 초기를 연구하려면 물질의 고밀도 상태를 알아야 하기에 이를 위해서 원자핵 물리학과 소립자 물리학의 발전이 필수적이다.

1946년에 가모브G.Gamow는 당시의 최첨단 과학인 원자핵 물리에 기초해서 우주는 뜨거운 불덩어리에서 탄생했다는 우주모델을 제창했다. 상대성이론에 기초한 프리드만의 팽창우주이론과 우주상수를 도입했던 아인슈타인 방정식의 해인 르메트르 우주모델은 열이나 온도로 생각할 수 없는 차가운 우주모델이었다. 이 이론에 적용한다면 우주 초기에는 우주에 있는 모든 원자의 원자핵이 합체된 상태에서 시작돼야 한다. 그리고 이 원시원자핵이 분열한 분열파편이 우주를 구성하는 원자의 핵이 된다는 시나리오를 만들 수 있다. 당연히 분열로 생성되는 원자핵은 한 개 핵자당 결합에너지가 큰 철(Fe) 근처의 원자핵이 중심이 된다고 예상된다.

그러나 현재의 우주를 구성하는 원소는 무게로 비교해 대략적으로 말하면 가장 간단한 구조인 수소가 73%, 헬륨이 24%, 그 밖에 다른 원소의 합이 3%이다. 현재 우주에 존재하는 원소의 양을 설명하기 위해서는 많은 양의 수소, 즉 가장 단순한 핵자 한 개의 원자핵이 핵반응을 일으키지 않고 남아 있어야만 한다. 가모브는 우주 초기가 고온이라면 우주 초기에 일어나는 핵반응으로 현재 우주의 원소구성을 설명할 수 있으리라고 생각했다. 고온이라서 대부분의 핵자가 결합했다 해도 열운동에 의해 다시 분해돼 중원소[4]가 되기는 불가능하다. 온도가 크게 내려갔을 때는 우주 밀도가 이미 낮아져 더 이상 핵반응은 일어나지 않는다. 더욱이 가모브는 1948년에 앨퍼R. Alpher, 베테H.A. Bethe와 공동논문에서 우주의 모든 원소는 불덩어리 우주 초기에서 합성으로 설명할 수 있다는 논문을 발표했다. 오늘날 저자의 머릿글자를 따서 알파베타감마이론$\alpha\beta\gamma$-이론이라고 한다. 그러나 그 연구는 대략적으로 이야기한 것이고 정량적인 고찰은 충분히 이루어지지 못했다.

1950년에 하야시 츄지로林忠四郎는 우주 초기에 원소가 합성되도록 결정하는 중요한 값인, 양성자와 중성자의 개수비가 약한 상호작용에 의한 중성미자, 전자, 양전자의 반응으로 결정된다는 점을 지적하고 그 값을 구했다. 이렇게 해서 소립자론적 우주론이라는 분야를 개척해갔다. 그 이후 알퍼와 많은 연구자들이 실험으로 구한 핵반응률을 사용해 우주 초기의 원소합성의 연구를 진행했다. 그 결과 우주 초기 불덩어리 속에서 수소, 중수소, 헬륨, 리튬만 합성되고 이들보다 무거운 원소는 합성되지 않았음이 밝혀졌다.

1957년에 마거릿 버비지M.E. Burbidge와 제프리 버비지G.R. Burbidge 부부, 파울러W.A. Fowler, 호일F. Hoyle이 계통적인 연구를 통해 탄소, 질소, 산소를 포함해 나머지 원소는 별 안에서 핵융합 반응으로 합성된다는 것을 밝혀냈다. 우주에 존재하는 원소의 기원을 우주 초기의 합성으로 단번에 설

4 천문학에서는 일반적으로 수소와 헬륨보다 무거운 원소를 중원소라고 한다(원자번호가 크다). 단, 경우에 따라서는 붕소(B) 이상의 무거운 원소 또는 탄소 이상의 무거운 원소를 가리킬 때도 있다. 또한 화학의 정의와 다르지만 중원소를 금속이라고 부르기도 한다.

명하려던 가모브의 꿈은 실현되지 않았으나 수소나 헬륨 등 경원소의 우주 구성비를 설명하기 위해서는 우주는 뜨거운 불덩어리에서 시작돼야 한다는 것이 밝혀졌다.

이렇게 우주가 뜨거운 불덩어리에서 시작됐다는 이론을 빅뱅이론이라고 한다. 빅뱅이론이라는 말은 이 이론의 반대론자인 호일이 영국의 BBC 프로그램에서 매우 저급한 이론이라고 야유하기 위해 사용했던 말인데 제창자였던 가모브가 불덩어리 우주이론에 적합한 이름이라고 받아들여 사용하기 시작했다.

빅뱅이론이 발표된 후 많은 연구자들이 이를 당장 받아들인 것은 아니었다. 아인슈타인이 당시 믿고 있던 것처럼 많은 과학자들도 우주는 영원불변이라는 신념을 갖고 있었다. 허블이 발견했던 우주팽창을 인정한다면 당연히 우주에 시작이 있다고 생각해야겠지만 우주의 팽창을 받아들여도 영원불변한 우주이론은 성립된다. 우주가 팽창하면 그만큼 물질밀도는 감소하겠지만 정확히 우주가 팽창해 밀도가 줄어든 만큼 진공 안에 물질이 새로 생겨난다면 영원불변한 우주이론은 성립된다. 호일은 이러한 정상우주론이론의 제창자의 한 명이었다. 정상우주론은 다음에 설명할 우주 마이크로파 배경복사를 발견할 때까지 매우 유력한 우주이론이었다.

가모브 등이 주장한 빅뱅이론의 가장 큰 예언은 현재 우주에 플랑크 분포를 했던 마이크로파의 배경복사가 존재한다는 것이다. 뜨거운 불덩어리로 시작됐다면 우주에는 열 분포를 한 복사가 가득 차 있을 것이다. 그 광자의 파장은 우주가 커짐에 비례하여 길어진다. 열복사는 플랑크 분포를 유지한 상태로 파장이 긴 쪽으로 적색편이하기 때문이다. 알퍼와 허먼R. Herman, 가모브는 현재의 경원소 존재량으로부터 현재 우주 배경복사 온도는 각각 5K, 7K라고 추정했다.

1965년에 벨 연구소의 펜지아스A. Penzias와 윌슨R. Wilson은 통신위성을

그림 1.3 가모브(George Gamow, 1904~1968). 빅뱅우주모델의 창시자. 현재 우주에 존재하는 원소의 기원을 설명하기 위해서 우주는 고온의 불덩어리에서 시작해야 한다고 주장했다.

연구하다가 우연히 우주 마이크로파 배경복사를 발견했다. 그들은 측정했던 파장 7.3cm의 전파를 이용해 3.5K라는 온도를 구했다. 이어서 열기구나 비행기로 관측이 실시됐고 또 인공위성으로 관측해 우주 마이크로파 배경복사는 대단히 높은 정밀도로 플랑크 분포를 했던 스펙트럼을 갖고 온도는 2.725±0.002K라고 구했다. 가모브 등이 예측했던 값의 약 절반이지만 물리학의 법칙으로 예측했던 우주 마이크로파 배경복사가 확실히 존재하며 그 값도 예측값의 절반이라는 것은, 물리학이 우주 전체에도 보편적인 법칙임을 보여준다.

빅뱅이론에서는 관측되는 경원소의 존재량과 빅뱅 원소합성의 이론으로 구한 존재량을 비교해 우주의 평균적인 물질밀도의 값을 예측할 수 있다. 양성자나 중성자 등의 물질밀도가 높으면 핵반응이 진행돼 질량이 큰 원자핵이 더욱 많이 만들어지기 때문이다. 4장에서 자세히 논의하겠지만 수소, 중수소, 헬륨, 리튬 등 경원소가 관측되고 또 중성자의 수명이나 경원소의 핵반응률이 정밀하게 측정되면서 이론의 정밀도가 향상됨에 따라 현재 우주의 평균 물질밀도는 우주의 곡률이 0이 되는 임계 밀도의 몇 퍼센트가 돼야 함을 알았다. 여기서 물질밀도란 암흑물질을 포함하지 않은 양성자나 중성자의 바리온의 질량밀도이다.

이렇게 빅뱅모델은 상대성이론과 원자핵 물리학이라는 물리학에 기초해 제창된 이론으로 불덩어리의 흔적인 우주 마이크로파 배경복사가 발견되면서 현재 과학적 우주론의 표준 이론이 됐다.

1.1.3 소립자론적 우주론

1965년에 펜지아스와 윌슨이 우주 마이크로파 배경복사를 발견하면서 빅뱅이론은 확고하게 우주진화의 이론이 됐는데 중요한 의문점과 미해결 문제도 남아 있었다.

첫째는 지극히 근원적인 문제인 우주는 왜 불덩어리로 시작됐는가라고 하는 문제이다. 앞 절의 내용에서 보여주듯 가모브는 관측된 현재의 원소 기원을 설명하기 위해서 우주는 불덩어리에서 시작돼야 한다는 것을 보여준 것이지 왜 불덩어리로 생겨났는가를 설명한 것은 아니다.

둘째는 지평선문제이다. 우주탄생의 순간 즉 우주시각 0에서 어디에선가 출발한 빛이 시각 *t*까지 직진해 도달할 수 있는 거리는 그 시각에서 입자적 지평선 또는 간단하게 지평선horizon이라 한다. 즉 지평선이란 그 시각에서 인과관계를 갖는 최대거리이다. 2장에서 자세히 논의하겠지만 우주 마이크로파 배경복사는 10만 분의 1 정밀도라는 편차로 균일하게 공간적 분포를 보이고 있다. 이 책 3.9절과 제3권에서 설명한 것처럼 우주 배경복사는 우주 시각 38만 년에 온도가 약 3,000K로 모습을 나타낸다. 이로부터 우주 초기는 전리 상태이며 빛은 전리가스 내부에 있는 자유전자가 산란해 물질과 결합한다. 그러나 이 시각에 물질은 중성화하고 우주는 투명해져 빛이 곧게 나아간다. 이때를 가리켜 '맑게 갠 우주transparent to radiation'라고 한다. 현재 관측되는 우주 마이크로파 배경복사는 이 시각의 3,000K의 복사가 적색편이된 것이다. 우주 배경복사는 우주나이 38만 년경의 지평선 크기를 훨씬 넘어서 거의 균일하다. 아직 한 번도 인과관계를 가진 적 없는 우주의 영역이 같은 상태라는 것은 빅뱅이론의 큰 수수께끼인 것이다. 이것이 지평선문제다.

셋째는 평탄성문제이다. 일반상대성이론에 근거해 빅뱅이론이 구축됐지만 우주의 곡률이 극히 적은 양의 값이라면 그 곡률은 점점더 양으로 구부러지고 또 음의 값이라면 점점더 음으로 구부러지는 성질을 갖고 있다. 현재의 우주는 곡률이 거의 0이라는 것을 관측해 드러났지만(제3권 참조) 그렇기 때문에 우주 초기에 곡률이 0에 아주 가까워지는 미세조절이 필요했다. 빅뱅이론에서는 이같은 부자연스런 미세조절이 일어나야 한다는 것이 바로 평탄화 문제이다.

넷째는 우주 대구조의 기원문제다. 현재 우주는 은하가 몇 억 광년에 걸쳐 이어진 거대한 벽great wall이나 초은하단 등 거대한 구조가 존재한다. 빅뱅이론은 우주의 구조가 초기에 존재했던 미세한 밀도요동, 즉 공간적인 물질밀도의 굴곡은 중력이 영향을 미쳐 점차 성장하고 현재 우주의 다양한 계층구조가 만들어졌다고 추정된다. 초기에 존재한 밀도요동의 진폭은 맑게 갠 우주의 시각에 10만 분의 1만큼 매우 작아도 충분하다. 따라서 관측되는 우주 마이크로파 배경복사의 균일성과 모순되지 않는다. 그러나 우주 초기에 대구조의 기원이 될 만큼 공간적으로 매우 큰 밀도요동을 만드는 것은 표준적 빅뱅이론에서는 어렵다.

대구조의 근원으로 굴곡을 만들기 위해서는 물질에너지를 지평선 너머로 운반하지 않으면 그같은 대구조를 만들 수 없다. 대구조의 근원 문제는 지평선 문제와 표리일체의 관계가 있다. 전자는 지평선 너머에도 우주를 균일하게 하는 문제이며 후자는 지평선 너머에 아주 작은 굴곡을 만드는 문제이다.

다섯째는 우주에서 물질과 반물질의 비대칭성 문제이다. 소립자 물리학에서 볼 수 있듯 물리학의 법칙은 물질, 반물질이 대칭으로 존재한다. 물리학은 대칭성을 갖는데 왜 현실의 우주에서는 이 우주가 물질우주인가라는 의문이다. 5장에 자세히 설명되어 있는데 1980년경부터 힘의 통일이론에 기초한 초기우주의 이론적 연구가 활발하게 진행됐다. 우선 당시에 크게 진행됐던 강한 핵력, 약한 핵력, 전자기력을 통일하는 이론인 대통일이론에 기초해 물질과 반물질의 비대칭성 기원을 연구했다. 이 문제는 바리온수 생성문제라고도 한다. 양성자나 중성자 등의 물질입자는 양의 바리온수를 갖는다. 한편 그 물질들의 반물질 입자, 반양성자, 반중성자는 음의 바리온수를 갖는다. 본디 물질들의 입자가 우주 초기에 대칭으로 생성됐다면 우주의 바리온수는 정확히 0이다. 따라서 물질, 반물질 비대칭성 문제는 어째서 우주의 바리온수가 양인지 즉 바리온수를 생성하는가 라는 문제이다. 대통일이론은 바리온수가 보존되지 않는 반응을 포함하기 때문에 이 이론으로부터 바리온수를 생성할 수 있다고 생각된다. 5장에도 나오듯이 바리온수 비보존 반응이 존재해도 바리온수 생성이 단순하게 바로 일어나는 것은 아니다. 게다가 CP대칭성[5]이 파괴될 것, 또 우주에서 반응이 일어날 때 열평형 상태가 아닐 것이 필수적이다. 놀랍게도 사하로프A. Saharov는 대통일이론이 제창되기 훨씬 전인 1967년에 바리온수가 생성되는 세 가지 조건을 찾아냈다.

대통일이론은 게이지장[6]의 대칭성이 자발적으로 파괴돼 세 가지 힘에

5 전하의 부호를 바꾸는 변환 C와 공간반전 P를 합친 변환에 대한 대칭성.
6 장에 대해 특정 종류의 변환(게이지 변환)을 해도 관측량에 변화가 없는 장.

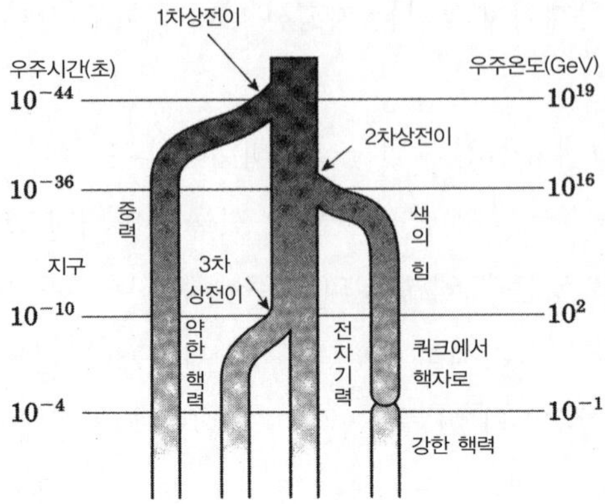

그림 1.4 힘의 진화도.

통일되는 이론이다. 초전도의 유추에서 쉽사리 추측할 수 있는데 온도가 10^{16} GeV보다 높은 상태에서는 게이지장의 대칭성이 완전히 회복된다. 이 상태에서 온도가 10^{16} GeV보다 내려가면 진공의 상전이가 일어나 게이지 대칭성이 파괴되어 강한 핵력과 전자기 약력으로 갈라진다. 온도가 더 내려가 10^{16} GeV 이하가 되면 전자기 약력은 전자기력과 약한 핵력으로 나눠진다(그림 1.4). 진공의 상전이를 담당하는 것은 게이지 대칭성을 파괴하는 힉스장이다. 진공의 상전이라는 것은 힉스장의 상전이라고도 할 수 있다. 이렇게 힘의 통일이론은 마치 생물의 진화처럼 기본적인 힘이 진화해 갈라진다고 밝혀졌다.

대통일이론은 상전이 이전에 우주가 거대한 진공에너지를 갖고 있음을 시사하고 있다. 1980년경 사토 카츠히코佐藤勝彦와 구스A.H. Guth는 이 상전이가 1차상전이라면 진공에너지가 미치는 척력으로 우주는 지수함수적으로 급팽창한다고 발표했다. 우주는 급격한 단열팽창 때문에 급히 냉각되지만 1차상전이가 종료될 때 잠열이 해방되어 상전이 이전의 온도에 가깝게 가열된다는 우주모델을 제창했다. 구스가 명명해 오늘날 이 이론은 인플레이션 우주이론이라고 한다.

6장에 자세히 설명되어 있듯이 인플레이션 이론은 위에서 기술한 첫째부터 넷째까지 우주론의 중요한 문제를 해결할 수 있다. 현재 인플레이션 이론은 초기우주의 표준이론이다. 또한 대통일이론에서 도출된 초기 인플레이션 이론의 결점을 개선하는 새로운 인플레이션의 이론이 차례로 제안되고 있다. 현재 그 이론의 수를 정확하게 세기는 어렵지만 인플레이션 이론을 이끌어 낸 출발점이던 힘의 통일이론도 다양해져 인플레이션을 일으키는 장도 힉스장만으로 한정되지 않으며 진공에너지를 담당하고 인플레이션을 일으키는 장을 통틀어서 인플라톤이라고 한다.

인플레이션 모델의 흥미로운 점은 우주가 인플레이션 과정에서 아주 많이 생성된다는 것이다. 사토 카츠히코와 린데A.D. Linde가 말한 것처럼 우주에서 인플레이션이 진행될 때 인과관계가 없는 다른 곳에서 똑같이 진행된다고는 볼 수 없다. 어떤 장소에는 빠르게 어떤 장소에서는 느리게, 즉 비균일하게 진행된다. 거대한 규모에서 보면 우주에 굴곡이 생기고 빠르고 급격하게 팽창한 영역은 원래의 우주에서 인과관계가 없어져 '자식' 우주가 된다. 그리고 "자식우주"에서도 인플레이션이 진행되므로 거기서 또다시 "손자우주"가 만들어진다. 게다가 이 과정은 차례대로 이어지기 때문에 우주가 무한하게 태어난다.

인플레이션 이론은 이렇게 우주론의 주요 문제를 해결한다. 또 우주가 하나 존재하면 그것이 갈라지고 인과관계가 끊어진 우주가 무한하게 태어날 가능성을 보이지만 더욱 근원적인 최초의 우주탄생에 대해서는 아무것도 예측하지 못한다. 1983년에 인플레이션 이론이 제창되고 잠시 시간이 흐른 뒤 빌렌킨A. Vilenkin이 우주가 '무無'의 상태에서 탄생했다는 이론이 제창됐다. '무'에서 탄생했다는 생각은 예전부터 종교나 신화에서 주장해 온 것이다. 차별적인 존재로 존재를 설명해도 설명이 되지 않는 것은 논리

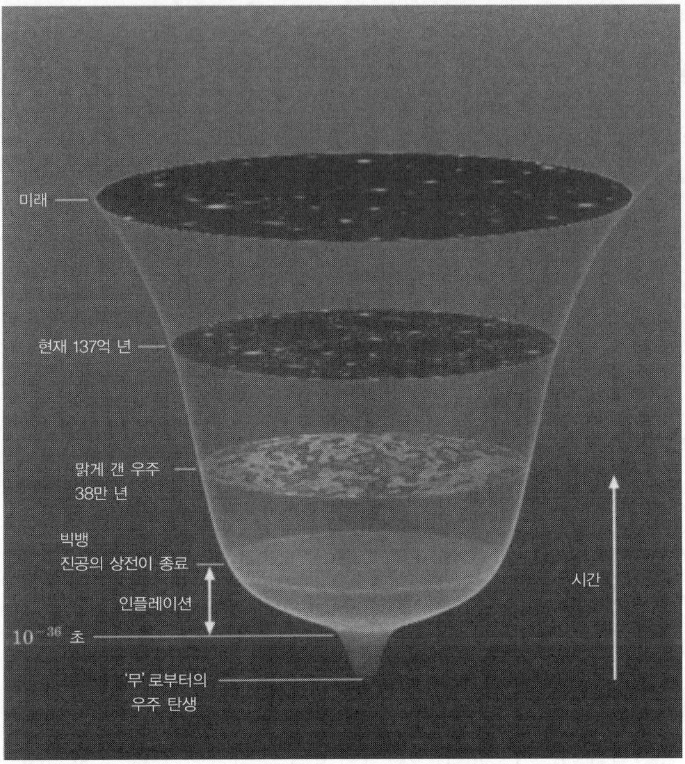

그림 1.5 '무' 에서의 우주탄생과 인플레이션(화보 1 참조). 양자중력의 효과에 의해 생긴 작은 우주는 급격히 지수함수적으로 팽창, 인플레이션에 의해 거대우주가 된다. 급격한 팽창이 끝날 때 진공에너지는 해방되 우주는 불덩어리 우주가 된다. 동시에 인플레이션 시대에 진공의 양자요동은 인플레이션으로 늘어나고 우주 구조의 기원이 된다. 우주가 냉각팽창하는 과정에서 요동은 차차 성장해 은하나 은하단으로 성장한다. 아주 먼 곳의 초신성의 관측 등으로 인해 현재의 우주도 가속팽창하고 있음이 밝혀졌다.

적으로도 자명하며 그렇게 생각한다면 '무' 에서 존재의 기원을 찾아야 한다. 빌렌킨은 그것을 과학의 언어로 말했던 것이다.

우주란 물질이 가득 찬 시공을 말한다. 빌렌킨이 말하는 '무' 란 단순히 물질이 존재하지 않는다는 것이 아니라 용기라고 할 수 있는 시공(시간과 공간)이 존재하지 않는 상태를 말한다. 빌렌킨은 '무' 의 상태에서 양자중력의 영향을 받아 진공에너지가 높은 상태인 극히 작은 시공이 터널효과로 만들어진 이론을 나타냈다. 양자 우주는 크기가 '영' 인 상태에서 터널을 뚫고 나올 때까지 허수의 시간에서 팽창한다. 터널에서 나왔을 때 실수의 시간이 되고 인플레이션 우주로 전환한다.

하틀J. Hartle과 호킹S. Hawking은 빌렌킨의 "'무' 에서 탄생"이론이 나온 직후에 시공의 슈뢰딩거 방정식이라고 해야 할 휠러-드위트 방정식에 기초를 두고 '우주의 무경계가설' 을 제창했다(7장 참조). 기존의 우주팽창의 해인 프리드만 우주이론에서는 우주는 시공의 특이점, 즉 시공의 끝(경계 또는 특이점)에서 시작됐다고 했다. 그들은 우주가 특이점 없이 시작됐어야 한다고 생각하고 이것을 끝이 없다는 것에서 '우주의 무경계가설' 이라 불렀다. 우주는 허수시간에서 시작되고 그로 인해 특이점 없이 시작된다. 7장에서 자세히 설명했듯이 우주의 파동함수 경계조건이 다른 점을 제외하면 기본적으로는 빌렌킨의 '무' 에서의 탄생이라는 우주탄생의 밑그림이 그려진다. 그러나 시공의 양자론인 양자중력이론은 아직 미완성이고 양자론적 우주탄생론이 완성됐다는 것은 아니다. 양자우주론은 초끈이론이 발전하면서 앞으로 더 진전될 것으로 기대된다.

1.1.4 관측적 우주론의 발전

이렇게 소립자론적 우주론이 1980년대에 크게 발전하면서 표준 빅뱅 우주이론이 갖고 있었던 근본적 문제가 해결될 것이라고 기대했지만 이것은 어디까지나 이론이며 관측을 해 강력한 근거를 얻은 것은 아니다. 해결되기는커녕 우주가 평탄하다고 예언한 인플레이션 이론은 초기 단계에서는 관측과 모순되는 것처럼 보였다.

인플레이션 이론이 제창됐던 1980년대 초기 단계에는 우주의 물질밀도가 우주를 평탄하게 하는 임계밀도의 몇 퍼센트밖에 되지 않아서 우주를 평탄하게 하기에는 부족하다고 생각했다. 그러나 인플레이션 이론이 나온 것과 비슷한 시기에 암흑물질dark matter의 존재가 제기됐다. 1964년부터 은하의 회전속도에서 추정되는 은하의 질량이 가시광을 관측해 예상할 수 있는 은하의 항성질량보다 훨씬 커 암흑물질의 존재를 루빈V. Rubin이 인식하기 시작했다. 정량적인 암흑물질의 관측결과가 누적되고 은하 주변뿐 아니라 은하단에도 암흑물질이 많이 분포한다는 것을 알게 됐다. 그러나 1990년 초반에는 암흑물질의 양은 일반 물질에 비교하면 임계밀도의 30%이며 역시 인플레이션 이론은 관측 결과와 모순되지 않을까 생각했다.

한편, 우주 대구조의 관측적 연구가 1980년대에 크게 발전했다. 1986년에 겔러M. Geller 연구진은 은하단이 몇 억 광년씩이나 벽 위에 늘어서 있는 거대한 벽great wall이라는 거대한 구조를 발견했다. 그리고 거대한 벽 모양들이 서로 연결돼 벌집구조를 하고 있음을 알았다. 한편 벌집 근처에 둘러싸인 영역은 공동void이라고 불리며 은하가 적게 분포한다. 이처럼 우주의 구조를 더욱 확실히 하기 위해서 다양한 우주지도 제작 프로젝트가 시작됐다. 가장 대표적인 SDSSSloan Digital Sky Survey는 1998년부터 시작되어 20억 광년이나 멀리까지 우주 대구조 지도를 그리고 있다.

1989년에 미국 나사NASA는 우주 배경복사를 자세히 관측하는 인공위성 COBECOsmic Background Explorer를 쏘아 올렸다. COBE위성에 탑재된 원적외선절대분광계FIRAS로 마이크로파 배경복사가 온도 2.725±0.002K라는 거의 완벽한 플랑크 분포를 가진 열복사인 것이 처음으로 밝혀졌다. 또 하나의 장치인 DMR(차등전파복사기, Differential Microwave Radiometer)은 배경복사 세기의 방향 분포에 아주 미미한 양이지만 요동이 존재한다는 것을 밝혀냈다. DMR의 공간 분해능은 10°이지만 배경복사가 나오기 시작한 우주탄생으로부터 30~40만 년 후 우주에 물질밀도의 요동이 확실하게 존재함을 밝혀냈다. 은하, 은하단, 초은하단의 우주대구조는 요동이 점차 성장해서 만들어졌다.

그림 1.6 마더(John Mather)와 스무트(George Smoot). COBE위성으로 우주 배경복사를 연구하여 2006년에 노벨 물리학상을 수상.

이 발견은 우주 대구조 형성의 연구자들이 두 손 모아 기다리던 것이었다. 이 요동의 진폭은 $(1.1 \pm 0.2) \times 10^{-5}$이라는 매우 작은 값에 불과하지만 양자요동은 인플레이션 이론의 예측과 잘 일치한다. 힘의 통일이론에서 귀결된 인플레이션 이론은 비로소 관측을 통해서 강한 지지를 얻었다. COBE위성의 성과는 천문학 역사에 남는 훌륭한 성과이며 2006년도 노벨 물리학상은 COBE위성 책임자이며 FIRAS의 대표자인 마더J. Mather와 DMR의 대표자인 스무트G. Smoot가 수여했다.

나사NASA는 1990년에 우주의 팽창률을 결정하는 허블상수를 정확하게 구해 우주의 나이를 계산하려는 것을 주요 목적으로, 고도 약 600km의 지구궤도상에 구경 2.4m의 허블 우주 망원경을 쏘아 올렸다. 세페이드 변광성을 표준 광원으로 삼아 거리를 측정하는 예전의 방법을 주로 이용하며 1998년에는 허블상수가 오차 10%의 범위에서 약 72km s^{-1} Mpc^{-1}로 계산했다. 한편 Ia형 초신성의 경우 어떤 것이든 최대밝기가 거의 일정하다는 점을 이용해 이것을 표준 광원으로 사용해 Ia형 초신성이 나타났던

은하의 거리를 측정할 수 있었다.

1998년에 초신성을 이용해 먼 곳까지의 허블상수를 측정하자 우주팽창은 시간이 흐르면서 빨라지고 있다는 관측 결과를 얻었으며 펄뮤터S. Perlmutter가 리더인 초신성 우주론 프로젝트 팀과 슈미트B.P. Schmidt가 리더인 고적색편이 초신성 탐사 팀이 독립적으로 계산해냈다. 두 연구진 모두, 가속팽창이 진공에너지에 의한 척력이 원인이라면 현재 진공에너지는 임계밀도의 약 70%나 된다고 주장했다. 이 값과 허블 망원경으로 관측해 얻은 허블상수를 조합하면 현재 우주나이는 약 137억 년이라는 값이 나온다. 또 COBE위성으로 측정한 우주구조의 근원인 '밀도요동'의 데이터를 초깃값이라 하고 우주의 구조형성이 어떻게 진행되는가를 보기 위해 컴퓨터 시뮬레이션을 실행했다. 그 결과 진공에너지가 임계밀도의 약 70%라면 현재 우주의 모습을 재현할 수 있음이 밝혀졌다.

진공에너지의 존재는 수학적으로는 아인슈타인 방정식에 우주상수가 존재하는 것과 같은 값이며 아인슈타인의 우주상수는 본인이 불필요하다고 삭제했음에도 불구하고 부활했다. 우주상수에 대응하는 진공에너지는 에너지 밀도가 일정하고 시간이 흐르면서 변화하는 일은 없다. 현재 우주를 채우고 있는 진공에너지는 시간이 흐르며 에너지 밀도가 변화할 가능성도 있어 일반적인 이름인 암흑에너지라고 한다.

나사NASA는 2001년 COBE위성 다음으로 WMAP위성을 쏘아 올렸다. WMAP위성은 COBE위성의 약 30배의 공간 분해능을 가지는 위성인데 관측 결과로 인플레이션 이론은 한층 더 지지를 받게 됐다. 제3권에 자세히 소개했는데 인플레이션 이론의 예언대로 우주는 매우 평탄하다는 것, 배경복사의 요동은 세밀한 요동에 이를 때까지 양자요동에 기원이 있다는 것과 일치함이 밝혀졌다.

그리고 분해능이 높아져 풍부하게 획득한 데이터를 아인슈타인 방정식으로 분석하자 우주의 에너지 비율은 거의 일반 물질이 4%, 암흑물질이 20%, 암흑에너지가 76%를 차지하는 것으로 나타났다. 우주 나이도 비슷한 방법으로 계산해 137억 년이라는 값을 얻었다.

아인슈타인의 상대성이론이 나오고 약 100년이 지난 시점에서 우주탄생부터 현재에 이르는 통일적 우주의 진화 양상을 그리는데 드디어 성공한 것이다. 그리고 우주의 진화 양상을 더욱 가다듬는 관측계획도 많이 진행되고 있다. COBE위성이 우주탄생 40만 년의 우주지도를 그린 것처럼 21세기 말에는 중력파로 인플레이션이 일어났을 때의 지도를 그릴 수 있을 거라고 꿈꿀 수 있을지 모른다.

그러나 이 우주론의 크나큰 성공에도 불구하고 남겨진 커다란 수수께끼는 암흑물질과 암흑에너지의 정체를 전혀 모른다는 것이다. 즉, 우리가 살고 있는 우주가 어떤 물질로 구성돼 있는지, 우주를 구성하는 물질의 96%의 정체를 전혀 알지 못한다. 암흑물질의 정체는 초대칭성 이론이 추정하는 뉴트랄리노를 비롯해 각종 소립자일 것으로 예상한다. 그 물질들을 직접 검출할 목적으로 실험을 하기도 했다. 아직 눈에 보이는 결과는 없지만 2008년부터 가동을 시작한 세계 최대의 가속기인 LHC[7](거대 하드론 충돌기, Large Hadron Collider)에서 어떠한 힌트를 얻을 수 있을 것이다.

한편, 이 책의 뒷부분이나 제3권에서 자세히 논의했듯이 암흑에너지의 값은 이론물리학적으로 예측되는 대부분의 값인 플랑크 에너지 밀도와 비교하면 대략 120배나 작다는 '지나치게 작은 문제' 나 그 값이 왜 현재의 임계밀도에 가까운가 라는 '우연성문제' 가 있다. 1989년에 와인버그S. Weinberg는 이 문제들을 '인간원리anthropic principle' 의 입장으로 설명할 가능성을 보여줬다. 인간원리란 다음과 같이 생각하는 방법을 말한다. 여러 가지 물리

7 제네바 교외의 합동원자핵연구기관(CERN)에서 건설한 가속기. 일본도 거기에 참여했다.

상수나 서로 다른 물리법칙을 갖는 우주들이 무한하게 존재하지만 현재 관측되는 암흑에너지 밀도를 훨씬 넘는 값을 갖는 '우주'에서는 빠른 시기에 가속팽창이 시작돼 우주의 구조는 충분히 형성되지 않으며 지적 생명체도 태어날 수 없다. 따라서 인식 주체인 지적 생명체가 없으므로 우주는 인식되지 않는다. 지적 생명체가 태어나는 것은 현재 값의 암흑에너지, 또는 그 이하의 값을 갖는 우주뿐이다. 따라서 인식되는 우주는 모두 그 값의 암흑에너지를 갖는 우주라고 할 수 있다.

그러나 인간원리는 물리학의 기본법칙이 모두 통일돼 궁극적인 이론이 완성됐을 때, 왜 이 물질세계는 법칙에 따라 운동하는 걸까, 또 이 법칙에 있는 물리상수는 왜 그 값을 갖는 것일까 라는 궁극적인 의문에도 통용되는 것이다. 원래 과학적 연구를 통해 구해지는 물리량에 대해서 인간원리를 적용하는 것은 연구를 포기하겠다는 의미다.

암흑에너지가 궁극적인 법칙으로 나타나는 값이라면 인간원리를 적용하는 것이 타당하겠지만 현재 단계에서는 이론적 연구와 관측적 연구를 계속해야 한다. 예를 들면 암흑에너지의 시간적 변화나 공간적으로 비균일성이 존재할 가능성을 검토하는 것이 그러한 연구의 첫걸음이라고 할 수 있다. 적색편이가 크고 멀리 있는 은하들의 분포나 중성수소가 내는 21cm 파장의 전파 휘선 관측으로 이 문제에 접근하려는 계획도 세워두었다(제3권 참조). 또한 7장에서 논의되는 것처럼 이론적으로도 다차원 우주 모델의 입장에서 일반상대성이론을 변경해 암흑에너지를 설명하려는 시도도 있다. 암흑에너지의 존재는 우주론적 의미 이상으로 물리학의 근본을 다루는 문제이다. 과학은 모순이나 수수께끼를 풀면서 발전한다. 암흑에너지 문제는 21세기에 꽃핀 새로운 우주론이며 물리학의 열쇠가 될지도 모른다.

1.2 우주의 계층구조

앞에서 언급했던 것처럼 1920년대에 허블은 안드로메다은하가 우리은하계의 바깥에 있으며 우리은하계와 규모가 비슷한 천체라는 것, 그리고 멀리 있는 은하는 그 거리에 비례하는 속도로 우리에게서 멀어진다는 것을 발견했다. 그 후에 관측을 통해 은하계는 약 2,000억 개의 항성이 반지름 약 5만 광년, 두께 약 3,000광년이라는 얇은 원반 모양으로 분포하며 태양은 중심에서 약 2만 8,000광년 떨어진 곳에 있고 약 2억 년 주기로 은하의 중심을 한 바퀴 돌고 있다는 것을 알았다(은하계의 상세한 설명은 제5권 참조). 은하계나 안드로메다은하처럼 원반 모양의 구조를 갖고 나선 모양이 선명하게 보이는 것을 나선은하라고 한다. 그 밖에도 원반 모양의 구조를 가지지만 나선팔이 보이지 않는 S0은하, 뚜렷한 구조가 드러나지 않는 타원체의 타원은하, 또는 생김새가 다양해서 일정한 규칙성을 가지지 않는 불규칙 은하 등 여러 형태의 은하들이 있다. 이렇게 별은 은하라는 집단을 만들어 존재한다. 그리고 우주라는 것은 팽창하는 광활한 공간에 무수히 많은 은하들이 여러 형태로 흩어져 있다는 것이 밝혀졌다.

그렇다면 은하는 어떤 식으로 공간에 분포하고 어떤 식으로 운동하고 있을까. 이러한 궁금증으로 우주에는 은하단, 초은하단이라는 계층구조가 존재한다는 것을 밝혀냈다. 여기서 우주의 계층구조에 대해 살펴보자. 더 자세한 설명은 제4권을 참조하기 바란다.

1.2.1 은하에서 은하단으로

은하의 공간 분포에 대해서는 이미 1930년대부터 관심이 있었고 실제로 꾸준히 관측해왔다. 공간에서 은하 분포를 알기 위해서 분광관측으로 스펙트럼을 관측해 개개의 은하의 정확한 거리를 측정할 필요가 있다. 당시

망원경으로는 비교적 가까운 몇몇 은하에 대해서만 거리를 정확하게 측정할 수 있었고 먼 은하에 대해서는 천구 위에 투영돼 있는 2차원적인 분포로만 논의했다. 이런 경우에 거리가 다르지만 은하와 같은 방향에서 보일 때도 있어서 실제로는 멀리 떨어진 은하도 가까이 있는 것처럼 보여 여러 은하들이 모여 있다고 인식하는 경우도 있었다. 그러나 그것에 상관없이 1930년대에 이미 스위스의 천문학자 츠비키F. Zwicky는 은하가 무리 지어(은하단) 존재하는 경향이 있다고 주장했다. 예를 들어 우리은하계는 안드로메다 은하나 40개의 작은 은하들와 함께 '국부 은하군'이라 불리는 무리를 짓고 있다. 이처럼 50개 이하의 은하들의 소집단을 은하군이라 한다. 츠비키는 우리은하로부터 약 100Mpc 떨어진 머리털자리 은하단에 있는 개개의 은하 운동을 관측하여 모든 은하의 질량을 합한 것보다도 훨씬 더 큰 질량이 은하단 안에 숨겨져 있다는 것을 발견했다. 당시에는 이 질량을 '행방불명의 질량missing mass'이라고 했지만 현재는 이것을 암흑물질이라고 한다. 이 관측이 암흑물질의 존재를 처음으로 검증한 것이다.

여기서 우주론에서 자주 쓰이는 Mpc(메가 파섹)이라는 단위에 대해서 간단하게 설명하겠다. pc란 파섹parsec의 약자로 1년간 지구가 태양의 주위를 한 바퀴 돌면 별의 겉보기 위치가 아주 멀리 있는 배경의 별들에 대해 움직이면서 타원형을 그리듯 변화한다. 이때 타원형의 긴반지름의 각도가 정확히 1초각arc second이 될 때 별의 거리를 1pc이라고 정의한다. 1pc은 약 3.086×10^{16}m, 광년으로는 약 3.26광년에 해당한다. 1kpc$=10^3$pc, 1Mpc$=10^6$pc이다. 은하계 원반의 지름은 약 30kpc이다. 또 1Gpc$=10^9$pc이라는 단위도 우주론에서는 자주 쓰인다. 현재 우주에서 관측할 수 있는 크기는 약 30Gpc이다.

1.2.2 은하의 적색편이 탐사와 대규모 구조의 발견

그런데 츠비키가 주장한 은하단의 존재가 보편적인 것인지 아닌지 이를테면 넓은 우주에 걸쳐 얼마나 존재하는지는 더욱 멀리 있는 여러 은하들의 정확한 거리를 측정해야 한다. 거리 d는 허블의 법칙으로 적색편이 z(2장

$$cz = H_0 d \tag{1.1}$$

참조)를 측정해 결정된다. 여기서 c는 빛의 속도, H_0은 허블상수이다. 단, 위의 관계는 적색편이 z가 1보다 매우 작을 때 성립되고, 보다 일반적으로는 우주모델에 따라 변하지만 어느 쪽이든 적색편이가 거리의 지침이 되는 것은 변함이 없다. 적색편이는 은하에서 오는 빛을 분광관측해 알 수 있다. 따라서 많은 은하들을 분광관측해 적색편이 탐사를 하면 좋겠지만 그것은 그렇게 간단하지 않다. 먼 곳의 어두운 은하를 분광하려면 엄청난 시간이 필요하기 때문이다. 그것을 여러 은하 하나하나에 대해서 이행하려면 몇 년이나 걸리는 프로젝트가 될 것이다. 그림 1.7은 1980년대에 미국의 하버드-스미소니안 천체 물리학센터가 실시한 CfA탐사 결과의 일부이다. 부채꼴의 중심에 우리은하가 있고 검은 점 하나하나가 은하이다. 이 그림에는 16.5등급보다 밝은 은하가 나타나 있다. 애당초 이 탐사가 실시된 것은 1977년에 황소자리 방향으로 적색편이가 $z=0.04-0.06$인 사이에 은하의 수가 극단적으로 적은 '공동'이라 불리는 영역이 발견됐기 때문이다. 이 영역은 약 70Mpc에 달하고 지금까지 알려졌던 어떤 구조보다도 컸다. 그래서 이렇게 거대한 구조가 우주에 보편적으로 존재하는지 또 더욱 거대한 구조가 존재하는지를 알기 위해 활발하게 탐사를 했다. CfA탐사 결과, 은하가 필라멘트filament 모양이나 벽wall 모양으로 늘어서 은하단들보다 큰 약 50Mpc 규모인 초은하단이 존재한다는 것이 선명하게 드러

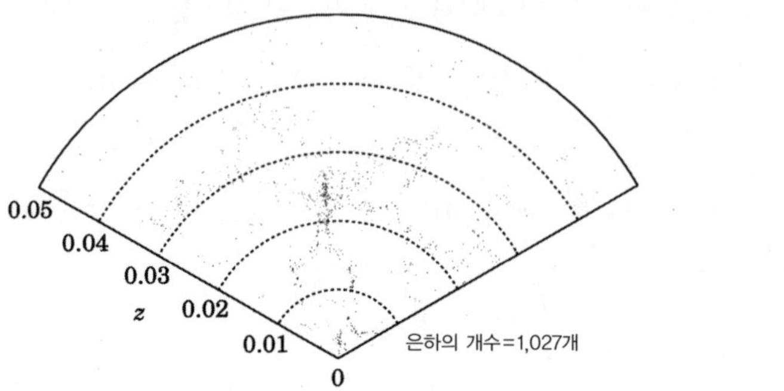

그림 1.7 CfA 은하 탐사에 따른 은하지도. 부채꼴의 변의 길이는 z=0.05(약 200Mpc)이며, 중심이 우리은하의 위치이고, 검은 점이 은하의 위치를 나타낸다. 이 그림에는 1,027개의 은하가 그려져 있다 (de Lapparent *et al.*, 1986, *ApjL*, 302, L1을 바탕으로 작성).

났다. 이처럼 100Mpc에 달하는 은하 분포의 구조를 우주의 대규모구조라 한다.

그러나 CfA탐사는 우주에서 우리은하 주변에 약 200Mpc의 영역만 관측한 것에 지나지 않으며 관측된 대규모구조가 우주 전체에 존재하는지 거대한 구조가 존재하는지 해답을 얻지는 못했다. 그래서 1990년부터 거대한 영역에서 은하 적색편이 탐사를 실시했다. 그중에 하나가 라스 캄파나스Las Campanas 탐사이다. 이것은 미국이 남미 칠레에 있는 라스 캄파나스천문대에 있는 구경 2.5m의 광시야망원경을 이용한 탐사였다. 이 탐사에서는 북반구의 하늘과 남반구 하늘의 각각 세 개의 영역에 한계등급 19등급, 적색편이 z가 0.2일 때까지 약 3만 개 은하의 3차원 분포를 찾았다(CfA탐사는 적색편이 z~0.05까지). 이것은 관측할 수 있는 우주 크기의 1/5에 달하는 넓은 영역이다. 또 1997년부터 2000년까지 영국과 호주가 공동으로 4m 망원경을 이용해 약 30만 개의 은하를 탐사했다. 이 관측들을 통해 은하는 약 150Mpc보다 작은 규모에서는 균일하게 분포하지 않고 초은하단이나 그것들이 이어져 복잡한 구조를 보이지만 규모가 커지면

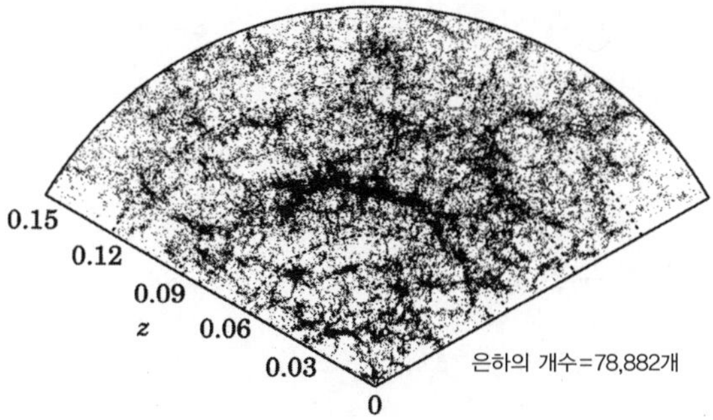

그림 1.8 SDSS에 의해 얻은 은하지도. 현재 z<0.15인 가장 완전한 은하지도이며, 이 그림에는 78,882개의 은하가 그려져 있다.

균일하다는 것이 확실해졌다.

그리고 2000년에는 은하탐사의 결정판이라고 할 수 있는 SDSS가 시작됐다. 이것은 미국과 일본이 공동으로 미국의 뉴멕시코주에 있는 아파치포인트천문대APO에 3°의 시야를 갖는 구경 2.5m의 전용 광시야망원경을 설치하고 하늘 전체의 4분의 1영역에 밝기가 23등급까지 천체들을 모두 찾기 시작해 그 천체의 천구 위의 위치와 측광 데이터를 부여하는 프로젝트였다. 이 중에는 은하 1억 개의 위치와 밝기, 100만 개의 은하거리와 스펙트럼, 10만 개의 퀘이사 거리와 스펙트럼이 있어 이후 몇십 년 동안 우주론에서 관측적인 기초를 제공해 줄 것이라 기대하고 있다.

이때까지 탐사가 사진건판으로 이루어졌던 것에 반해 SDSS에서는 CCD를 이용하기 때문에 측광의 정밀도가 크게 향상되어 우수한 데이터를 얻을 수 있게 됐다. 은하적색편이 탐사는 1980년대 CCD의 등장으로 급속히 발전했다. 더욱이 종전의 사진건판은 천체에서 오는 빛을 10%밖에 사용하지 못하지만 CCD는 파장에 따라 약 80% 혹은 그 이상 활용할 수 있다. 따라서 망원경의 지름은 그대로지만 먼 은하에 대한 분광관측은 더욱 단시간에 할 수 있게 됐다. 망원경은 1998년에 완성했지만 본격적인 관측은 2000년에 시작되어 2008년에 관측종료를 예정으로 귀중한 데이터들을 끊임없이 모아 적색편이 z가 0.2 이하인 우주의 모습이 대부분 밝혀졌다. 그림 1.8은 SDSS에 의한 은하의 3차원 분포를 보여주는 한 예이다.

1.2.3 CDM에 의한 구조 형성 시나리오

지금까지 은하 적색편이 탐사로부터 우주에는 규모가 작은 순서대로 은하(~50kpc), 은하군(~500kpc), 은하단(~5Mpc), 공동(~50Mpc)이라는 계층구조가 존재한다는 것이 알려졌다. 이러한 계층구조와 형성과정을 잘 설명하는 것이 차가운 암흑물질(Cold Dark Matter, CDM)에 의한 구조형성의 시나리오이다. 제3권에 자세히 설명했듯이 우주의 구조가 형성되는데 츠비키가 주장했던 암흑물질이 필요하다. 우주 구조가 형성되던 시기에 암흑물질 입자의 속도가 빛의 속도에 가까운지 아니면 거의 '0' 인지에 따라 뜨거운 암흑물질(Hot Dark Matter, HDM)과 차가운 암흑물질 두 종류로 분류된다. 중성미자(뉴트리노)는 뜨거운 암흑물질이다. 액시온이나 초대칭성 입자 등 몇 가지를 차가운 암흑물질의 구성물질로 추정하고 있지만 아직 현재 시점에서는 정체가 불분명하다. 이 물질에 대해 자세한 설명은 5장에서 다루겠다.

뜨거운 암흑물질에 의한 구조 형성에서는 빠른 속도 때문에 작은 크기의 밀도요동이 사라지기 때문에 우선 초은하단의 바탕이 되는 커다란 밀도 요동이 생겨 그것이 은하단, 은하군, 은하의 순서대로 차례로 작은 천체로 분열한다는 시나리오를 그린다. 반면에 차가운 암흑물질에 의한 구조 형성에서는 규모가 작은 밀도요동이 먼저 생기고 성장하므로 은하보다 작은 천체들이 모여서 은하로, 은하가 모여 은하군으로, 그리고 은하군이 모여 은하단으로, 그리고 은하단이 초은하단으로 성장하는 식으로 작은 천체에서 커다란 천체로의 구조 형성이 진행된다. SDSS에 의한 은하 분포의 관측은 차가운 암흑물질에 의한 구조형성 시나리오를 지지한다고 생각할 수 있다.

실제로 은하 분포는 암흑물질의 분포를 직접 반영하는 것은 아니다. 암흑물질은 우주 복사밀도와 물질밀도가 같아지는 시기(빅뱅 후 약 몇 천 년)부터 성장할 수 있지만 은하를 만드는 바리온 물질은 복사의 영향 때문에 '맑게 갠 우주로 전환(빅뱅 후 약 38만 년)' 한 시기 이후에만 성장할 수 있다. 우주가 맑게 갠 후 바리온 물질의 밀도요동은 암흑물질의 밀도요동을 따라가듯이 매우 빠르게 성장하지만 별이 생기고 은하가 생기는 과정은 중력만으로 결정할 수 없는 복잡한 과정이다(제3권 참조). 기본적으로는 암흑물질의 밀도가 높은 곳에 은하가 형성되는데 어떻게 형성되는지 자세한 내용은 아직 모른다.

은하 분포와 암흑물질 분포의 관계를 바이어스bias 문제라고 한다. 밀도요동의 진폭이 그다지 크지 않은 선형 성장의 범위에서는 바리온 물질의 밀도 분포와 암흑물질의 밀도요동은 비례관계에 있다는 선형 바이어스가 성립된다고 생각할 수 있다. 선형 바이어스의 경우에 은하 분포는 암흑물질의 분포를 반영하기 때문에 은하 분포를 관측해 암흑물질의 분포를 추정할 수 있다.

적색편이는 거리의 지표일 뿐 아니라 멀리 있는 우주는 아주 오래 전의 우주이므로 역사의 지표이기도 하다. 앞으로는 더욱 고적색편이 은하탐사를 해 과거 우주의 모습, 물질 밀도 분포의 진화 등 관측을 통해 명확하게 밝혀질 것이다. 이 진화는 우주팽창의 양상에 달렸다. 우주팽창 모습은 그것을 지배하는 우주의 에너지 형태에 의존한다. 우주에 일반적인 바리온 물질과 암흑물질만 존재한다면 우주팽창 속도가 점점 느려지는 감속팽창하겠지만 앞에서 설명했던 것처럼 최근 초신성 관측을 보면 현재의 우주는 반대로 팽창 속도가 점점 빨라지는 가속팽창을 하고 있다고 확인됐다.

가속팽창을 일으키는 에너지가 암흑에너지이며 그 정체를 밝혀내는 것이 현대우주론에서 가장 중요한 과제의 하나이다. 이처럼 고적색편이 은하탐사는 구조형성의 해명뿐 아니라 우주 초기나 암흑에너지에 대해서도 알려줄 것으로 기대한다.

1.3 우주의 물질사

현재 우주에는 120종류의 다양한 원소가 존재한다. 원소들의 규칙성은 1863년에 영국의 뉴랜즈J. Newlands와 1869년 러시아의 멘델레예프D. Mendeleer가 발견했고 원자핵의 양자수와 원자핵 주변을 도는 전자수가 규칙성을 띤다는 것은 20세기에 들어 양자역학이 발전하면서 밝혀졌다. 우주 역사에서 원소들은 어떤 식으로 생겨났을까, 이 수수께끼를 풀고자 가모브가 빅뱅이론을 만들었다고 1.1절에서 이미 기술했다. 가모브의 이러한 시도는 우주 초기에 수소, 헬륨, 리튬 등 극히 일부의 경원소를 만드는 데 그쳤지만, 물질의 진화를 우주역사 안에서 이해하려는 정신은 획기적인 것이었다.

여기서는 우주 초기에 물질이 어떤 식으로 진화해 현재 우리가 관측하는 상태가 됐는가에 대해 간단히 살펴보겠다. 그 전에 여기서 물질이란 우리들의 몸이나 별을 만드는 양성자, 중성자로 이루어진 원자핵을 가진 물질, 이른바 바리온 물질을 말한다. 여기서는 전자 등의 렙톤lepton 물질은 질량에 기여하는 정도가 작기 때문에 무시하겠다. 우주에는 바리온이 아닌 물질이 대량으로 존재한다고 알려져 있다. 그 물질은 전자 상호작용을 하지 않고 통상적으로 관측하면 볼 수 없기 때문에 암흑물질이라고 한다. 3장이나 5장에서 볼 수 있듯이 암흑물질은 우주의 초기에 바리온 물질과 상호작용을 끊어버리고 그 뒤 중력 상호작용을 통해 우주에서 구조형성에 중요한 역할을 했다.

1.3.1 우주와 소립자

빅뱅이론에 따르면 우주는 초고온, 초고밀도 상태에서 폭발과 함께 시작해 그 뒤 137억 년 동안 계속 팽창해 온도, 밀도를 낮추어 왔다. 1기압의 환경에서 물은 100℃에서 수증기가 되고 수소원자가 10만 ℃에서 양성자와 전자로 전리되는 것처럼 물질은 환경이 변화하면서 상태와 존재형태를 바꾼다. 우주가 팽창하면서 온도와 밀도의 환경 변화로 물질은 상태와 존재 형태를 바꾼다. 3장에 자세히 설명하겠지만 우주나이와 온도 사이에는 다음과 같은 간단한 관계가 있다.

$$T \sim \frac{1.52}{g_*^{1/4} t^{1/2}[\text{sec}]} \times 10^{10}\ \text{K} \tag{1.2}$$

여기서 g_*는 생각하는 온도 T에서 상대론적($kT \gg mc^2$, k는 볼츠만상수, m은 입자의 질량)인 모든 입자의 유효 내부 자유도를 나타낸다.

이렇게 우주 초기로 가면 갈수록 온도가 높아지고 모든 물질은 고에너지인 광자와 충돌해 최종적으로는 궁극의 구성요소인 소립자로 분해된다. 따라서 물질의 역사를 연구하기 위해서는 소립자와 소립자들 사이에 작용하는 힘을 알아야 한다. 1950년 하야시 츄지로가 이것을 밝혀냈다. 가모브는 우주 초기에 중성자만 존재하고 이것이 베타붕괴를 일으켜 양성자가 생기고 그 후 양성자와 중성자의 일련의 핵반응으로부터 모든 원소가 만들어진다고 봤다. 하야시는 우주 초기에 고온 상태에서 중성자와 양성자가 약한 상호작용으로 열평형 상태로 존재하고 중성자수 밀도와 양성자수 밀도의 비가 온도의 함수로 나타낼 수 있다고 했다. 이 연구는 현재의 우주가 마이크로파 배경복사로 채워져 있는 것처럼 중성미자 배경복사가 존재한다는 것도 예측했다.

또 핵자는 쿼크라는 소립자로 구성돼 있다. 따라서 우주에서 극히 초기의 물질은 쿼크로 존재하고 특정 온도로 내려가면 쿼크끼리 결합해 양성자나 중성자가 형성된다. 핵자로부터 헬륨 원자핵이 만들어지는 온도가 중수소의 결합에너지라고 한 원자핵 물리의 이론으로부터 결정되는 것처럼 쿼크에서 핵자가 생길 때 온도가 쿼크 간에 작용하는 힘('강한 핵력'이라고 한다)에 대해 이해해야 한다. 소립자와 그 상호작용을 연구하는 학문을 소립자론이라고 하는데 초기우주 연구를 흔히들 소립자론적 우주론이라고 하는 것도 그 때문이다. 실제로 1980년 이후에 우주론 발전은 소립자론의 발전에 따른 것이 적지 않다. 그러면 여기서 현재 소립자의 표준이론이라고 하는 것을 간단하게 소개하겠다.

물질의 궁극적인 구성요소는 크기가 없는 점 모양의 입자이며 이것을 소립자라고 한다. 일반적으로 소립자는 질량과 스핀의 값에 따라 분류하고 스핀이 반정수[8]인 것을 페르미온이라 하고, 정수인 것을 보손이라고 한다. 스핀이란 양자역학적인 개념으로 고전적인 반응을 생각한다면 자전이 된다.

각각의 소립자에는 반응하는 장이 존재하고 그 장을 양자화해 입자의 운동을 생각할 수 있다. 페르미온에는 같은 종류의 입자가 두 개 이상 동시에 같은 상태를 취할 수 없다는 파울리의 배타원리가 작용한다. 그 결과 스핀 1/2의 페르미온인 쿼크와 렙톤이 물질의 구성요소가 된다. 쿼크에는 u(up), d(down), c(charm), s(strange), t(top), b(bottom)의 여섯 종류, 렙톤에는 전자, 전자 중성미자, 뮤온, 뮤 중성미자, 타우, 타우 중성미자의 여섯 종류가 존재한다. 이들의 고유 상태를 맛flavor이라고 한다. 쿼크와 렙톤

8 홀수의 1/2, 즉 2배면 홀수가 되고 4배면 짝수가 된다.

표 1.1 쿼크와 렙톤

렙톤

	입자	질량(GeV)	전하
제1세대	ν_e(전자 중성미자) e(전자)	$< 10^{-8}$ 5.11×10^{-4}	0 –1
제2세대	ν_μ(뮤 중성미자) μ(뮤온)	$< 2 \times 10^{-4}$ 0.106	0 –1
제3세대	ν_τ(타우 중성미자) τ(타우)	< 0.02 1.7	0 –1

쿼크

	입자	질량(GeV)	전하
제1세대	u(up) d(down)	0.003 0.006	2/3 –1/3
제2세대	c(charm) s(strange)	1.3 0.1	2/3 –1/3
제3세대	t(top) b(bottom)	175 4.3	2/3 –1/3

의 맛의 수가 같은 것은 우연이 아니며 두 종류씩 짝이 되어 3세대를 형성한다. u와 d, 전자와 전자 중성미자가 1세대이고, c와 s, 뮤온과 뮤 중성미자가 2세대이고, t와 b, 타우와 타우 중성미자가 3세대이며 이 순서로 질량이 점점 커진다.

현재 우주를 구성하는 것은 제1세대 입자이다. 예를 들면 양성자는 u쿼크 두 개, d쿼크 한 개로 이루어졌고, 중성자는 u쿼크 한 개, d쿼크 두 개로 이루어졌다. 이처럼 세 개의 쿼크로 이루어진 입자를 바리온이라고 한다. 또 쿼크와 반쿼크에서 생겨난 입자를 중간자meson라고 하고 바리온과 중간자를 합쳐 중입자hadron라고 한다. 역사적으로 중입자는 '강하다' 라는 의미의 그리스어 'hadros' 에서 유래됐고 강한 상호작용을 하는 입자를 총칭해 사용한다. 참고로 바리온은 전자보다 질량이 아주 무거워 그리스어의 무겁다는 의미의 단어 'barys' 에서, 중간자는 파이중간자 등 초기에 예언됐던 것이 바리온과 전자 등의 렙톤(경입자)의 중간 질량을 가지고 있기 때문에 중간자라는 의미로 이름을 지었다.

이들 페르미온 사이에 보손이 오가며 힘이 작용한다. 예를 들면 전자기력은 전하를 띤 입자 사이에 질량이 0이고 스핀이 1인 광자가 왔다갔다 하며 발생한다. 중력과 전자기력은 원점에서부터 거리의 제곱에 반비례해 작아진다는 법칙이 성립된다. 한편, 약한 핵력과 강한 핵력의 도달거리가 10^{-15}cm로 상당히 짧다는 사실이 20세기에 와서 확인됐다. 약한 핵력은 질량이 100GeV이고 스핀 1인 세 종류의 Wweak보손이 쿼크와 렙톤 사이에서 오가며 발생하는 것으로 쿼크나 렙톤의 맛을 변화시킨다. 강한 핵력은 쿼크에 작용한다. 쿼크에는 맛 이외에 각각 세 종류의 색color이라고 불리는 양자수를 가진다. 질량이 0인 여덟 종류의 글루온gluon이라는 보손이 색의 왕래로 인해 쿼크 사이에 강한 핵력이 발생한다.

아인슈타인은 삶을 바쳐서 중력과 전자기력의 통일이론을 모색했지만 성공하지 못했다. 1967년에 와인버그S. Weinberg와 살람A. Salam이 100GeV 이상의 에너지로 전자기력과 약한 핵력이 비가환 게이지 이론이라는 틀 안에서 두 힘을 통일해서 이해할 수 있다고 했다. 게이지 이론이란 게이지 교환이라고 하는 장의 교환에 대해 불변의 이론이다. 전자기의 경우, 이 변환은 전하입자를 나타내는 장의 위상을 바꾸는 교환이다. 단, 모든 입자의 위상을 일제히 같은 값만큼 바꾸는 것은 단순히 위상의 값을 바꾸어 말하는 것에 지나지 않는 것이므로 물리적인 의미는 없다. 따라서 여기서 생각하는 교환은 각 입자의 위상을 제각각으로 다르게 바꾼다는 의미의 교환이다. 이때 각 입자의 위상의 틀어짐을 수정하도록 벡터입자[9]가 각 입자 사이에 오간다. 이 벡터입자가 광자다. 위상의 교환은 $e^{i\theta}$(θ는 실수)라고 쓸

9 스핀이 1인 입자.

표 1.2 게이지 보손과 힉스입자

강한 핵력

입자	질량(GeV)	전하
g(글루온)	0	0

약한 핵력

입자	질량(GeV)	전하
$W^{\pm}$(W보손)	80.4	±1
Z^0(Z보손)	91.2	0

전자기력

입자	질량(GeV)	전하
γ(광자)	0	0

힉스

입자	질량(GeV)	전하
H^0(힉스 보손)	>114.4	0

수 있고 절댓값이 1이기 때문에 1차원의 유니터리 그룹unitary group $U(1)$의 원천이라고 생각할 수 있기에 전자기학은 $U(1)$ 게이지 이론이라고 한다.

와인버그–살람 이론의 경우 게이지 교환은 장에 대한 $SU(2)_L \times U(1)_Y$의 작용이 나타나므로 $SU(2)_L \times U(1)_Y$ 게이지 이론이라고 한다. $SU(2)$라는 것은 행렬식의 값이 1인 2행 2열의 단위행렬[10]을 만드는 집합이다. $SU(2)$가 작용하는 것은 1세대에 대해서 u쿼크와 d쿼크(정확하게는 이들의 왼쪽회전[11]성분)의 쌍이나 전자와 전자 중성미자(이들의 왼쪽회전 성분)의 쌍이다. 이들 쌍을 약한 아이소스핀[12]의 이중항이라고 한다.

10 $U^*U=UU^*=I$를 만족하는 복소행렬, I는 단위행렬을 나타낸다.
11 진행 방향과 스핀의 방향이 같은 성분을 오른쪽회전, 그 반대일 때를 왼쪽회전이라고 한다.
12 weak isospin. 약한 상호작용이 적용되는 소립자만이 갖고 있는 양자수이다.

정리해 보면 쿼크(혹은 렙톤)의 왼쪽회전 성분은 아이소스핀이라는 특정 종류의 방향을 갖고 있어서 1세대의 경우 아이소스핀이 위쪽을 향하는 상태를 왼쪽회전 u쿼크(전자 중성미자), 아래쪽 방향의 상태를 왼쪽회전 d쿼크(전자의 왼쪽회전 성분)가 된다. 2세대, 3세대에 대해서도 마찬가지다. $SU(2)$에 첨자 L이 붙어 있는 것은 이 교환이 왼쪽회전 성분에만 작용하기 때문이다. 한편 $U(1)_Y$는 쿼크와 렙톤의 오른쪽회전, 왼쪽회전 성분에 작용하고 그 위상을 바꾼다. 단, 왼쪽회전 성분과 오른쪽회전 성분에서 그 위상의 값이 다르고 그 차이를 초전하 Y(Hypercharge)로 구별하기 때문에 첨자 Y를 붙인다. 왜 자연계에서 왼쪽회전과 오른쪽회전 성분에 이처럼 차이가 있는지에 대해서는 아직 밝히지 못했다.

이 $SU(2)_L \times U(1)_Y$ 교환의 기원을 시공의 임의의 함수라고 했을 때 이론을 불변으로 하기 위해서는 $SU(2)_L$에 대해 세 개의 벡터장(W^0, W^+, W^-), $U(1)_Y$에 대해 한 개의 벡터장(B)을 도입해야 한다. 네 개의 게이지 보손[13]에 의해 매개되는 힘을 전자기 약력이라고 한다.

현재 우주에서는 전자기력만이 스핀 1, 질량 0의 광자(A)로 매개되기 때문에 광자를 게이지 보손으로 하는 $U(1)$ 대칭성만 성립된다. 이 $U(1)$ 대칭성은 전자기 약력의 $SU(2)_L \times U(1)_Y$ 대칭성에 포함된 $U(1)_Y$와 다르다. 따라서 어떠한 방법으로 전자기력의 $U(1)$ 대칭성만 남겨 $SU(2)_L \times U(1)_Y$ 대칭성을 파괴해야 한다. 이 과정을 '자발적 대칭성의 파괴' 라고 한다. 이것은 특수한 자기 상호작용(퍼텐셜)을 가진 스핀 0의 힉스입자를 도입해 힉스 입자가 공간에 응축된 상태를 에너지의 최소 상태로 둔다. 이 공간에 빽빽하게 들어 있는 힉스입자와 $SU(2)_L$ 게이지 보손 세 개 중에 두 개($W^\pm$), 나머지 한 개(W^0), $U(1)_Y$ 게이지 보손 (B)의 적

13 게이지 변환에 대한 이론의 불변성을 요구함으로 도입된 벡터장을 일반적으로 게이지 보손이라고 한다.

당한 조합(Z) 세개가 상호작용을 함으로 100GeV의 질량을 갖게 되고 약한 핵력을 매개하는 보손($W^{\pm}$, Z)이 된다.

한편 $SU(2)_L$ 게이지 보손(W^0)과 $U(1)_Y$ 게이지 보손(B)의 다른 조합은 힉스 입자와 상호작용하지 않고 질량 0인 채로 그대로 남아 광자(A)가 된다. 대칭성의 자발적 파괴라고 불리는 이유는 힉스입자가 갖는 퍼텐셜 모양이 $SU(2)_L \times U(1)_Y$ 대칭성을 깨는 것은 아니지만 자연계에서 실현되는 상태는 퍼텐셜이 결정하는 최소 에너지 상태의 한 개를 우발적으로 취하고 그 상태에서 보면 마치 $SU(2)_L \times U(1)_Y$ 대칭성이 파괴된 것처럼 보이기 때문이다. 구체적인 예는 5장에서 볼 수 있다.

그리고 1970년대 전반에는 강한 핵력도 $SU(3)_C$ 게이지 이론으로서 기술할 수 있다는 것이 밝혀졌다. 이것은 각각의 쿼크가 가지고 있는 세 개의 색color을 섞는 교환이 $SU(3)$의 기원이기 때문이다. 첨자 c는 색을 뜻한다. 쿼크가 색을 교환할 때 그 사이에 오가는 여덟 종류의 게이지 입자를 글루온이라고 한다. 글루온으로 매개되는 강한 핵력은 쿼크끼리 멀어지면 멀어질수록 힘이 강해지고 가까워지면 가까워질수록 약해진다. 이러한 성질 덕분에 쿼크를 단독으로 양성자나 중성자로부터 골라내는 것은 불가능하고(쿼크의 갇힘) 또 우주의 극히 초기(초고온, 초고밀도)는 쿼크가 자유입자로서 날아다니는(점근적 자유) 단순한 모형이 정당화된다.

이렇게 해서 $SU(3)_C \times SU(2)_L \times U(1)_Y$ 게이지 이론이 현재 소립자의 표준 이론이라고 불리는 것인데 중력을 제외한 모든 힘을 부분군으로써 $SU(3)_C \times SU(2)_L \times U(1)_Y$을 포함하는 한 개의 집합에 기초해 비가환 게이지 이론의 틀로 통일하는 시도(대통일 이론)가 1980년대 이후 활발하게 이루어졌다. 놀랍게도 대통일이론에서는 쿼크가 렙톤으로 붕괴되는 과정이 존재하고 지금까지 안정적이라고 생각하던 양성자가 붕괴되는 현상이 일어날 수 있다. 이 붕괴의 수명은 우주나이보다 훨씬 긴 10^{33}년 이상인데 물질은 더 이상 절대적으로 안정적이지 않다는 것이다.

그런데 약한 핵력과 전자기력이 통일되는 것은 100GeV의 에너지에서 일어나고 이것은 우주의 온도가 약 10^{15}K, 빅뱅으로부터 약 10^{-10}초 후의 시기이다. 또한 만일 대통일이론이 실현된다면 10^{16}GeV 정도, 우주가 약 10^{29}K, 빅뱅으로부터 약 10^{-36}초 후의 시기이다. 5장에 언급한 것처럼 우주 초기에 실제로 대통일이론이 실현될 초고온이 될 가능성은 낮지만 1.1절에서 언급했던 것처럼 대통일이론이 인플레이션 이론이라는 초기우주에 대해 획기적인 제안을 한 것으로도 알 수 있듯이 물질의 궁극적인 모습을 탐구하는 소립자론의 발전 없이는 우주탄생 초기를 이해하기에는 어려운 점이 많다.

또 소립자의 표준이론에는 몇 가지 불만족스런 점이 있었다. 예를 들면 표준이론에는 페르미온과 힉스 입자 사이의 결합상수 등 열 가지가 넘는 매개변수가 존재하고 그 값들을 이론만으로 알아낼 수는 없다. 왜 세대가 세 개 존재하는지도 대답할 수 없다.

이러한 점들로부터 대통일이론이 요구됐지만 대통일이론에도 부족한 부분이 있다. 와인버그–살람 이론의 에너지 규모(10^2GeV)와 대통일이론 또는 중력이론의 에너지 규모(10^{15}GeV 또는 10^{19}GeV)의 극단적인 차이를 설명할 수 없다. 또 대통일이론에서 중력은 다른 힘과 아무런 관계가 없다고 한다. 그래서 현재는 중력도 포함한 모든 힘의 통일이 연구되고 있다. 여기서 중요한 역할을 하는 것은 초대칭성이다. 초대칭성이란 보손과 페르미온 사이의 대칭성이고 보손과 페르미온의 교환에 대해서 대칭이 되는 이론을 초대칭성이론이라 한다. 만일 초대칭성이 성립된다면 예를 들어 스핀 1/2의 쿼크에는 스핀 0의 보손인 스칼라 쿼크가 대응하고 스핀 1의 게이지 보손에 대해서는 스핀 1/2의 게이지노라 불리는 페르미온이 대응한다. 게다가 대응하는 페르미온과 보손의 질량은 정확히 동일할 것이다.

하지만 지금까지 실험에서는 전자나 쿼크의 초대칭성 파트너는 발견되지 않았다. 이것은 만일 초대칭성이 존재해도 초대칭성이 파괴돼 있고 초대칭성 파트너의 질량은 상당히 무거워져 있는 것으로 생각할 수 있다. 그러나 초대칭성 파괴의 과정은 아직 잘 모른다.

초대칭성은 현재의 우주가 성립되는데 중요한 역할을 할 가능성이 있다. 우주에는 전자 상호작용을 하지 않고 암흑물질이라고 하는 미지의 입자가 통상의 바리온 물질의 몇 배나 존재한다. 제3권에서 볼 수 있듯이 우주의 구조는 우선 암흑물질의 밀도요동이 성장하고 그 후 바리온 물질이 성장해 형성된다. 암흑물질이 존재하지 않는다면 우주에는 은하가 존재하지 않을 것이다. 현재 암흑물질의 정체는 알 수 없지만 초대칭성 파트너이며 전하가 중성인 입자 중에 질량이 가장 가벼운 입자나 중력자의 초대칭성 파트너인 그래비티노가 암흑물질의 유력한 후보라고 생각할 수 있다. 자세한 것은 5장에서 다루겠다.

지금까지 쿼크와 렙톤을, 구조를 갖지 않는 소립자로 취급했는데 사실은 이 입자들보다도 작은 규모의 기본 구성요소가 있을 가능성도 있다. 이 가능성은 중력까지 포함한 모든 힘의 통일이론을 추구하는 과정에서 나타났다. 통일이론으로 현재 가장 유망한 것은 기본 구성요소가 점의 입자가 아니라 1차원으로 연결되어 있는 끈으로 생각하는 초끈이론이다. 여기서는 이것에 대해 설명하지 않지만 초대칭성이론에 기초하는 초기우주에 대해서는 5장에서, 초끈이론에 기초한 초기우주에 대해서는 7장에서 다루겠다.

1.3.2 물질과 반물질

1928년 영국의 물리학자 디락P. Dirac은 상대론적 양자역학을 구축하는 과정에서 입자와 반대부호인 전하를 가졌고 입자와 만나면 소멸하는 반입자의 존재를 예언했다. 처음에 디락은 이 반입자를 양성자라고 해석하려 했지만 입자와 반입자의 질량은 정확하게 같다는 것을 알게 되면서 이 해석은 다소 부자연스럽다고 생각하게 됐다. 결국 전자와 질량이 같으며 반대 부호의 전하를 가지는 입자가 1932년에 우주선 관측으로 발견돼 이 반입자는 양전자라고 이름이 붙여졌다. 전자뿐 아니라 모든 소립자에는 반입자가 존재한다(광자의 경우처럼 입자와 반입자가 같은 경우도 있다).

물리학 법칙은 입자와 반입자에 대해서 거의 대칭을 이루고 입자로 이루어진 물질이 있지만 반입자로 이루어진 반물질이 존재하지 않는다는 것은 어디서도 찾아볼 수 없다. 그러나 우리가 관측하는 우주에는 반물질로 이루어진 별이나 은하는 존재하지 않는 것으로 추정된다. 왜 우주에는 반물질이 존재하지 않는 것일까. 우주의 역사 어딘가에서 반물질이 사라지고 물질로만 구성된 우주가 생겨났다는 것이다. 소립자론에서는 물질(정확하게는 쿼크)에는 양의 바리온수, 반물질(반쿼크)에는 음의 바리온수를 분배한다. 따라서 반물질의 소멸은 '양의 바리온수의 생성' 이라고도 한다.

우주에서 양의 바리온수가 생성되는 조건은 1.1.3절에 설명한 것처럼 1967년에 러시아의 물리학자 사하로프가 밝혀냈다. 이 조건에 대해 5장에서 자세히 설명하겠다. 1970년 이후 소립자론의 발전은 우주 초기에 사하로프의 세 조건을 충족시켰다. 실제로 1978년에 기무라 타히코는 대통일이론의 범위에서 우주에 양의 바리온수가 생성될 가능성을 지적했다.

그러나 인플레이션 후에 우주가 재가열돼고 우주의 온도는 상승하지만 대통일이론이 실현될 수 있는 온도까지는 올라가지 않을 것으로 추측되고 비록 대통일이론의 온도까지 올라가 바리온수가 생성됐다고 해도 다음 과정에서 그것이 사라진다. 현재는 전자기력과 약한 핵력이 통일되는 항에서 양의 바리온수가 생성되는 현상이 연구되고 있다. 여기에 대해서는 5장에서 자세하게 설명하겠다. 만약 이 시나리오가 옳다면 빅뱅이 일어나고 10^{-10}초까지는 우주에 물질과 반물질이 같은 양으로 존재했다고 본다. 그리고 물질의 역사는 그 다음부터 시작된다.

1.3.3 바리온 물질의 진화

일반적으로 기체가 전리돼 이온과 전자가 자유롭게 날아다니는 상태를 플라즈마라고 하는데 우주에 반물질이 사라진 뒤에 우주도 쿼크와 글루온이 자유로이 날아다니며 쿼크-글루온 플라즈마라는 상태가 됐다. 쿼크와 글루온은 $SU(3)_C$게이지 이론으로 설명할 수 있는 강한 핵력이 영향을 미치지만 이 힘에는 점근적 자유라고 해서 거리가 서로 가까워질수록 그 힘이 약해지는 성질이 있다. 우주 초기의 초고온, 초고밀도에서는 점근적 자유가 실현되고 쿼크와 글루온은 자유입자로서 날아다녔을 것이다. 그러나 우주가 팽창하면서 온도와 밀도가 내려가자 쿼크와 글루온은 강하게 결합한다. 그리고 쿼크는 양성자나 중성자 혹은 하드론 속에 갇혀버린다. 이것을 쿼크-하드론 상전이라고 하고 빅뱅으로부터 $1/10^5$초 후에 온도가 몇조 도가 되면 일어난다고 추정한다. 여기에 대해서는 3장에서 자세히 설명하겠다.

쿼크-하드론 상전이 이후에 우주는 하드론 중에는 양성자, 중성자, 중간자 몇 개, 렙톤은 전자, 뮤온과 각각의 반입자, 세 종류의 중성미자와 반중성미자가 날아다닌다. 중성미자 세 종류는 빅뱅 후 1초(온도 백억 도)까지는 물질과 상호작용을 끊고 이후 물질의 진화와 관계없이 우주 중성미자 배경복사를 해 현재까지 우주를 구석구석 채우고 있다. 또 우주의 온도가 1조 도일 때 뮤온과 반뮤온은 쌍소멸이 일어나고 몇십 억 도에서 전자와 양전자가 쌍소멸이 일어나 우주에서 반뮤온과 반양전자가 소멸한다.

온도가 더 내려가 빅뱅 후 100초에는 우주에 남아 있던 중성자가 양성자와 결합해 헬륨 원자핵이나 극히 소량의 경원소가 합성돼 그들 속으로 들어간다. 우주 초기의 경원소 합성은 4장에서 상세하게 설명하겠다. 그리고 우주는 중량비를 보면 약 75%의 양성자(수소 원자핵), 약 25%의 헬륨 원자핵,

매우 적은 양의 리튬 등의 경원소 원자핵과 전자의 플라즈마 상태가 된다. 이 상태는 빅뱅 후 약 38만 년, 온도가 약 3,000℃로 내려갈 때까지 계속된다.

우주의 온도가 3,000℃로 내려가면 양성자나 헬륨 원자핵의 이온이 전자와 잇따라 결합해 수소원자, 헬륨원자 등 중성의 원자가 생기는 대사건이 일어난다. 이 대사건은 맑게 갠 우주라고 하고 현재 우주 마이크로파 배경복사를 이용해 우주를 직접 관측할 수 있고 우주에 대한 막대한 정보를 제공한다. 우주 마이크로파 배경복사를 관측해 어떤 것을 알 수 있는지는 제3권을 참고하기 바란다.

이렇게 해서 물질은 비로소 우리가 알고 있는 형태로 존재하게 된다. 맑게 갠 우주는 또한 천체가 형성되는 데도 중요한 역할을 한다. 맑게 갠 우주 이전에는 강력한 복사 압력으로 성장에 방해를 받던 바리온 물질은 지금까지 성장하던 암흑물질의 요동에 이끌려 급속히 성장하고 빅뱅 후 약 수억 년이 지난 후에 밀도가 높은 영역에서 최초의 항성 집단이 형성된다고 추측한다. 그 영역이 몇 개가 모여 합체해 은하가 만들어진다. 그 과정에서 항성 내부의 핵융합 반응으로 중원소가 생성되고 초신성 폭발이 일어날 때 주변 공간으로 방출된다. 또 초신성이 폭발할 때 중성자가 대량 방출돼 새로운 중원소도 새롭게 만들어진다. 성간 공간은 급속도로 중원소로 오염되고 오염된 성간가스에서 만들어진 항성이 성간 공간을 더욱 오염시킨다. 이런 과정을 거쳐 현재 행성과 인간을 구성하는 재료인 탄소, 산소, 철, 그리고 현재 관측되는 다양한 원소가 만들어진다.

제2장
상대론적 우주론

인류는 아주 먼 옛날부터 밤하늘을 올려다보며 하늘에 떠있는 무수한 별들과 넓게 펼쳐져 있는 컴컴한 하늘을 바라보며 다양한 세계관, 우주관을 키워왔다. 별과 하늘에 대해 정량적이고 물리학적으로 고찰할 수 있게 된 것은 1916년 아인슈타인이 일반상대성이론을 완성한 후부터였다. 일반상대성이론의 방정식인 아인슈타인 방정식은 중력을 시공의 기하학으로서 표현하고 기하학적 변형(곡률)이 물질의 에너지 운동량으로 인해 발생한다는 이론이다. 중력이론은 일반상대성이론이 유일한 이론이 아니라 그 밖에 다른 이론들도 가능성이 있다. 그러나 현 시점에서는 일반상대성이론이 관측사실을 가장 잘 설명하는 중력이론이다. 2장에서는 일반상대성이론에 기초해 우주모델을 살펴보자.

2.1 균일등방 우주모델

일반적으로 우주에서 어떤 대상을 살펴볼 때 아무런 가설 없이 물리학적으로 고찰하기는 어렵다. 보통의 경우에 거기에는 무언가의 외적 경계 조건 혹은 경험법칙을 근거로 하는 그럴듯한 가정과 가설을 세우고 그 가정 아래서 이론을 전개해 그 결과와 현실의 실험이나 관측을 비교해 비로소 문제가 되는 대상의 물리학적 이해를 얻는다. 우주론도 예외가 아니며 빅뱅우주 모델의 가장 기본적인 가정은 우리가 살고 있는 지구(크게는 우리은하)가 우주에서 특별하지 않은 천체라는 것이다.

우주원리를 바탕으로 우주의 어떤 곳에서도 우리가 올려다보는 하늘과 거의 동일한 밤하늘을 볼 수 있다. 이것은 우주에 거의 균일하게 물질이 존재한다는 것을 의미하고 일반상대성이론에 따르면 시공이 거의 균일하게 변형된다는 것을 의미한다. 또한 우주에 특별한 방향이 없다면 이 변형은 등방할 것이다. 그러므로 우주는 적어도 넓게 보면 공간적으로 균일한 물질밀도와 균일등방한 기하학적 구조를 가진 시공으로 표현할 수 있다.

균일등방한 공간은 일정하게 휘어진 공간, 즉 정곡률 공간이며, 그러한 공간은 곡률이 양, 음, 0이라는 세 종류만 있다고 한다. 3차원 정곡률 공간의 경우 그것들은 각각 3차원 구면(S^3), 3차원 쌍곡면(H^3), 3차원 평면(E^3)에 대응한다. 또한 우주에서 이들의 공간 부피는 곡률이 양일 때만 값이 유한하다[1]. 일반적으로 곡률이 양인 경우를 닫힌 우주, 곡률이 음인 경우를 열린 우주, 곡률이 0일 때를 평탄한 우주라고 한다.

균일등방인 3차원 공간의 계량하는데 표현방법이 몇 가지가 있지만 공간의 균일등방성을 가장 쉽게 이해할 수 있는 것은 나음과 같은 표현이다.

$$d\sigma_K^2 = d\chi^2 + \begin{cases} \dfrac{1}{K}\sin^2\sqrt{K}\chi(d\theta^2+\sin^2\theta d\varphi^2) & (K>0), \\ \chi^2\,(d\theta^2+\sin^2\theta d\varphi^2) & (K=0), \\ \dfrac{1}{-K}\sinh^2\sqrt{-K}\chi(d\theta^2+\sin^2\theta d\varphi^2) & (K<0). \end{cases} \quad (2.1)$$

여기서 $K>0$은 닫힌 3차원 구면이고, $K=0$은 평탄한 공간이고, $K<0$는 열린 3차원 쌍곡면이다. $K>0$의 경우, $\tilde{\chi}=\sqrt{K}\chi$라고 하면 좌표 $(\tilde{\chi},\ \theta,\ \varphi)$는 3차원 구면상의 각도를 나타내는 구면좌표이다. $K<0$인 경우는 좌표 χ에 관한 삼각함수 $\sin\sqrt{K}\chi$가 쌍곡형 함수 $\sinh\sqrt{-K}\chi$로 치환된 모양이며 이 경우 $\tilde{\chi}=\sqrt{-K}\chi$라고 해서 $(\tilde{\chi},\ \theta,\ \varphi)$를 쌍곡면 좌표라고 한다. $K=0$인 경우는 χ를 동경좌표로 하는 일반적인 극좌표이며 $K\neq 0$인 경우 $\chi \ll 1$일 때의 극한값과 일치한다. 이것은 충분히 작은 영역(이 경

1 곡률이 음이나 0인 경우에 공간을 밀집시키는 경우도 원리적으로는 가능하지만 여기서는 그것은 고려하지 않는다.

우는 $\chi \ll 1/\sqrt{|K|}$ 의 영역)에서는 '아무리 구부러진 공간도 평탄하게 보인다' 라는 국부평탄성의 한 가지 결과이다.

균일등방한 공간을 나타내는 계량의 표현으로 자주 사용되는 또 하나는

$$d\sigma_K^2 = \frac{dr^2}{1-Kr^2} + r^2(d\theta^2 + \sin^2\theta d\varphi^2) \tag{2.2}$$

이다. 이것은 흔히 로버트슨-워커Robertson-Walker 좌표라고 한다. 이 좌표에서는 동경좌표 r은 r이 일정한 구면의 원주가 $2\pi r$이고 면적이 $4\pi r^2$으로 주어진다는 것이 특징이다. 이같이 r은 원의 반지름이다. (식 2.1)과 (식 2.2)를 비교하면 이들은,

$$r = \Sigma_K(\chi) \equiv \begin{cases} \frac{1}{\sqrt{K}}\sin\sqrt{K}\chi & (K>0), \\ \chi & (K=0), \\ \frac{1}{\sqrt{-K}}\sinh\sqrt{-K}\chi & (K<0) \end{cases} \tag{2.3}$$

이라는 관계로 연결되는 것을 알 수 있다. 여기서 $\Sigma_K(\chi)$는 χ를 동경좌표로 선택했을 때 원의 반지름이다. 3차원 공간계량의 표현방법은 여러 가지가 있지만 아래서는 이들의 성분 표시를 일반적으로

$$d\sigma_K^2 = \gamma_{ij}^K dx^i dx^j \tag{2.4}$$

라고 나타내기로 하자.

여기서 생각할 것은 우주원리에 기초하고 3차원 공간이 균일등방한 우주모델이다. 다시 말해 임의의 시각에 대해서 시각을 일정하게 했을 때 3차원 공간 계량이 (식 2.1) 또는 (식 2.2)로 주어진 4차원 시공의 계량이

다. 그러한 시공의 계량은 일반적으로

$$ds^2 = -c^2dt^2 + a^2(t)d\sigma_K^2 \tag{2.5}$$

라고 표시할 수 있다. 여기서 c는 빛의 속도, 함수 $a(t)$는 각 시각 t에서 공간의 '크기'를 나타내는 함수이며 우주의 규모인자라 불린다. 여기서 '크기'라는 용어에 따옴표를 붙인 이유는 닫힌 공간이 아니면 공간부피가 무한대므로 우주 전체에서 '크기'의 개념이 의미를 잃기 때문이다. 즉 $a(t)$는 서로 시각과 시각 사이에 상대적 공간 크기를 나타낸다고 생각하면 된다. 또 3차원 균일등방 공간을 계량한 $d\sigma_K^2$의 좌표 (χ, θ, φ) 또는 (r, θ, φ)는 우주공간에 정지돼 있는 좌표계이며 우주가 팽창하면서 함께 움직인다는 의미로 우주의 공동좌표라고 한다.

지금까지 우주를 표현하는 시공계량의 형식을 알아봤다. 그러면 우주의 규모인자 a는 어떤 함수로 주어질까. 이 문제에 대답하기 위해서는 우주의 진화, 다시 말해 시공의 진화를 설명할 수 있는 방정식이 필요하다. 2장 앞에도 다루었듯이 현재 수많은 관측 데이터를 가장 잘 설명하는 이론은 아인슈타인의 일반상대성이론이다. 물론 일반상대성이론 외에도 여러 이론이 제창됐고 이 이론들이 모두 관측 사실과 모순된다는 것은 아니지만 지금부터 일반상대성이론을 전제로 이야기하겠다[2].

아인슈타인 방정식은 시공의 곡률을 나타내는 리만 텐서로 만들어진 리치 텐서 $R_{\mu\nu}$[3]와 리치 스칼라 R로 아인슈타인 텐서 $G_{\mu\nu} = R_{\mu\nu} - \frac{1}{2}Rg_{\mu\nu}$를 만들면

2 최근에 궁극적 이론인 통일이론의 관점에서 봤을 때 4차원 이상의 시공차원을 기준으로 하는 일반상대성이론과 다른 것이 나타나 화제가 되고 있다. 자세한 것은 7장을 참고하라.

3 그리스 문자 μ, ν는 시공 좌표 $x^\mu = (x^0, x^i) = (ct, x^i)$를 나타내는 첨자.

$$G_{\mu\nu}=\frac{8\pi G}{c^4}T_{\mu\nu} \tag{2.6}$$

로 주어진다. 여기서 G는 중력상수, c는 광속도, $T_{\mu\nu}$는 우주를 차지하는 물질에너지나 복사에너지, 운동량, 압력 분포를 나타내는 에너지 · 운동량 텐서이다. 이 식을 풀기 위해서는 우변에 있는 물질의 에너지 · 운동량 텐서를 지정해야 한다. 그러나 공간이 균일등방할 때는 에너지 · 운동량 텐서는 아래와 같이 제한된다고 알려졌다.

$$T_{00}=\rho c^2,\ T_{ij}=a^2\gamma^K_{ij}P,\ \text{다른 성분}=0 \tag{2.7}$$

여기서 ρc^2은 물질의 에너지 밀도(ρ는 질량밀도), P는 압력이다. 에너지 운동량 텐서의 모양을 완전유체라고 한다. 완전유체란 점성에 따른 에너지 손실이 없는 유체를 말한다. 그 경우 ρc^2과 P는 각각 열역학적 에너지 밀도와 압력에 해당하고 아래 (식 2.12)에 나타난 것처럼 우주팽창은 반드시 단열 과정이 된다. 실제로 우주진화 대부분의 시기에 물질은 어떤 상호작용을 해서 열평형 상태가 되고 단열 팽창한다. 그러므로 물질을 완전유체라고 간주할 수 있다. 그러나 (식 2.7)에 나타난 물질이 반드시 완전유체일 필요는 없음에 주의하자. 물질이 완전유체로 움직이지 않는 시기는 짧은 시간이지만 우주 역사 속에 자주 나타나고 다음 진화에 큰 영향을 준다.

아인슈타인 방정식 좌변에 (식 2.5)의 계량을, 우변에 (식 2.7)의 에너지 운동량 텐서를 대입하면 우주의 규모인자 a에 대해

$$00\text{성분}: \left(\frac{\dot{a}}{a}\right)^2+\frac{Kc^2}{a^2}=\frac{8\pi G}{3}\rho, \tag{2.8}$$

$$ii\text{성분}: \frac{\ddot{a}}{a}+\frac{1}{2}\left(\left(\frac{\dot{a}}{a}\right)^2+\frac{Kc^2}{a^2}\right)=-\frac{4\pi G}{c^2}P \tag{2.9}$$

이라는 방정식 두 개를 얻는다. 위 첨자 '·'는 시간미분(d/dt)이다. 공간의 균일등방성에 의해 아인슈타인 방정식의 나머지 성분은 항등식이 된다.

제1식은 물질밀도를 알면 우주 규모인자의 시간발전을 적분할 수 있는 식이다. 이것을 프리드만Friedmann 방정식이라고 한다. 제1식을 사용해 제2식을 다시 쓰면

$$\frac{\ddot{a}}{a}=-\frac{4\pi G}{3c^2}(\rho c^2+3P) \tag{2.10}$$

이다. 이것이 본래 규모인자에 대한 운동방정식이다. 그러나 아래 나타내듯 물질에너지 보존 법칙을 고려하면 프리드만 방정식은 운동의 제 1적분(a를 좌표라고 간주할 때 에너지 적분 : (식 2.25) 또는 (식 2.26))에 대응한다는 것을 알 수 있다. 다시 말해 (식 2.10)은 다시 풀 필요가 없다.

에너지 운동량 텐서는 시공의 각 점에서 국부적으로는 결코 물질 에너지나 운동량이 마음대로 생성되거나 소멸되지 않는다는 에너지 운동량 보존법칙$\nabla_\mu T^{\mu\nu}=0$을 충족시킨다. 현재의 경우 공간 성분($\nu=i$), 즉 운동량 보존법칙은 우주의 균일등방성에 의해 자동적으로 충족된다. 따라서 필요한 것은 시간 성분($\nu=0$), 즉 에너지 보존법칙이고 그것은

$$\dot{\rho}+3\frac{\dot{a}}{a}\left(\rho+\frac{P}{c^2}\right)=0 \tag{2.11}$$

로 주어진다. 참고로 이 식을 아래와 같이 변형하면 그 의미를 쉽게 이해할 수 있다. 지금 우주의 어떤 공동 부피 $V\propto a^3$을 생각하고 부피 안에 있는 모든 에너지를 E라고 하면 $E=\rho c^2 V\propto \rho a^3$이기 때문에 (식 2.11)은

$$\frac{dE}{dt}+P\frac{dV}{dt}=0 \tag{2.12}$$

가 된다. 이것은 단열 과정에서 열역학 제1법칙과 일치한다. 즉, '물질이 열평형 상태라면 우주는 단열 팽창을 한다' 라는 결론을 얻는다. 반대로 말하면 우주가 진화하면서 엔트로피와 함께 증가하는 비단열 현상이 일어나려면 물질은 반드시 열평형 상태로부터 벗어나야 한다는 것이다.

여기서 프리드만 방정식을 시간에 대해 미분하고 위의 에너지 보존법칙을 사용해 $\dot{\rho}$를 소거하면 $\dot{a}/a$가 0이 되지 않을 경우, (식 2.10)이 충족됨을 알 수 있다. 다시 말해 (식 2.8)과 (식 2.11)에 의해 우주진화의 움직임이 결정된다. 다만 에너지 보존법칙에는 압력 P가 여전히 미지의 변수로 남아 있어 이대로는 방정식을 풀 수 없다. 에너지 보존법칙이 물질의 운동방정식을 충족시켜야 하는 필요조건이고 충분조건이 아니기 때문이다.

일반적으로 물질의 운동방정식도 병행해 프리드만 방정식을 풀어야 하지만 물질이 완전유체인 경우에는 압력 P를 밀도 ρ의 함수 $P=P(\rho)$로 나타낼 수 있다. 이것을 단열과정에 대한 물질의 상태방정식이라고 한다. 상태방정식이 주어지면 에너지 보존법칙을 적분할 수 있고 그 결과를 프리드만 방정식에 대입하면 우주의 규모인자 a의 움직임을 완전히 계산할 수 있다. 이것은 물질이 서로 상호작용하지 않는, 즉 에너지를 서로 교환하지 않는 여러 개의 완전 유체들로부터 성립되는 경우 즉,

$$\rho=\sum_i \rho_i,\ P=\sum_i P_i(\rho_i),\ \dot{\rho}_i+3\frac{\dot{a}}{a}\left(\rho_i+\frac{P_i}{c^2}\right)=0 \qquad (2.13)$$

이 성립되는 경우도 마찬가지이며 a를 완전히 구할 수 있다.

어떤 방법으로든 프리드만 방정식으로 알 수 있는 가장 중요한 점은 매우 특수한 경우를 제외하고 우주는 일반적으로 정적이지 않다는 것이다. 그리고 실제로 우주는 팽창하고 있다고 관측된다. 우주가 약 130억 년 전에 매우 초고온이고 초고밀도일 때 모든 물질이 소립자로 분해돼 있던 상

태에서 탄생했고 팽창과 함께 점차 식어 현재 관측되는 물질, 행성, 은하가 탄생했다는 빅뱅이론은 현재 완전히 의문의 여지가 없을 만큼 관측을 통해 검증되고 있다.

우주가 매우 특수한 경우가 아니라면 정적이지 않다는 것은 아래와 같이 이해할 수 있다. (식 2.10)에서 압력이 $P=-\rho c^2/3$을 만족시키지 않는 한 a는 반드시 가속도를 가지며, 따라서 반드시 시간이 흐르면서 변화한다. 또한 $P=-\rho c^2/3$이 성립되더라도 (식 2.8)의 좌변에서 $\dot{a}=0$인 식 $3Kc^2/a^2=8\pi G\rho$가 성립되지 않는 한 규모인자는 반드시 속도를 갖는다. 즉, 정적인 우주는

$$\frac{Kc^2}{a^2}=\frac{8\pi G\rho}{3}=-\frac{8\pi GP}{c^2} \tag{2.14}$$

이 성립되는 경우로 제한된다. 에너지 밀도가 양이면 닫힌 우주($K>0$)에서만 가능하다.

매우 특수한 정적 우주는 아인슈타인이 당초 생각했던 우주모델이고 아인슈타인의 정적 우주모델이라고 한다. 물론 물질은 일반적으로 압력이 음의 값을 갖는 경우는 없다. 그래서 아인슈타인은 실질적으로 음의 압력을 주는 항으로 아인슈타인 방정식의 좌변에 우주항이라는 계량 텐서에 비례하는 항 $\Lambda g_{\mu\nu}$를 추가했다. 현대적인 해석에 따라 이것을 우변으로 가지고 와서 에너지 운동량 텐서라고 간주하면 이것은

$$T_{\mu\nu}=-\frac{\Lambda}{8\pi G}g_{\mu\nu} \tag{2.15}$$

이 되고 에너지 밀도와 압력이 각각

$$\rho_\Lambda c^2 = \frac{\Lambda}{8\pi G},\ P_\Lambda = -\frac{\Lambda}{8\pi G} \tag{2.16}$$

인 물질이 된다. Λ를 우주상수라고 한다. 우주상수는 진공에너지라고 볼 수 있으며 그 원인은 진공에서 양자요동으로 해석된다. 첨자 Λ는 우주상수를 나타내기 위한 것이며 특징은 에너지 밀도가 시간과 공간에도 의존하지 않고 항상 일정하다는 것이다. 아인슈타인은 진공에너지와 일반적인 물질을 합친 에너지 밀도와 압력의 총량이 정확히 (식 2.14)를 충족하도록 조절했다. 구체적으로는 일반적인 물질에 첨자 m을 붙여

$$\begin{aligned} &\rho_\Lambda = \rho_K,\ \rho_{\mathrm{m}} = 2\rho_K;\ \ \rho_K \equiv \frac{Kc^2}{8\pi G a^2} \\ &P_\Lambda = -\rho_K c^2,\ P_{\mathrm{m}} = 0 \end{aligned} \tag{2.17}$$

라고 하면

$$\begin{aligned} &\rho = \rho_\Lambda + \rho_{\mathrm{m}} = 3\rho_K, \\ &P = P_\Lambda + P_{\mathrm{m}} = -\rho_K c^2 \end{aligned} \tag{2.18}$$

이 되고 조건식 (식 2.14)가 충족된다.

아인슈타인은 훗날 실제로 우주가 팽창한다는 것이 관측되자 정적 우주 모델 때문에 우주항을 도입했던 것을 '내 인생의 최대 실수'라 했다고 한다. 그러나 우주항은 진공에너지라는 현대적인 해석과 함께 부활했고 현대우주론에서 없어서는 안 될 요소가 됐다. 실제로 최근의 관측데이터는 현재의 우주가 진공에너지, 또는 거기에 상당히 가까운 성질을 가진 에너지에 지배되는 우주라는 것을 강하게 시사한다. 최근에는 이러한 미지의 에너지를 암흑에너지라고 부르는 것이 통례가 됐다.

우주론에서 물질을 완전유체라고 간주할 수 있는 상태방정식의 가장 중요한 예는 아래 세 개이다.

$$
\begin{aligned}
&(\mathrm{a}) \quad P=0 \ \cdots \ \text{먼지}, \\
&(\mathrm{b}) \quad P=\frac{1}{3}\rho c^2 \ \cdots \ \text{복사}, \qquad (2.19)\\
&(\mathrm{c}) \quad P=-\rho c^2 \ \cdots \ \text{진공}.
\end{aligned}
$$

(c)의 '진공' 인 경우에 대해서는 앞에서 이미 언급했다. 그러므로 (a)와 (b)의 경우에 대해서 간단하게 설명하겠다.

(a)는 엄밀하게 말해서 압력이 전혀 없는 유체(먼지유체[4], 또는 단순하게 물질)의 상태방정식이지만 우주팽창에 대한 효과를 논의할 때는 모든 비상대론적 유체에 적용한다. 비상대론적 유체란 m을 유체입자의 질량, T를 온도라고 하고 입자 하나당 열운동에너지 $m\langle v^2\rangle/2\sim k_{\mathrm{B}}T$가 유체입자의 정지 질량에너지 mc^2보다 매우 작은 유체를 말한다. 우주의 규모인자 시간 발전에 중요한 것은 에너지 밀도에 대한 압력의 비이며 비상대론적 유체에서는 P/ρ는 단위질량당 운동에너지의 단위로 $P/\rho\sim\langle v^2\rangle\ll c^2$이 성립하기 때문이다. 현재 우주는 (c)의 진공에너지 혹은 암흑에너지라고 하는 요소를 제외하고 나머지는 거의 먼지 같은 물질이 지배한다고 추정된다. 먼지 같은 물질에는 일반적인 원자나 분자를 형성하는 물질(바리온 물질)도 포함되지만 대부분이 정체불명의 비상대론적 물질이다. 이것을 차가운 암흑물질이라고 한다.

(b)도 역시 엄밀하게는 광자로 대표되는 질량 0인 입자로 이루어진 복사유체의 경우를 말하지만 가령 입자가 질량을 가지더라도 고온의 상대론

4 여기서 먼지라고 하는 것은 아래서 설명한 것처럼 운동에너지가 질량에너지보다 아주 작은 비상대론적 유체로 고체의 미립자를 말하는 것은 아니다.

적 극한값, 즉 $\overline{k_B T} \gg mc^2$의 극한에서는 입자의 종류에 상관없이 상태방정식이 성립한다. 그러나 이것은 입자 사이에 상호작용이 아주 약하고 각 입자가 자유입자로 움직이는 경우만을 말한다. 다시 말해 혹시 고온의 극한에서 상호작용이 매우 강해지면 우주 초기는 이 상태방정식으로 표현할 수 없다.

현대물리학에서 1960년대 이후에 얻은 또 하나의 큰 성과는 물질을 구성하는 소립자의 기본적인 상호작용이 에너지가 높으면 높을수록 점점 약해지는 점근적 자유를 가졌다는 성질을 밝혀냈다는 것이다. 빅뱅이론에서는 우주 초기가 엄청나게 고온고밀도였다고 예측하는데 초고온, 고밀도 상황에서 구성입자들이 기본적으로 자유입자처럼 움직인다는 것이 밝혀졌고 우주의 아주 초기에 대해 복사우세 우주라는 틀에서 논의됐다(3장, 5장 참조).

2.2 프리드만 방정식의 해

프리드만 방정식에서 어떠한 우주진화의 모습을 찾을 수 있을까. 구체적으로 방정식을 풀어보자. 간단하게 물질의 상태방정식은 w를 상수로 놓고

$$P = w\rho c^2 \tag{2.20}$$

인 경우를 생각하자. 이때 에너지 보존법칙 (식 2.11)은 바로 적분해

$$\dot{\rho} + 3(1+w)\frac{\dot{a}}{a}\rho = 0 \quad \longrightarrow \quad \rho \propto a^{-3(1+w)} \tag{2.21}$$

을 얻을 수 있다.

특히 $w=0$인 먼지(비상대론적 물질)인 경우에 밀도는 a^{-3}에 비례한다. 혹

은 ρa^3=일정하다. 이것은 '반지름 a인 부피에서 물질의 전체 질량은 반지름이 변화해도 변하지 않는다'라는 질량보존의 식을 나타낸다. 그러나 w가 0이 아니라면 일반적으로 질량보존법칙은 성립하지 않는다. 상대론적으로는 $E=mc^2$의 관계에서 질량은 에너지와 등가이며 부피가 팽창(수축)하면 그 때문에 압력이 작용한 만큼 에너지가 감소(증가)하기 때문이다. 예를 들면 $w=1/3$의 복사(고온의 상대론적 유체)인 경우 ρ는 a^{-4}에 비례한다.

여기서 더욱 간단하게 하기 위해 $K=0$인 평탄한 우주를 살펴보자. 프리드만 방정식 (식 2.8)에 (식 2.21)에서 얻은 밀도 ρ의 움직임을 대입해 풀면 우주의 규모인자는

$$a \propto t^n;\ n=\frac{2}{3(1+w)} \tag{2.22}$$

로 주어진다. 여기서 중요한 것은 $w>-1/3$인 값을 갖는 한 $n<1$이 된다. 이때

$$\ddot{a} \propto n(n-1)t^{n-2} \tag{2.23}$$

이므로 우주는 감속팽창한다. 즉 $w>-1/3$인 우주는 감속팽창하고 $w<-1/3$인 우주는 가속팽창한다. 특히 $w=-1$(우주항)일 때는 ρ=일정하고

$$a \propto \exp[H_* t];\ H_*=\sqrt{\frac{8\pi G\rho}{3}} \tag{2.24}$$

이다. 우주항이 우세한 우주는 지수함수적으로 팽창한다. 이것을 우주의 인플레이션적 팽창 또는 줄여서 인플레이션이라고 한다(6장 참조).

지금까지는 평탄한 우주를 가정했는데 (식 2.21)의 밀도의 변동과 프리

드만 방정식의 곡률항의 변동을 비교하면 규모인자 a가 매우 작은 초기우주에서 $w>-1/3$인 경우는 항상 곡률항을 무시할 수 있고 평탄한 우주의 근삿값이 잘 성립한다는 것을 알 수 있다.

한편 프리드만 방정식은 양변에 $a^2/2$를 곱하면

$$\frac{1}{2}\dot{a}^2 - \frac{GM(a)}{a} = -\frac{1}{2}Kc^2;\ \ M(a) = \frac{4\pi}{3}\rho a^3 \tag{2.25}$$

이다. 재미있게도 이 식은 M이 보존되는 비상대론적 물질의 경우에는 뉴턴역학의 에너지 보존식과 완전히 일치한다. 즉, 반지름 a이고 밀도가 균일한 구를 생각하고 이 구의 운동을 살펴보면 제1항은 단위 질량당 운동에너지에 제2항은 중력 퍼텐셜에너지에 대응하고 우변은 이 계에서 보존되는 에너지에 대응한다.

따라서 물질이 비상대론적 즉 먼지같은($w=0$) 우주의 시간적 움직임을 쉽게 알 수 있다(그림 2.1 참조). 다시 말해 $K>0$인 닫힌 우주는 에너지가 음의 속박궤도[5]에 해당되고 우주는 반지름 0인 빅뱅 특이점에서 팽창한 후 수축으로 전환해 다시 반지름 0으로 되돌아간다. 반지름 0으로 되돌아간 특이점을 대함몰특이점이라고 한다. 한편 $K=0$인 평탄한 우주나 $K<0$인 열린 우주는 반지름 0에서 팽창하고 그대로 영원히 팽창하지만 팽창속도 $\dot{a}$가 점차 늦어져 $K=0$인 경우는 최종적으로 속도 0에 가까워지고 $K<0$인 경우는 최종적으로 일정한 속도 $\dot{a}=\sqrt{-K}c$에 가까워진다. $K\leqq 0$인 경우도 팽창우주가 아니라 영원한 과거로부터 수축하기 시작해 최종적으로 반지름 0으로 돌아간 후 시간이 반전됐다는 해도 있지만 현실적이지 않아 여기서는 생각하지 않겠다.

5 규모인자 a를 좌표라고 하면 좌표 a의 운동가능한 영역이 유한할 때 a는 속박궤도에 있다고 한다.

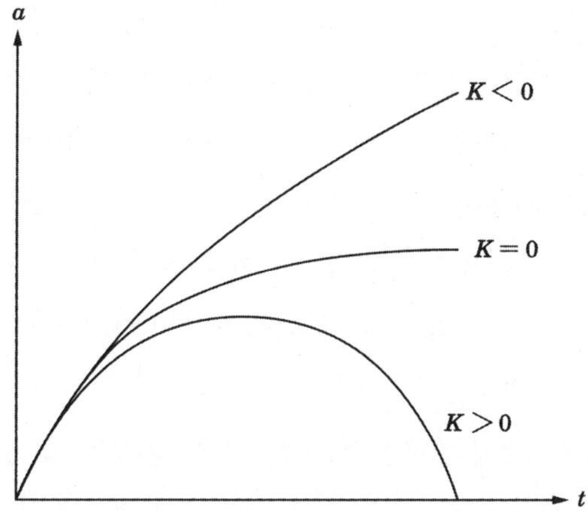

그림 2.1 $3P+\rho a^2>0$을 만족시키는 우주모델에서의 규모 인자의 시간적 변화.

위에서는 $w=0$인 경우를 생각했다. 그러나 w가 0이 아니어도 $w>-1/3$인 값을 가지는 한 우주의 규모 인자의 변동은 정성적으로 변하지 않는다는 것이다. 다른 것은 $M(a)$가 $w=0$이 아니라면 보존되지 않는다는 점뿐이다. 이것은 밀도의 변동을 나타내는 (식 2.21)에서 $w>-1/3$인 경우 $M(a)/a \propto \rho a^2$는 a가 무한하게 커지면 0이 되기 때문이다. 즉 $K>0$인 경우는 만일 a가 무한하게 커진다면 좌변은 양이 되고 우변은 음이 되는 모순이 생긴다. 따라서 a는 반드시 유한한 최댓값을 갖고 그 이후 수축으로 바뀐다. 한편 $K=0$와 $K<0$인 경우는 영원히 팽창하고 a의 최종속도는 역시 각각 $\dot{a}\rightarrow 0$, $\sqrt{-K}c$로 주어진다.

그런데 $w<-1/3$에서는 변화 모습이 크게 달라진다. 이 경우 a가 큰 극한값에서 ρa^2은 0이 되지 않고 무한대로 발산한다. 이것은 닫힌 우주에서도 팽창에서 수축으로 바뀌지 않고 영원히 팽창한다는 것을 의미한다. 더군다나 이 경우는 팽창속도 $\dot{a}$도 무한하게 발산해 가속팽창을 한다. 특히 w가 거의 -1인 경우에는 앞에서 얘기한 것처럼 $\dot{a}\propto a$가 되고 지수함

수적인 팽창을 한다.

사실은 $w<-1/3$인 경우 $K>0$인 닫힌 우주의 특징은 우주 초기에도 나타난다. $w<-1/3$인 경우 a가 0인 극한에서 ρa^2가 0이 되기 때문에 역시 우변이 양이고 좌변이 음인 모순이 나타난다. 즉, 우주는 a가 상한값을 가지는 대신에 하한값을 가진다. $K>0$인 우주는 무한한 과거에 우주가 계속 수축해 a가 특정한 최소 반지름에 도달하면 다시 팽창하기 시작하고 그리고 영원히 팽창한다.

위에서 예로 든 것처럼 현실적으로 우주의 상태방정식은 모든 시기를 단순한 식 하나로만 표현할 수는 없다. 일반적인 경우에 규모인자의 정성적 변동을 이해하기에는 (식 2.25)의 좌변 제2항에 관해 뉴턴중력이론의 퍼텐셜에너지라는 해석을 확장해 더욱 일반적인 역학계의 유효퍼텐셜이라고 여기고 우변을 계의 에너지라고 여기면 이해하기 쉽다. 즉,

$$\frac{1}{2}\dot{a}^2+V_{\rm eff}(a)=E_K;\ V_{\rm eff}(a)=-\frac{4\pi G}{3}\rho a^2,\ E_K=-\frac{1}{2}Kc^2 \qquad (2.26)$$

그림 2.2의 (a)는 초기우주에는 복사나 먼지라는 일반적 물질이 우세하고 시간이 지나 우주가 커지면 양의 진공에너지가 우세해지는 경우의 유효퍼텐셜을 나타낸다. 수평 방향의 화살표는 각기 다른 K값에 대한 규모인자의 운동영역이다. 이 그림에서도 알 수 있듯이 $K>0$인 경우에도 그 값에서 수축해 무너져가는 경우가 있는가 하면 영원히 팽창하는 경우도 있다.

현재의 관측 데이터로부터 추측되는 우주의 상태방정식 변천은 우주의 극히 초기에 인플레이션적 팽창($w=-1$)인 시대가 있고 그 후 복사우세우주($w=1/3$)인 암흑물질 우세우주($w=0$)를 지나 현재 다시 암흑에너지($w=-1$)에 의한 인플레이션 시기를 맞이하고 있다는 것이다. 그림

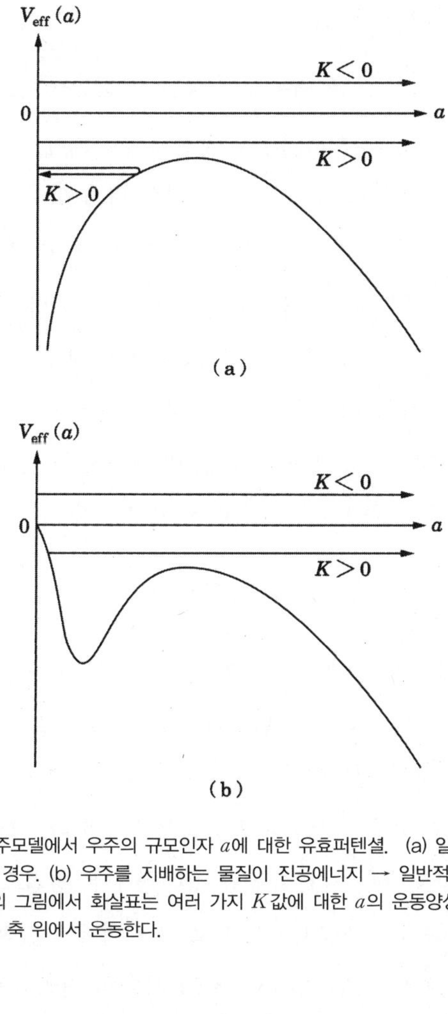

그림 2.2 다양한 우주모델에서 우주의 규모인자 a에 대한 유효퍼텐셜. (a) 일반적인 물질과 양의 진공에너지가 존재하는 경우. (b) 우주를 지배하는 물질이 진공에너지 → 일반적 물질 → 진공에너지로 변화하는 경우. 각각의 그림에서 화살표는 여러 가지 K값에 대한 a의 운동양상을 나타낸다. $K=0$인 경우의 a는 $V_{eff}=0$인 축 위에서 운동한다.

2.2의 (b)는 이 경우의 규모인자에 대한 유효퍼텐셜이다. 특히 $K>0$인 경우에 a가 유한한 값일 때 우주가 시작됐는데 이것은 우주 전체를 양자론적으로 취급하는 양자우주론에 기초해 '무'에서 우주가 탄생했다는 시나리오가 나오는 해이다(7장 참조).

2.3 우주론적 적색편이

1929년 허블E. Hubble은 수십 개의 은하에 대해 은하의 거리와 빛의 스펙트럼을 조사하자 멀리 있는 은하일수록 거리 d에 비례해서 스펙트럼이 붉은 쪽으로, 즉 장파장 쪽으로 치우쳐 있는 것을 발견했다. 은하가 발산하는 빛의 고유파장을 λ_s으로, 우리가 관측하는 파장을 λ_0라고 했을 때 치우친 정도를 $1+z=\lambda_0/\lambda_s$로 표시하고 z를 적색편이라고 한다. 적색편이는 도플러 효과로 관측자로부터 광원이 상대적으로 멀어지고 있을 때 관측된다. 관측자로부터 은하가 멀어지는 속도를 v라고 하면 v가 광속 c보다 훨씬 작을 때 $z=v/c$이다. $z \propto d$라는 관측사실에서 허블은 먼 은하일수록 거리 d에 비례하는 속도로 멀어진다고 결론을 내렸다. 즉,

$$v=H_0 d \tag{2.27}$$

이다. 이것을 허블의 법칙이라고 하고 비례계수 H_0은 허블상수 또는 허블매개변수라고 부른다. 최신의 관측데이터를 살펴보면 허블상수 값은 $H_0=73\mathrm{km\,s^{-1}Mpc^{-1}}$ 정도이다. 허블의 법칙은 우주가 균일등방한다는 우주원리에 기초해 우주는 팽창하고 있음을 의미한다. 그리고 H_0은 우주의 단위 시간당 팽창률과 같다. 이것은 아래와 같은 방법으로 알 수 있다.

균일등방한 우주에서 계량 (식 2.25)로 각 시각에 공간적 요소를 생각하면 우주공간에 정지한 매우 가까운 두 점 사이의 거리 d를 두 점 사이의 공동좌표간격 $\Delta\chi$로 나타내면

$$d=a(t)\Delta\chi \tag{2.28}$$

이다. 이 식의 양변을 시간으로 미분하면

$$\dot{d} = \dot{a}\Delta\chi = \frac{\dot{a}}{a}a\Delta\chi = \frac{\dot{a}}{a}d \tag{2.29}$$

즉, 어느 시각 t에서 두 점이 서로 멀어지는 속도 $v = \dot{d}$는 거리 d에 비례하고 비례계수는 우주의 팽창률 $\dot{a}/a$이다. 이것과 (식 2.27)을 비교하면 바로

$$H_0 = \left(\frac{\dot{a}}{a}\right)_0 \tag{2.30}$$

을 얻는다. 여기서 관례에 따라 첨자의 0은 현재를 나타낸다. 그리고 $H_0 = 70\mathrm{km\,s^{-1}Mpc^{-1}}$로 놓고 그것을 단위시간당 팽창률로 바꾸면

$$H_0 = 7 \times 10^{-11} \quad [\mathrm{y^{-1}}] \tag{2.31}$$

가 된다. 다시 말해 우주의 크기는 1년에 거의 100억 분의 1로 커지고 있다.

위에서는 적색편이를 도플러 효과로 해석해 우주가 팽창하고 있다고 결론지었다. 그러나 이것은 어디까지나 해석이며 적색편이가 우주팽창을 의미한다는 것을 정확히 알기 위해서는 우주론의 관측에서 거리라는 개념을 더욱 자세하게 조사할 필요가 있다.

우주론에서 관측은 대부분 아주 먼 천체들을 관측하기 때문에 천체의 거리를 삼각시차법으로 직접 구할 수는 없다. 만약 그것이 가능하더라도 광속도가 유한하기 때문에 천체를 관측할 때 천체 과거의 모습을 관측하고 있음을 의미한다. 즉 '지금'의 천체 거리를 관측하는 것은 원리적으로 불가능하다. 다시 말하면 아주 멀리 떨어진 천체를 관측하는 것은 현재 우리가 있는 세계에서 과거의 빛을 관측하는 것이다. 그래서 '어떤 천체의 거리' 라는 개념은 주어진 관측데이터에 구체적인 조작을 가해야만 정의될 수 있다. 그렇게 조작적으로 정의된 거리 개념에서 가장 기본적인 것이 천

체가 나타내는 우주론적 적색편이이고 천체의 겉보기밝기나 천구면에서 크기로 정의내리는 거리(각각 광도거리, 각지름거리)이다. 광도거리와 각지름거리에 대해서는 2.5절에서 자세히 살펴보기로 하고 여기서는 적색편이에 대해 생각해 보자.

적색편이 z의 상대론적 정의는 우주론적이냐 아니냐에 관계없이 일반적으로 아래와 같이 정의된다.

$$1+z \equiv \frac{(u_\mu k^\mu)_{\rm s}}{(u_\mu k^\mu)_0} = \frac{\omega_{\rm s}}{\omega_0} = \frac{\lambda_0}{\lambda_{\rm s}} \tag{2.32}$$

여기서 k^μ는 빛의 4차원 운동량을, 첨자 s와 0은 각각 광원과 관측자의 양을 표시하고 $\omega = -u_\mu k^\mu / \hbar$은 4차원 속도 u^μ의 정지계에서 빛의 각진동수(에너지/$\hbar$)를, $\lambda = 2\pi/\omega$는 파장을, $u^\mu_{\rm s}$와 u^μ_0는 각각 광원과 관측자의 4차원 속도를 나타낸다.

우주론적 적색편이를 생각하기 위해 공간적으로 균일등방한 우주에 공동좌표로 (식 2.1)에서 주어진 계량 $d\sigma^2_K$의 식을 택했다. 이때 공간의 균일등방성으로부터 일반성을 잃지 않고 관측자는 공간좌표의 원점 $\chi=0$에, 광원은 동경좌표 $\chi=\chi_{\rm s}$의 위치에 있다고 하고 동경 방향으로 전파되는 빛만 고려하면 된다(그림 2.3 참조).

시각 $t=t_{\rm s}$에 광원으로부터 출발한 빛이 시각 $t=t_0$일 때 관측자에게 도달하고, $t=t_{\rm s}+\delta t_{\rm s}$에서 출발한 빛이 $t=t_0+\delta t_0$일 때 도착한다면 빛의 경로는 $ds^2=-c^2dt^2+a(t)^2d\chi^2=0$으로 주어지기 때문에

$$\chi_s = \int_{t_{\rm s}}^{t_0} \frac{cdt}{a(t)} = \int_{t_{\rm s}+\delta t_{\rm s}}^{t_0+\delta t_0} \frac{cdt}{a(t)} \tag{2.33}$$

가 성립하고 특히 $\delta t_{\rm s} \to 0 (\delta t_0 \to 0)$의 극한에서

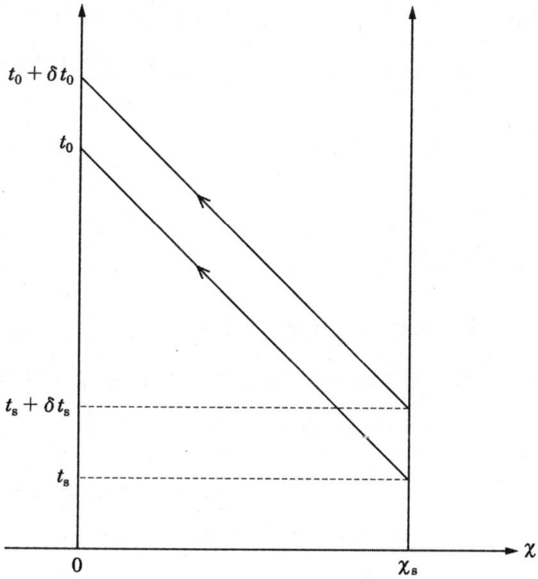

그림 2.3 균일등방 우주에서 빛이 전파되는 시공 그림. 관측자에서 공동좌표거리 χ_s에 있는 천체로부터 시각 $t_s \sim t_s+\delta t_s$일 때 나온 빛이 시각 $t_0 \sim t_0+\delta t_0$에 도달한다.

$$\frac{\delta t_s}{a(t_s)}=\frac{\delta t_0}{a(t_0)} \tag{2.34}$$

를 얻는다. 한편, 광원에서 δt_s의 시간 안에 빛이 진동한 횟수 N(∝광자수)는 관측자가 δt_0라는 시간 안에 관측하는 진동의 횟수와 같으므로

$$N=\omega_s\delta t_s=\omega_0\delta t_0 \tag{2.35}$$

이 성립한다. 따라서 (식 2.34)와 (식 2.35)로부터 우주론적 적색편이의 식,

$$1+z=\frac{\omega_s}{\omega_0}=\frac{\delta t_0}{\delta t_s}=\frac{a(t_0)}{a(t_s)} \tag{2.36}$$

을 얻는다. 다시 말해 적색편이가 z인 천체는 우주의 규모인자가 현재의 $a/a_0=1/(1+z)$배일 때 모습을 보는 것이다. 이러한 사실에서 $1+z$를 우주 규모인자의 역수라고 볼 수 있다.

2.4 우주론 매개변수

앞 절에서 본 것처럼 허블의 법칙은 현재 우주가 팽창하고 있다는 증거다. 그러나 그것만으로는 우주가 어떤 역사를 갖고 어떻게 천체구조가 생성되고 앞으로 어떤 식으로 진화하는가를 알 수가 없다. 이러한 내용을 이해하기 위해서는 우주모델, 즉, 프리드만 방정식의 해에 영향을 주는 다양한 매개변수를 더욱 자세하게 살펴보아야 한다.

우주모델에 영향을 주는 매개변수를 선택하는 방법에는 여러 가지가 있지만 관측과 비교해 허블상수 H_0를 구하고 프리드만 방정식 (식 2.8)과 이것을 시간미분한 (식 2.10)의 양변에 나타나는 각 항의 현재 값 H_0을 이용해 변수를 줄이면, 우주모델의 특징을 이해하기 편하다. 즉, 아래와 같이 매개변수를 정의할 수 있다.

$$\Omega=\sum_i \Omega_i\ ;\ \ \Omega_i=\frac{8\pi G\rho_{i,0}}{3H_0^2}, \tag{2.37}$$

$$k_0=\frac{Kc^2}{a_0^2H_0^2}, \tag{2.38}$$

$$q_0=-\frac{1}{H_0^2}\left(\frac{\ddot{a}}{a}\right)_0, \tag{2.39}$$

$$w_0=\left(\frac{P}{\rho c^2}\right)_0\ ;\ \ w_{i,0}=\left(\frac{P_i}{\rho_i c^2}\right)_0. \tag{2.40}$$

여기서 Ω는 밀도 매개변수, Ω_i는 그것에 대한 각 성분[6] ($i=\mathrm{m}$(먼지 같은 물질), $i=\mathrm{r}$ (복사), $i=\Lambda$(진공에너지)), k_0는 곡률 매개변수로, q_0는 감속매개변수로 불리고 $w_{i,0}$는 물질의 각 i성분의 상태방정식을 나타내는 매개변수이다. w_i에 첨자 0을 붙인 값은 그것이 반드시 상수라고 한정할 수 없기 때문이다. 또 허블상수 자체는

$$H_0 = 100h\,\mathrm{km\,s^{-1}Mpc^{-1}} \tag{2.41}$$

라고 허블상수는 1Mpc당 초속 100km로 계산한 h로 표시하는 것이 관례이다. (식 2.8)과 (식 2.10)의 양변을 H_0^2 으로 나눠 우주론 매개변수 사이에 성립하는 관계식,

$$k_0 = \Omega - 1 = \sum_i \Omega_i - 1, \tag{2.42}$$

$$q_0 = \frac{1}{2}\sum_i \Omega_i\,(1+3w_{i,0}) \tag{2.43}$$

을 얻는다. (식 2.24)를 보아 Ω가 1보다 크냐 작으냐에 따라 우주가 닫혀있느냐, 열려있느냐가 결정된다. 여기서 Ω가 정확히 1이 되는 밀도를 임계밀도라고 하고 $\rho_{\mathrm{cr},0}$으로 표시한다. 즉,

$$\rho_{\mathrm{cr},0} = \frac{3H_0^2}{8\pi G} = 1.9\times 10^{-29}h^2 \quad [\mathrm{g\ cm^{-3}}] \tag{2.44}$$

이다. 또 (식 2.42)를 사용해 (식 2.43)을 변형하면

$$q_0 = \frac{1}{2}\sum_i \Omega_i\,(3+3w_{i,0}) - \sum_i \Omega_i = \frac{3}{2}\sum_i \Omega_i\,(1+w_{i,0}) - k_0 - 1 \tag{2.45}$$

6 밀도 매개변수는 임의의 시각에서 허블상수 H를 사용해 정의하면 시간의 함수가 되고 현재 값을 Ω_0 처럼 첨자 0을 이용해 나타낼 수도 있지만 여기서는 현재의 값만을 사용하므로 0을 생략했다.

를 얻는다. 이것도 유용한 관계식이다.

Ω_i에서 특히 진공에너지를 표시하는 성분을 Ω_Λ로 한다. (식 2.19)의 (c)에서 주어진 진공에너지의 상태방정식에서 $w_v = P_\Lambda / (\rho_\Lambda c^2) = -1$이다. 그리고 (식 2.43)과 (식 2.45)에 의해

$$q_0 = \frac{1}{2} \sum_{i \neq v} \Omega_i \, (1 + 3w_{i,0}) - \Omega_\Lambda,$$

$$k_0 = \frac{3}{2} \sum_{i \neq v} \Omega_i \, (1 + w_{i,0}) - q_0 - 1 \qquad (2.46)$$

이라는 관계식을 얻는다.

위에서 주어진 우주론적 매개변수들 사이의 관계식은 프리드만 방정식을 가정해 도출된 것이기 때문에 만일 각 매개변수가 서로 독립적인 관측으로 구해지면 아인슈타인 방정식의 우주론적 규모에서도 검증할 수 있다는 것을 의미한다. 그러나 아쉽게도 그러한 관측수단은 현시점에서는 아직 알려져 있지 않다. 그래서 관측우주론에서 진지하게 고려해야 할 것은 관측데이터와 크게 모순되는 점이 나타나지 않는 한 일반적으로는 우주론 매개변수 사이의 관계식을 출발점으로 삼아 관측 데이터를 해석해야 한다.

앞에서 설명한 것처럼 현재의 우주는 우주항(진공에너지)과 먼지 같은 물질(대부분이 차가운 암흑물질)로 이루어져 있다. 그래서

$$\Omega = \Omega_{\mathrm{m}} + \Omega_\Lambda \qquad (2.47)$$

의 경우를 살펴보자. 여기서 첨자 m은 먼지 같은 물질(바리온 물질과 암흑물질)을 나타낸다. $w_{\mathrm{m}} = 0$, $w_v = -1$이기 때문에 (식 2.46)은

$$q_0 = \frac{1}{2} \Omega_{\mathrm{m}} - \Omega_\Lambda,$$

$$k_0 = \Omega_{\rm m} + \Omega_\Lambda - 1 = \frac{3}{2}\Omega_{\rm m} - q_0 - 1 \tag{2.48}$$

이다. 특히 우주항이 $0(\Omega_\Lambda = 0)$이라면

$$q_0 = \frac{1}{2}\Omega_{\rm m},\ k_0 = \Omega_{\rm m} - 1 \tag{2.49}$$

이고, 그리고 공간적으로 평탄($k_0 = 0$)하다면 $q_0 = 1/2$, $\Omega_{\rm m} = 1$이 된다. 이러한 평탄하고 먼지물질우세(또는 단순하게는 물질우세)인 우주를 아인슈타인-드 지터Einstein-de Sitter 우주라고 한다. 참고로 1990년대의 우주론은 유한한 진공에너지가 존재하지 않을 것이라는 이론적 편견으로부터 '우주는 아인슈타인-드 지터 우주이다' 라는 생각이 지배적이었다. 그러나 최근에 멀리에 있는 초신성 관측이나 빅뱅우주의 잔해인 마이크로파 배경복사의 비등방성을 보여주는 정밀한 관측데이터는 우주가 평탄하지만 진공에너지가 우세하며 $\Omega_{\rm m} \approx 0.3$, $\Omega_\Lambda \approx 0.7$로 주어진 우주라는 것을 강하게 시사하고 있다.

그런데 위에서 정리한 우주론적 매개변수는 모두 (식 2.8)-(식 2.10)으로 직접적으로 나타나는 양이고 따라서 시간적인 의미에서 국부적으로 결정되는 물리량인 것이다. 이에 대해 우주모델의 해를 구하는 과정에서 비로소 나오는 중요한 물리량에 우주연령 t가 있다. 프리드만 방정식으로부터 t는 적분형으로

$$H_0 t = \int_0^a \frac{H_0 da}{Ha} = \int_{1+z}^\infty \frac{dy}{yF(y)},$$
$$F\left(\frac{a_0}{a}\right) \equiv \frac{H}{H_0} = \sqrt{\frac{\rho}{\rho_{\rm cr,0}} - k_0 \frac{a_0^2}{a^2}} \tag{2.50}$$

라고 쓸 수 있다. 여기서 ρ/ρ_0는 보통 a_0/a의 복잡한 함수지만 우주항, 먼지물질, 복사만이 존재하는 우주에서는 $\rho_\Lambda=$상수, $\rho_m \propto 1/a^3$, $\rho_\mathrm{r} \propto 1/a^4$이므로 구체적으로

$$\frac{\rho}{\rho_{\mathrm{cr},0}}=\Omega_\Lambda+\Omega_\mathrm{m}\left(\frac{a_0}{a}\right)^3+\Omega_\mathrm{r}\left(\frac{a_0}{a}\right)^4 \tag{2.51}$$

로 주어진다. 이것으로부터 (식 2.52)를 얻을 수 있다.

$$H_0 t(z)=\int_{1+z}^{\infty}\frac{dy}{yF(y)},$$
$$F(y)=\sqrt{\Omega_\mathrm{r}\, y^4+\Omega_\mathrm{m}\, y^3-k_0\, y^2+\Omega_\Lambda} \tag{2.52}$$

현실의 우주에서는 우주 마이크로파 배경복사의 에너지 밀도의 값으로부터 $\Omega_\mathrm{r}\sim 10^{-4}\Omega_\mathrm{m}$라고 생각할 수 있다. 따라서 $\rho_\mathrm{r}/\rho_\mathrm{m} \propto 1/a \propto (1+z)$에 의해 $z \lesssim 10^4$인 한, $F(y)$의 Ω_r의 항은 무시할 수 있다. 이것을 이제부터 $F_\mathrm{m}(y)$라고 표시한다. 우주 초기 복사우세 시기는 그 이후에서 현재까지 걸렸던 시간과 비교하면 완전히 무시할 수 있어서 $z \lesssim 10^4$(정확하게는 3,500 정도이다. 제3권 4장 참조) 이후의 우주연령 계산에 $F_\mathrm{m}(y)$을 사용하는 것이 완전하게 정당화된다. 특히 현재의 우주나이는

$$H_0 t_0=\int_1^{\infty}\frac{dy}{yF_\mathrm{m}(y)},\quad F_\mathrm{m}(y)=\sqrt{\Omega_\mathrm{m}\, y^3-k_0\, y^2+\Omega_\Lambda} \tag{2.53}$$

으로 주어진다. 여기서 Ω_m, k_0, Ω_Λ은 (식 2.48)을 통해 서로 관계되고 독립적인 매개변수의 수는 두 개이다. 이것으로부터 일반적으로 k_0 또는 Ω_Λ를 고정했을 때 Ω_m이 작아질수록 우주연령이 길어지는 것을 알 수 있다. 특히

$\Omega_\Lambda=0$일 때는 (식 2.53)을 초등함수[7]로 나타낼 수 있다. 또 가장 간단한 $k_0=\Omega_\Lambda=0$, $\Omega_{\mathrm{m}}=1$(아인슈타인–드 지터 우주)의 경우에는 $H_0t_0=2/3$가 되고

$$t_0=2.1\times10^{17}h^{-1}\ [\mathrm{s}]=6.5\times10^{9}h^{-1}\,[\mathrm{y}] \tag{2.54}$$

이다. 참고로 실제의 우주나이는 130억 년 이상이라고 추정되고 만일 이 우주가 아인슈타인–드 지터 우주라면 $h\leq0.5$이어야 한다. 한편 앞에서도 언급한 것처럼 최근의 관측데이터는 $h\sim0.73$임을 강하게 시사하고 있다.

2.5 거리와 적색편이의 관계

우주론적 관측에서 적색편이와 함께 상당히 중요한 역할을 하는 것으로 광도거리, 각지름거리가 있다. 여기서는 이들이 어떻게 정의되고 적색편이와 어떤 관계가 있는가를 살펴보자.

우선 광도거리에 대해 살펴보자. 현재 평탄한 민코프스키 시공에서 거리 d만큼 떨어져 서로 정지해 있는 광원과 관측자에 대해 광원의 고유광도를 L_{s}라고 하면 관측되는 에너지 플럭스[8]는

$$f_0=\frac{L_{\mathrm{s}}}{4\pi d^2} \tag{2.55}$$

이다. 따라서 반대로 광원의 고유광도 L_{s}를 어떤 방법으로 추정할 수 있다면 관측된 플럭스 f_0로부터 광원까지 거리 d를

$$d^2=\frac{L_{\mathrm{s}}}{4\pi f_0} \tag{2.56}$$

7 다항함수, 로그함수, 지수함수, 삼각함수와 이 함수들의 합성함수를 통틀어 부르는 말.
8 에너지 플럭스란 단위시간당 단위면적을 통과하는 에너지의 양을 말한다.

으로 계산할 수 있다. 그러므로 일반 시공에서도 이 방법을 이용해 거리를

$$d_L^2 \equiv \frac{L_s}{4\pi f_0} \tag{2.57}$$

라고 정의할 수 있다. 이것을 광도거리라고 한다.

균일등방 우주에서 광도거리의 식을 구하기 위해서 2.3절에서 준 적색편이의 논의와 비슷한 상황을 생각하자(그림 2.3 참조). 이때 δt_s시간 내에 광원에서 방출된 전체 에너지를 δE_s라고, 관측자를 포함한 공동 좌표반지름 χ_s의 구면을 δt_0의 시간 내에 통과하는 전체 에너지를 δE_0라고 하면 광원의 고유광도 L_s와 관측자를 포함하는 구면을 통과하는 전체 광도 L_0는

$$L_0 = \frac{\delta E_0}{\delta t_0}, \quad L_s = \frac{\delta E_s}{\delta t_s} \tag{2.58}$$

로 주어진다. 한편 (식 2.36)으로부터

$$\delta E_0 = \frac{\delta E_s}{1+z}, \quad \delta t_0 = (1+z)\delta t_s \tag{2.59}$$

이다. 따라서

$$L_0 = \frac{L_s}{(1+z)^2} \tag{2.60}$$

을 얻는다. 그런데 $t=t_0$에서 반지름이 χ_s인 구면의 면적은 $4\pi(a_0\Sigma_K(\chi_s))^2$이다. 전체 광도 L_0를 이 면적으로 나눈 것이 관측되는 에너지 플럭스 f_0이기 때문에

$$f_0 = \frac{L_0}{4\pi(a_0\Sigma_K(\chi_s))^2} \tag{2.61}$$

을 얻는다. 광도거리의 정의인 (식 2.57)에 이것을 대입하고 (식 2.60)을 이용하면 결국 우주론적 광도거리로서

$$d_L = a_0 \Sigma_K(\chi_s)\left(\frac{L_s}{L_0}\right)^{1/2} = a_0 \Sigma_K(\chi_s)(1+z) \tag{2.62}$$

를 얻는다.

각지름거리도 광도거리와 유사한 방법으로 정의할 수 있다. 현재 평탄한 시공에서 거리 d에 있는 광원을 생각하고 광원의 시선 방향에 수직인 고유 직경을 $\delta\ell$라고 하면 관측자가 보는 각도 크기로 바꾸어 쓰면 각도 $\delta\theta$는

$$\delta\theta = \frac{\delta\ell}{d} \tag{2.63}$$

이다. 여기서 반대로 임의의 시공에서 광원의 고유직경 $\delta\ell$을 추정할 수 있다면

$$d_A \equiv \frac{\delta\ell}{\delta\theta} \tag{2.64}$$

로 각지름거리 d_A를 정의한다. 공간적으로 균일등방한 우주에서 $\delta\ell$은 관측자를 원점에 두고 그림 2.4의 큰 원주 위에 광원이 존재하고 있다고 생각하면 된다. 즉, $\delta\ell$은 관측자를 원점으로 하는 시각 $t=t_s$에서 반경 χ_s인 구면에 있다. 구면 위에 큰 원의 고유 원주 길이는 $2\pi a(t_s)\Sigma_K(\chi_s)$이다. 따라서 그것을 각도크기 $\delta\theta$로 바꾸면,

$$\frac{\delta\theta}{2\pi} = \frac{\text{호의 고유길이}}{\text{원주의 고유길이}} = \frac{\delta\ell}{2\pi a_s \Sigma_K(\chi_s)} \tag{2.65}$$

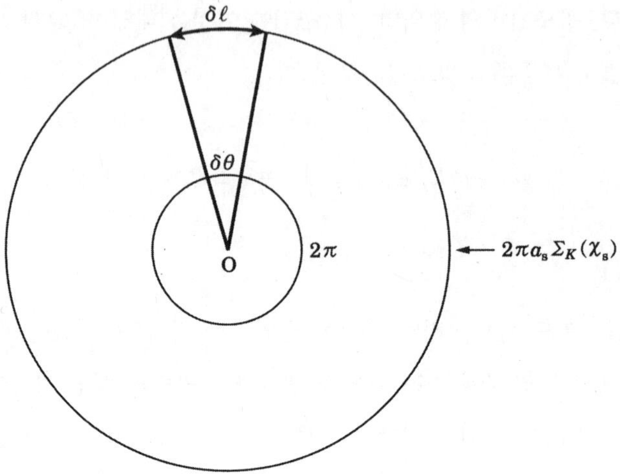

그림 2.4 균일등방 우주에서 각지름거리. 시각 $t=t_s$에서 고유직경 $\delta\ell$을 갖는 천체를 바라보는 각도가 $\delta\theta$일 때 $d_A=\delta\ell/\delta\theta=a_s\Sigma_K(\chi_s)$를 얻는다.

이다. 여기서 $a_s=a(t_s)$이다. 이것에 의해

$$\delta\ell=a_s\Sigma_K(\chi_s)\delta\theta \tag{2.66}$$

을 얻는다. 따라서 d_A의 정의식 (식 2.64)로부터 각지름거리는

$$d_A=a_s\Sigma_K(\chi_s) \tag{2.67}$$

로 구할 수 있다.

그렇다면 (식 2.62)와 (식 2.67)을 비교하면 광도거리와 각지름거리 사이에

$$d_L=(1+z)\frac{a_0}{a_s}a_s\Sigma_K(\chi_s)=(1+z)^2 d_A \tag{2.68}$$

인 관계가 있는 것을 알 수 있다. 사실은 이 관계는 임의의 시공에서 성립하는 것으로 알려져 있고 광도거리와 각지름거리의 상반되는 관계라고 한

다. 관측적으로는 상반관계를 사용해 각각 독립적으로 추정된 d_L과 d_A에 대해 상호 검증을 할 수 있다는 것을 의미한다. 아무튼 d_L와 d_A는 기본적으로는 같은 값이므로 이제부터는 d_L을 주로 다루겠다. d_L의 (식 2.62)로는 어떤 방식으로 우주모델에 의존하고 있는지 쉽게 알 수 없다. 그래서 d_L을 우주론적 매개변수를 이용해 구체적으로 표현하는 것을 생각하자. (식 2.33)으로부터 χ_s는 (식 2.69)와 같이 쓸 수 있다.

$$\chi_s=\int_{t_s}^{t_0}\frac{cdt}{a(t)}=\int_{a_s}^{a_0}\frac{cda}{Ha^2}=\frac{c}{H_0a_0}\int_1^{1+z}\frac{dy}{F(y)} \tag{2.69}$$

여기서 $F(y)$는 우주나이의 (식 2.50)으로 주어진 $y=a_0/a$의 함수다. 이것은 (식 2.62)에 대입해 곡률의 매개변수 k_0의 정의식 (식 2.38)을 이용하면

$$d_L=a_0\Sigma_K(\chi_s)(1+z)=\frac{c(1+z)}{H_0\sqrt{-k_0}}\sinh\left(\sqrt{-k_0}\int_1^{1+z}\frac{dy}{F(y)}\right) \tag{2.70}$$

을 얻는다. 여기서 $k_0=0$인 경우는 $k_0\to 0$의 극한값을 취하고 $k>0$인 경우는 $\sqrt{-k_0}=i\sqrt{k_0}$ 로 한다. 이것이 광도거리의 일반식이다. 특히 $z\ll 1$일 때는 피적분함수가 $F(y)=1$이라고 생각해도 되며 또 d_L은 통상의 공간적 고유거리 $d=a_0\chi_s$와 일치한다. 따라서 z의 최저 차수로

$$cz=H_0d \tag{2.71}$$

가 성립된다. 이것은 (식 2.27)에 주어진 허블의 법칙과 다르지 않다.

좀 더 근사하게 진행시켜 z의 2차까지 전개하면

$$d_L=\frac{c(1+z)}{H_0}\left(z-\frac{z^2}{2}F'(1)+O(z^3)\right) \tag{2.72}$$

를 얻는다. 특히 물질(+ 우주항)우세 우주에서는 $F(y)$으로서 (식 2.53)으로 주어진 $F_{\rm m}(y)$를 이용하면 $F'_{\rm m}(1)=(3\Omega_{\rm m}-2k_0)/2=1+q_0$로부터

$$
\begin{aligned}
d_L &= \frac{c(1+z)}{H_0}\left(z-\frac{z^2}{2}(1+q_0)+O(z^3)\right) \\
&= \frac{cz}{H_0}\left(1+\frac{1-q_0}{2}z+O(z^2)\right) \qquad (2.73)
\end{aligned}
$$

이다. 이것으로 알 수 있듯이 감속 매개변수 q_0가 큰 우주에서는 같은 z에 있는 천체가 더욱 가깝게 즉 더욱 밝게 보이고 반대로 $q_0<0$인 가속팽창 우주에서는 더욱 어둡게 보인다.

2.6 우주론적 지평선

우주의 진화와 진화 과정에서 구조형성을 생각할 때 우선 알아두어야 할 것은 우주 역사에서 시기마다 물질의 물리적 상황과 시간과 길이에 관한 변화이다.

2.4절에서 언급했듯이 현재의 우주는 제0근사에서는 우주항이 70%, 먼지물질이 30%, 거기에 10^{-5} 정도 미량의 복사가 존재하는 공간적으로 평탄한 시공이라고 생각하면 된다. 그러면 $\rho_\Lambda=$상수, $\rho_{\rm m}\propto a^{-3}$이므로 현재는 우주항이 우세한 시기지만 (식 2.51)에서 규모인자가 현재의 70% 이하, 즉 $z\gtrsim 0.46$일 때는 먼지물질이 우세하다.

또, $\rho_{\rm m}\propto a^{-3}$, $\rho_{\rm r}\propto a^{-4}$이기 때문에

$$
1+z>1+z_{\rm eq}\equiv\frac{\Omega_{\rm m}}{\Omega_{\rm r}}\sim 3200 \qquad (2.74)
$$

의 시대에는 복사우세였던 것이다. 여기서 z_{eq}는 복사밀도와 물질밀도가 같아지는 시기의 적색편이 값이다. 그러면 2.2절에서 주어진 프리드만 방정식의 해의 변동으로부터 $z_{eq} > z \gtrsim 0.47$인 먼지물질우세 우주에서는 $a \propto t^{2/3}$이고, $z > z_{eq}$인 복사우세 우주에서는 $a \propto t^{1/2}$이고 어떤 값이든지 감속팽창을 한다는 것을 알 수 있다. 아래에 자세히 설명하겠지만 우주가 감속팽창한다는 사실이 우주론적 지평선을 생각하는데 본질적이다.

여기서 또 한 가지 주의해야 하는 것은 $t=0$이 시공의 특이점이고 '그 이전의 우주'는 존재하지 않았다는 것이다. 광속이 유한한 값을 갖기 때문에 이것은 시각 t까지 우주에서 인과적으로 서로 상호작용하는 영역이 크기가 원리적으로 유한한 크기를 가질 가능성을 의미한다. 이 인과적인 영역을 우주의 지평선(또는 지평면)의 크기라고 한다.

우주모델에서 인과율을 다루기 위해서는 시간좌표로서 우주의 고유시간 t 대신에

$$d\eta = \frac{dt}{a(t)} \tag{2.75}$$

을 이용해 새로운 시간좌표 η를 도입하면 편리하다. 이것을 공형시간이라고 한다. 우주의 계량 (식 2.5)는 공형시간을 이용하면

$$ds^2 = a^2(t)\,[-c^2 d\eta^2 + d\sigma_K^2] \tag{2.76}$$

이다. 여기서 규모인자 a는 $a = a(t(\eta))$에 의해 새롭게 공형시간 η의 함수가 된다. 공형시간이 편리한 이유는 빛이 전달되는 경로(빛의 측지선이라고 한다)가 $ds^2 = 0$으로 주어지기 때문에 위의 계량 전체에 걸리는 계수 a^2의 값에 상관없이

$$ds^2=0 \iff -c^2 d\eta^2+d\sigma_K^2=0 \tag{2.77}$$

을 이용해 빛의 측지선을 구할 수 있기 때문이다. 특히 빛이 동경 방향으로 전파된다면

$$-c^2 d\eta^2+d\chi^2=0 \tag{2.78}$$

이고 평탄한 시공에서 빛의 측지선 식과 일치한다. 그러므로 우주에서 인과관계의 논의를 간단하게 할 수 있다.

그런데 우주의 지평선을 더욱 정확하게 살펴보자. 우주의 공동좌표계[9]에 있는 관측자 중에서 어떤 관측자의 시각 t에 세계점으로부터 과거로 향하는 광원추를 그 시각의 입자지평선particle horizon이라고 정의한다. 이 광원추와 $t \longrightarrow 0$의 극한에서 시각이 일정한 공간적 초곡면[10]이 교차하는 구면을 생각한다. 그 공동좌표 반지름을 현재 시각으로 나타낸 것이

$$r_{\mathrm{p}}(t)=a(t)\lim_{\varepsilon \to 0}\int_{\varepsilon}^{t} \frac{c\,dt'}{a(t')} \tag{2.79}$$

이며 이를 입자 지평선의 반지름이라고 한다. 위에서 도입했던 공형시간을 이용하면 (식 2.80)이다.

$$r_{\mathrm{P}}(t)=a(t)c\eta(t); \quad \eta(t)=\lim_{\varepsilon \to 0}\int_{\varepsilon}^{t} \frac{dt'}{a(t')} \tag{2.80}$$

(식 2.79) 또는 (식 2.80)에 나타난 적분은 $\varepsilon \longrightarrow 0$으로 반드시 수렴한다고는 할 수 없다. 다시 말하면 입자 지평선은 공형시간 η로 우주의 시작을 측

9 co-moving coordinates. 같이 움직이고 있는 계.
10 hypersurface. n차원 유클리드 공간에서 (n−1)차원의 곡면을 말한다.

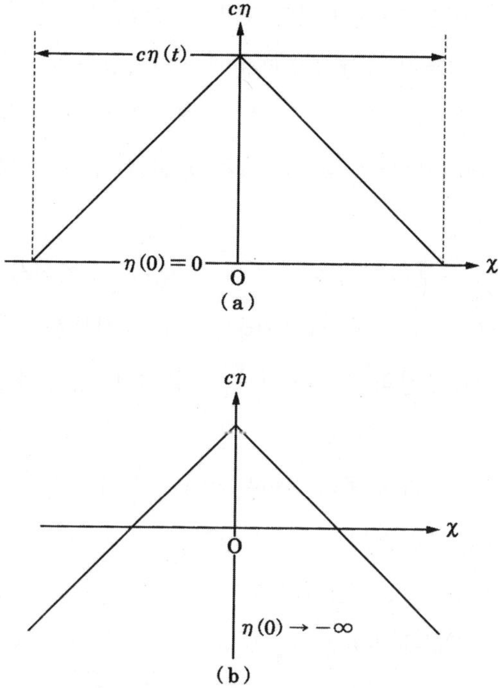

그림 2.5 공형시간 η와 공동 동경좌표 χ로 나타낸 우주의 시공. 세로축($\chi=0$인 원점)을 관측자의 세계선으로 한다. (a) $w>-1/3$인 우주의 인과적 구조. 우주의 시작 $t=0$은 공형시간 η에서도 유한시간의 과거에 있고, 입자 지평선($\eta(0)=0$)이 존재한다. (b) $w<-1/3$인 우주. 공형시간 η가 우주의 시작 $t=0$에서 발산($\eta(0)\to-\infty$)하기 때문에 입자 지평선은 존재하지 않는다.

정해서 우주의 시작이 유한한 과거에 있을 때 나타난다. 그림 2.5의 (a)는 이 경우의 시공을 보여준다. 평탄하고 w가 일정한 우주에서는 (식 2.22)로부터 물질의 상태방정식이 $w>-1/3$이라면 위의 적분은 수렴하고

$$r_{\mathrm{P}}(t)=\frac{ct}{1-n}; \quad n=\frac{2}{3(1+w)}<1 \tag{2.81}$$

이 된다. 즉, 감속팽창하는 우주에는 입자지평선이 존재하고 반지름은 1차

계수인 n을 소거하면 $r_P \sim ct$가 된다. 한편 가속팽창하는 우주 $w < -1/3$에서는 $\varepsilon \to 0$에서 적분이 발산되기 때문에 입자지평선은 존재하지 않는다. 이것을 공형시간으로 보면 그림 2.5의 (b)에서 나타낸 것처럼 $t \to 0$인 우주의 시작이 공형시간에서는 $\eta \to -\infty$로 무한한 과거로 밀리기 때문이라고 이해할 수 있다.

한편 $r_H(t) \equiv c/H(t)$로 주어지는 반지름을 허블 지평선 반지름이라고 한다. 여기서 $H = \dot{a}/a$는 각 시각 t에서 우주의 팽창률이다. 따라서 H^{-1}은 시각 t에서 우주팽창의 특징적 시간규모를 주고 r_H는 특징적 시간 내에 상호작용할 수 있는 영역의 크기를 나타낸다. 팽창우주에서는 팽창시간보다 긴 시간규모를 가진 물리과정은 일어날 수 없으므로 현실적인 물리과정에 의해 서로 영향을 주는 영역의 크기가 r_H로 결정된다. (식 2.81)을 도출한 것과 마찬가지로 평탄하고 w가 일정한 우주를 생각하면 $w = -1$일 때 이외에는 그 값에 관계없이

$$r_H(t) = \frac{ct}{n}; \quad n = \frac{2}{3(1+w)} \tag{2.82}$$

을 얻는다. $w = -1$인 경우는 (식 2.24)의 H_*의 역수로 주어지는 상수가 된다.

우주는 $z \gtrsim 1$일 때는 먼지 물질우세이거나 복사우세이다. 즉, 어떤 경우에도 $r_P \sim ct$, $r_H \sim ct$이고 정성적으로 두 개의 지평선을 구별할 필요는 없다. 그래서 이들을 구별할 필요가 없는 한 그것들을 합쳐 단순하게 우주론적 지평선이라 하자. 또한 $H^{-1} \sim t$로 우주의 지평선 반경 cH^{-1}을 광속으로 나눈 것은 우주연령 t의 차원을 갖는다는 것을 알 수 있다. 그 구체적인 현재 값은

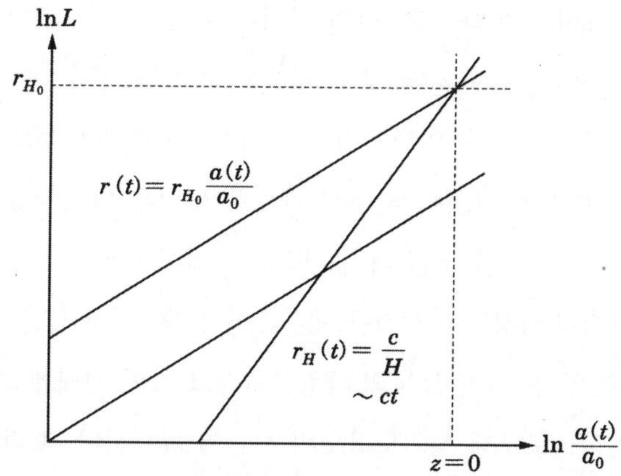

그림 2.6 상태방정식이 $3P+\rho c^2>0$를 만족하는 우주에서 생기는 지평선 문제를 나타낸 그림. 가로축과 세로축은 각각 규모인자의 로그와 물리적 거리규모의 로그를 나타낸다. 기울기가 급한 직선은 우주의 지평선(허블) 반지름을 나타내고 기울기가 완만한 것은 우주팽창과 함께 넓어지는 거리를 나타낸다.

$$H_0^{-1} = 3000h^{-1}\,[\mathrm{Mpc}\;c^{-1}] = 3.1\times10^{17}h^{-1}\,[\mathrm{s}] = 9.8\times10^{9}h^{-1}\,[\mathrm{y}] \tag{2.83}$$

이다. 정의에 따라 동시에 시각 t까지 관측할 수 있는 우주의 영역 즉 관측 가능한 우주의 크기를 부여한다.

위의 논의에서 알 수 있듯이 일반적으로 감속팽창하는 우주($a\propto t^n$; $n<1$)에서 우주의 규모인자가 증가하는 것은 우주 지평선 반지름이 확대되는 것보다 천천히 진행된다. 이것은 어떤 시각 t에서 거리 $r(t)$만큼 떨어진 두 명의 공동 관측자를 생각했을 때 가령 처음에 $r(t)>ct$이라도 $r(t)\propto a(t)$이기 때문에 $r/(ct)\propto a/t\propto t^{n-1}$이 되고 시간이 지나면 언젠가는 서로의 지평선 내부로 들어간다는 의미다. 반대로 말하면 현재 우주의 지평선에 있는 임의의 두 점에서 과거로 거슬러 올라가면 언젠가 서로가 우주의 지평선 밖으로 나오는 시기가 반드시 존재한다. 그림 2.6에 그 양상을 그렸다.

이것은 우주에서 은하나 은하단으로 대표되는 대규모 구조형성에서 본

질적으로 중요한 것이다. 왜냐하면 이러한 구조는 우주 초기의 작은 밀도 요동이 중력불안정성 때문에 성장하고 형성됐다고 볼 수 있지만 중력 불안정성도 물론 인과율을 만족시키는 물리과정이므로 이들의 구조에 대응하는 요동의 특징적 파장이 지평선 안으로 들어온 다음에 요동의 성장이 일어날 수 있다. 이것을 조금 더 구체적으로 말하면 다음과 같다.

중력 불안정이 성장하는 시간규모는 물질의 자유낙하 시간이 $t_{\rm ff}\sim 1/\sqrt{G\rho}$ 라고도 볼 수 있다. 한편 요동의 파장을 λ라고 하면 전체에 중력이 미치기 위해서는 인과율로부터 적어도 λ/c의 시간이 필요하다. 따라서 중력 불안정이 성장하기 위해서는 이 시간 λ/c가 자유낙하 시간 $t_{\rm ff}$보다 충분히 짧을 필요가 있다. 즉, 다음과 같다.

$$\lambda < ct_{\rm ff}. \tag{2.84}$$

프리드만 방정식 $H^2\sim 8\pi G\rho/3$을 사용하면 이 조건은 $\lambda < cH^{-1}$이 된다는 것을 알 수 있다[11].

예를 들면 은하단은 전형적인 질량이 $10^{14}M_\odot$라고 알려졌고 여기에 대응하는 파장 λ는 현재의 길이가 $\lambda_0\sim(10^{14}M_\odot/\rho_{\rm cr,0})^{1/3}\sim 10{\rm Mpc}$ 정도이다. 한편 현재 우주의 지평선까지 거리는 $r_{H_0}=cH_0^{-1}=3000h^{-1}{\rm Mpc}$이 되므로 $r_{H_0}/\lambda_0\sim 300$을 얻는다. 여기서 우주가 먼지물질우세라고 하면 $a(t)\propto t^{2/3}$이므로 $r_H(t)/\lambda(t)\sim ct/\lambda(t)\propto a^{1/2}$이 되고 λ가 지평면을 가로지르는 시기는 $1+z=a_0/a\sim 10^5$임을 알 수 있다. 이것은 복사와 물질의 에너지 밀도가 동일했던 시기($z=z_{\rm eq}$) 이전이다. 여기서 은하단이나 은하

11 일반적으로 중력이 없다면 밀도요동은 음파처럼 전달된다. 음속을 C_s라고 하면 중력 불안정성이 생기기 때문에 밀도요동이 음파처럼 전달되는 시간 λ/C_s보다 자유낙하시간 $t_{\rm ff}$가 짧아지면 안 된다. 그래서 위의 논의와 반대의 부등호를 붙인 조건 $\lambda>\lambda_J\sim c_sH^{-1}$를 얻는다. 이것을 진스(Jeans) 불안정성의 조건이라고 하고, λ_J를 진스 파장이라고 한다.

단보다 작은 규모의 구조에 해당하는 밀도요동의 파장은 복사우세 시대에 지평선 안으로 들어오고 그것보다 큰 규모의 파장은 물질우세 시대에 지평선 안으로 들어오는 것을 알 수 있다.

그런데 밀도요동의 진화이론으로 요동의 진폭은 높은 규모에 비례해서만 성장한다는 것, 즉 $\delta\rho/\rho \propto a(t)$가 알려졌다. 한편 은하단의 구조가 현재 존재한다는 것은 밀도요동의 크기가 현재까지 적어도 열 배 이상 커져야 한다. 다시 말해 $(\delta\rho/\rho)_0 \gtrsim 1$이다. 위에서 기술한 것처럼 은하단의 크기가 $\lambda = c/H$인 시기는 $1+z \sim 10^5$이다. 이것으로 그 시기에 밀도요동의 크기가 적어도 10^{-5} 이상일 것으로 결론을 내릴 수 있다. 그리고 우주 마이크로파 배경복사의 온도요동을 관측해 $\lambda = c/H$가 되는 시기에서 밀도요동의 진폭이 확실히 $\delta\rho/\rho \sim 10^{-5}$이었다는 것이 입증됐다.

그러나 이것은 빅뱅우주론에 대한 큰 도전을 의미한다. 위에서 설명한 것처럼 예를 들어 은하단 규모가 $z \gtrsim 3500$인 복사우세 시기에는 우주의 지평선 크기를 넘고 거기서는 인과적인 물리과정이 일어날 수 없다. 그러나 $z = 10^5$의 시기에 $\delta\rho/\rho \sim 10^{-5}$의 요동이 존재했기 때문에 그 요동은 이전 시기에 어떤 물리과정에 요구되지 않을 수 없다. 이것은 물리적으로 모순이다.

2.7 지평선문제

앞 절의 마지막에 특히 은하단을 예로 들어 지평선의 존재가 우주 구조 형성의 기원을 생각할 때 이론적 모순을 초래한다고 언급했는데 문제는 구조 형성은 물론이고 빅뱅우주론의 기본적 가정인 우주는 공간적으로 균일 등방하다는 '우주원리' 의 문제이기도 하다.

앞에서 살펴본 것처럼 우주의 시간을 거슬러 올라가면 $z \gtrsim 0.46$에서 곧 먼지물질 우세가 되고 $z \gtrsim 3500$일 때는 복사우세가 된다. 그리고 그 전으로 아무리 거슬러가도 소립자 상호작용의 점근적 자유성 때문에 복사우세인 상태로 존재한다. 그러면 현재 우리가 관측하는 우주에서 어떠한 크기의 공동 부피를 가져와도 초기우주로 거슬러 올라가면 그 규모는 반드시 지평선 크기보다 커진다. 특히 그림 2.6에 나타낸 것처럼 현재 관측 가능한 우주의 크기인 $r_{H_0}=c/H_0 \sim 10^3$Mpc은 우주의 진화과정에서 항상 지평선밖에 있었던 셈이다. 그러면 과거에 서로 인과관계를 가질 수 없었던 부피 $V=r^3_{H_0}$의 영역이 어떻게 균일등방하게 존재할 수 있을까? 이것이 표준적 빅뱅우주론의 원리적 문제인 지평선문제이다.

지평선문제를 조금 더 정량적으로 정리해보자. 간단하게 하기 위해 $0<z<z_{\rm eq}\sim 3500$인 시기를 물질우세 우주에 근사한 것으로 정의한다. 현재는 우주항우세라고 볼 수 있지만 우주항우세인 것은 $z \lesssim 0.46$이고 이렇게 범위를 정해도 결론은 거의 변하지 않는다. $z>z_{\rm eq}$인 시기는 복사우세이다. 앞 절에서도 언급한 것처럼 (식 2.81)에서 1차계수 n을 무시하면 어떤 시기에도 지평선 반지름은

$$r_{\rm P} \sim r_{\rm H} = \frac{c}{H} \sim ct \tag{2.85}$$

이다. $z<z_{\rm eq}$에서 $a \propto t^{2/3}$를, $z>z_{\rm eq}$에서 $a \propto t^{1/2}$를 사용하면 $r_{\rm H}$는

$$r_{\rm H}(z) \sim \begin{cases} (1+z)^{-3/2} r_{H_0}; & z<z_{\rm eq}, \\ (1+z)^{-2}(1+z_{\rm eq})^{1/2} r_{H_0}; & z>z_{\rm eq} \end{cases} \tag{2.86}$$

로 주어진다. 한편 우주는 현재의 지평선 반지름 r_{H_0} 안에서 거의 균일등방하다. 이것은 임의의 시각 t에서 균일등방한 영역의 반지름이 적어도

$$r(z)=\frac{a(t)}{a_0}r_{H_0}=\frac{r_{H_0}}{1+z} \tag{2.87}$$

이상임을 의미한다. 여기서 z는 시각 t에서 적색편이임을 나타낸다. (식 2.87)을 (식 2.86)으로 나누면 (식 2.88)을 얻는다.

$$\frac{r}{r_H}\sim\begin{cases}(1+z)^{1/2}; & z<z_{eq},\\(1+z)(1+z_{eq})^{-1/2}; & z>z_{eq}\end{cases} \tag{2.88}$$

지평선문제가 얼마나 심각한가를 나타내기 위해 우주 마이크로파 배경복사의 온도가 천구 어디를 보아도 거의 등방하다는 관측 사실의 의미를 생각하자. 관측되는 우주 마이크로파 배경복사는 온도가 $T_0=2.7\mathrm{K}$인 플랑크 분포를 하고 있다. 이것은 우주의 온도가 약 3,000K이고 $T\propto 1/a\propto(1+z)$인 관계로부터 적색편이해 $z\sim10^3$의 시기에 광자와 전자의 상호작용이 약해져 물질이 중성화되고 그 이후 광자는 전자에 의해 산란되지 않고 천구의 모든 방향에서 직선으로 날아온다. 이 모습을 그림 2.7에 나타냈다. 즉, 우리는 $z\sim10^3$인 시기의 우주를 우주 마이크로파 배경복사를 통해서 직접 관측하고 있는 것이다. 따라서 그 온도가 매우 등방하다는 것은, 늦어도 $z\sim10^3$의 시기까지, $(r/r_H)^3\sim10^{4.5}$개인 서로 인과적으로 독립되는 영역의 온도가 거의 같다는 것을 의미한다.

그리고 초기우주로 거슬러 올라갈수록 지평선문제는 더욱 심각해진다. 우주의 시작을 시공의 양자론(양자중력)이 중요해지는 시기 즉 우주의 온도가 플랑크 온도($k_BT_{pl}\sim10^{19}\mathrm{GeV}$)일 때라고 생각하면 $k_BT_0\sim10^{-4}\mathrm{eV}$에 의해 $T_{pl}/T_0\sim10^{32}$를 얻기 때문에 적색편이는 $z_{pl}\sim10^{32}$이 된다. 이것을 (식 2.88)에 대입하면 현재의 우주를 재현하기 위해서는 우주가 플랑크 온도일 때, $(r/r_H)^3\sim10^{90}$개인 인과적으로 독립되어 있는 영역 모두를 물리적으

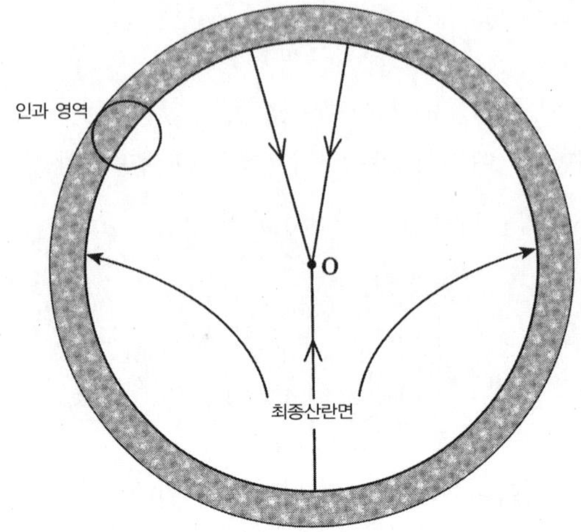

그림 2.7 현재의 우리(점 O)에게 천구면의 모든 방향에서 도달하는 우주 마이크로파 배경복사의 등방성과 지평선 문제의 모식도. 광자가 최종적으로 산란된 면을 최종산란면이라고 한다. 그림의 왼쪽 위에 있는 작은 원은 그 시기($z \sim 10^3$)까지 인과 관계를 갖는 영역(인과 영역)을 나타낸다. 인과관계를 전혀 갖지 않았을 텐데 다양한 방향에서 오는 광자가 모두 $z \sim 10^3$인 시기에 같은 온도를 가졌다는 것이 관측을 통해 밝혀졌다.

로 완전히 똑같이 준비해야 한다는 결론을 얻는다.

이처럼 초기조건이 우연히 성립됐다고 생각하는 것은 매우 부자연스럽다. 그러면 어떻게 하면 지평선문제를 해결할 수 있을까. 지평선문제가 발생한 원인을 다시 한번 살펴보면 우주가 감속팽창하고 있기 때문이다. 따라서 (식 2.79)에서 정의한 우주의 입자 지평선이 유한해지고 지평선문제가 발생했다. 그러면 문제해결에는 우주가 탄생 직후에 가속팽창을 하면 되고 다시 말해 상태방정식이 $w < -1/3$을 충족시키는 물질이 우주를 지배하고 있으면 문제가 해결된다는 것을 알 수 있다. 이것을 실현하는 것이 우주 초기에 진공에너지에 지배를 받는 시기가 있고 이에 따라 우주가 지수함수적으로 팽창하는 시기가 있다는 것이 인플레이션 우주론이다(6장 참조).

2.8 평탄성문제

표준우주론의 또 다른 원리적 문제는 우주의 평탄성문제다. 관측을 통해 현재 우주가 공간적으로 지극히 평탄하다고 알려져 있다. 곡률반지름은 적어도 현재의 허블반지름보다 제법 크다. 곡률의 값으로 말하면,

$$\left(\frac{|K|}{a_0^2}\right)_{\text{obs}} \ll \frac{H_0^2}{c^2} \sim 10^{-56} \quad [\text{cm}^{-2}] \tag{2.89}$$

이고 이 값을 크다고 생각할지 작다고 생각할지는 비교하는 기준에 따라 달라진다. 그래서 지평선 문제에서 생각한 것처럼 우주가 탄생할 때 초기 조건으로 자연스러운 값인 플랑크 단위를 기준으로 생각하자. 우주가 플랑크 온도일 때 자연스런 곡률의 값은 (플랑크 길이)$^{-2}$ 라고 생각할 수 있기 때문에

$$\left(\frac{|K|}{a_{\text{pl}}^2}\right)_{\text{theory}} \sim 10^{66} \quad [\text{cm}^{-2}] \tag{2.90}$$

이다. 현재 관측값 (식 2.89)를 플랑크 온도까지 거슬러 올라가 초깃값을 구하면 $a_0/a_{\text{pl}} = T_{\text{pl}}/T_0 \sim 10^{32}$를 이용해

$$\left(\frac{|K|}{a_{\text{pl}}^2}\right)_{\text{obs}} \ll 10^{8} \ \text{cm}^{-2} \tag{2.91}$$

을 얻는다. 이것과 (식 2.90)을 비교하면 현재 우주의 평탄성을 설명하기 위해서는 초기조건으로 자연스러운 값보다 적어도 10^{58}배 이상 작은 값을 설정해야 한다는 것을 알 수 있다. 이것이 평탄성문제이다.

평탄성문제는 약 137억 년이라는 우주 나이에 상관없이 현재의 우주가

비정상적으로 젊다는 문제로도 파악할 수도 있다. 이것을 보기 위해서 프리드만 방정식

$$\left(\frac{\dot{a}}{a}\right)^2 + \frac{Kc^2}{a^2} = \frac{8\pi G}{3}\rho \tag{2.92}$$

으로 되돌아가자. 플랑크 온도일 때 초기조건이 주어진다면 우변은 $\rho \sim (k_B T_{pl})^4/(\hbar c)^3$이다. 한편 좌변에는 항이 두 개 있지만 그것은 시공의 기하학량에서 '운동에너지'와 '퍼텐셜에너지'의 초깃값으로 간주할 수 있다. 이들 중 어느 한쪽에 얼마만큼 에너지를 배분하는지는 모두 자유이고 어느 한쪽으로 크게 치우쳐 배분할 특별한 이유는 없다. 만일 그 배분이 무작위로 결정된다면 평균적인 배분비는 1 : 1일 것이다. 그러면 곡률항의 자연스러운 초깃값은 (식 2.90)으로 주어진다.

이 경우 만일 $K > 0$이면 곡률항이 a^{-2}에 비례해 감소하는 반면 우변은 a^{-4}에 비례해 감소하기 때문에 우주팽창은 순식간에 멈추고 그 후 수축해 일그러진다. 시간 규모는 플랑크 시간 $t_{pl} \sim 10^{-43}$s이다. 즉, 우주나이는 플랭크 시간 정도 밖에 되지 않는다. 또 만일 $K < 0$이라면 우주팽창은 멈추지 않지만 바로 우변의 에너지 밀도는 곡률항에 비해 무시될 수 있고 플랑크 시간의 몇십 배의 시간이 지나면 우주는 이미 거의 진공이 되고 100억 년이나 지난 우주는 완전히 '죽음'의 세계가 된다. 그런데 우주는 100억 년 이상이나 지났음에도 지금껏 물질로 가득 차 있고 곡률항이 지배적이지 않다. 다시 말해 우주는 나이에 상관없이 믿을 수 없을 만큼 '젊다'는 것이다.

우주의 평탄성문제, 또는 나이보다 훨씬 젊다는 문제는 물리적으로 우주의 엔트로피 문제로 파악할 수 있다. 통계역학으로 알려져 있는 것처럼 엔트로피는 주어진 열역학 상태를 실현할 수 있는 미시 상태 수의 로그에

볼츠만 상수 k_B를 곱한 것이다. 그리고 현재 우주의 엔트로피에 가장 기여하는 것은 빅뱅의 잔해인 우주 마이크로파 배경복사의 광자이다. 그래서 우주의 공간곡률이 0이 아니고 곡률 반지름 안에 총 엔트로피 S를 구해보자. 우주 배경복사의 온도가 $T_0=2.7\mathrm{K}=2.3\times10^{-4}\mathrm{eV}/k_B$이고 밀도 매개변수가 $\Omega=O(1)$인 것에서 S/k_B의 하한값으로

$$S/k_B=\frac{4\pi^2}{45}\frac{(k_BT_0)^3}{\hbar^3c^3}\left(\frac{a_0}{\sqrt{|K|}}\right)^3=\frac{4\pi^2}{45}\frac{(k_BT_0)^3}{H_0^3\hbar^3}\frac{1}{|1-\Omega|^{3/2}}$$

$$\gtrsim\frac{4\pi^2}{45}\frac{(k_BT_0)^3}{H_0^3\hbar^3}\sim10^{87} \tag{2.93}$$

을 얻는다. 이것은 막대한 수이다. 엔트로피가 상태수의 로그라는 것을 생각하면 상태수는 $\exp[10^{87}]$도 된다. 한편, 우주가 탄생할 때 초기조건으로 자연스러운 엔트로피의 값은 역시 한 자릿수이다. 가령 다소 크다고 해도 10^{87}이라는 막대한 수를 가질 가능성은 거의 생각할 수 없다. 이것이 우주의 평탄성문제에서 엔트로피 문제가 가진 측면이다.

사실은 평탄성의 엔트로피 문제의 측면이 평탄성문제 해결방법을 의미한다. 즉, 우주탄생 후 빠른 시기에 현재 우주의 엔트로피를 설명할 수 있을 만큼 엔트로피 생성을 많이 일으키는 어떤 작용을 하면 된다. 그리고 인플레이션 우주론은 바로 이러한 작용을 일으킨다. 즉, 인플레이션에 의해 우주의 에너지 밀도가 거의 일정하게 우주가 지수함수적으로 충분히 커진 후에 인플레이션을 일으킨 진공에너지가 일제히 해방되어 고온의 물질과 복사가 생성된다. 이렇게 엔트로피 문제가 해결된다(6장 참조).

제3장
우주의 온도변화

우주팽창과 우주배경복사를 발견하고 우주가 초고온, 초고밀도 상태에서 시작됐음이 밝혀졌다. 이러한 우주의 시간변화에 따라 물질이나 복사는 어떻게 진화해 왔을까. 3장에서는 팽창하는 우주에서 물질과 복사의 진화에 대하여 자세히 알아보자.[1]

3.1 팽창하는 우주에서 물질과 복사의 진화

2장에서 설명한 것처럼 균일등방한 우주의 규모인자는 프리드만 방정식

$$\left(\frac{\dot{a}}{a}\right)^2+\frac{K}{a^2}=\frac{8\pi G}{3}\rho \tag{3.1}$$

과 에너지 운동량 텐서 보존 법칙 $\nabla_\mu T^{\mu\nu}=0$에서 도출되는

$$\frac{d\rho}{dt}+3H(\rho+P)=0 \tag{3.2}$$

라는 식에 따라서 변화한다. ρ는 에너지 밀도, P는 압력을 나타낸다. 내용은 상태방정식에 맞추어 표 3.1과 같이 분류할 수 있다.

여기서 물질 또는 먼지라고 하는 비상대론적 물질의 에너지 밀도는 규

표 3.1 에너지 밀도의 종류

종류	기호	의존성	주된 성분
물질(먼지)	ρ_{m}	$\propto a^{-3}$	바리온, 차가운 암흑물질
복사	ρ_{r}	$\propto a^{-4}$	광자와 중성미자의 배경복사
암흑에너지	ρ_Λ 또는 ρ_{de}	거의 일정	우주항, ?

1 3장에서는 $c=\hbar=k_{\mathrm{B}}=1$인 단위계를 이용한다.

모인자의 세제곱에 반비례해 감소한다. 한편 복사란 질량이 0이거나 질량에너지가 운동에너지에 비해 무시할 수 있을 만큼 작은 초상대론적 입자를 의미한다. 그러한 입자에너지는 진동수에 비례하고 파장에 반비례하기 때문에 우주팽창에 따라 입자 한 개가 갖는 에너지는 규모인자에 반비례하여 감소하고 입자수밀도는 규모인자의 세제곱에 반비례하므로 복사에너지 밀도는 규모인자의 네제곱에 반비례하여 감소하는 것을 알 수 있다. 따라서 (식 3.2)와 연결하여 물질의 상태방정식은 $P_{\mathrm{m}}=0$로, 복사의 상태방정식은 $P_{\mathrm{r}}=\rho_{\mathrm{r}}/3$로 나타낼 수 있다.

이들의 관계식은 물론 계산으로 직접 도출할 수도 있다. 예를 들어 열평형 상태에서는 열역학적 계산으로 (식 3.16)과 (식 3.22)처럼 계산할 수도 있다. 한편 우주항과 진공에너지처럼 우주가 팽창해도 에너지 밀도가 전혀 변화하지 않는 요소의 상태방정식은 (식 3.2)로부터 $P_{\Lambda}=-\rho_{\Lambda}$라고 나타낼 수 있다. 즉 양의 우주항이나 암흑에너지가 지배하는 상태는 음의 압력을 갖는 상태이다. 이것은 물론 우주항 Λ이 일반상대성이론의 아인슈타인 작용 내에 라는 형태로 포함되어 있다고 이해할 수 있다.

또한 우주항 Λ을 진공에너지 ρ_{Λ}라 하면 이들 사이에는 $\rho_{\Lambda}=\Lambda/(8\pi G)$라는 관계식이 성립한다. 우주항과 같은 진공에너지가 암흑에너지의 기원일 가능성이 높다고 생각되지만 그 에너지 밀도가 시간이 흐르면서 완전히 일정하게 유지되는 것은 관측적으로 밝혀지지 않았다. 그러므로 시간이 흐르면서 변화할 가능성도 감안해 우주항이 아니라 암흑에너지라고 한다. 암흑에너지의 상태방정식을 $P_{\mathrm{de}}=w\rho_{\mathrm{de}}$라고 쓰고 ω를 암흑에너지의 상태방정식의 매개변수라고 한다. 이것은 최근 관측우주론이 진보하면서 새롭게 도입된 우주론 매개변수이다. 그 값은 $w=-1$ 근처인 것이 확실하나 시간변화를 하고 있을 가능성이 있다.

현재 우주에서 우주의 에너지 밀도에 가장 큰 기여를 하는 것은 암흑에너지이지만 이것은 a^{-2}보다도 작은 변화밖에 보이지 않으므로 과거에서는 중요한 역할을 했다고는 할 수 없다. 암흑에너지의 정체가 우주팽창에 상관 없이 일정한 값을 갖는 우주항이라면 현재의 관측값인 $\Omega_\Lambda=0.76$, $\Omega_\mathrm{m}=0.24$라는 관측값을 이용하면 적색편이 $z=(\rho_\Lambda/\rho_{\mathrm{m}0})^{1/3}-1=0.47$보다 전에는 우주항이 아니라 물질이 우세했음을 알 수 있다. 우주팽창을 더욱 과거로 거슬러 올라가면 복사가 우세해지나 복사와 물질의 에너지 밀도가 동등해진 것은 적색편이 $z_\mathrm{eq}=3233^{+194}_{-210}$일 때[2]이다.

그 이전 우주는 복사가 우세했고 우주팽창을 거슬러갈수록 더욱 고온고밀도의 상태가 된다. 이러한 상태에서는 입자들은 활발하게 반응을 일으켜서 열평형 상태에 도달했다고 볼 수 있다.

그래서 온도 $T\equiv\beta^{-1}$인 평형 상태에서 입자의 물리량을 나타내보자. 이미 알고 있는 것처럼 정수의 스핀값을 가지는 보손의 분포함수는 에너지 ω, 화학 퍼텐셜 μ[3]의 함수로

$$f_\mathrm{B}(\omega)=\frac{1}{e^{\beta(\omega-\mu)}-1} \tag{3.3}$$

라고 쓸 수 있고 스핀 반정수인 페르미온의 분포함수는

$$f_\mathrm{F}(\omega)=\frac{1}{e^{\beta(\omega-\mu)}+1} \tag{3.4}$$

라고 쓸 수 있다. 이 식들을 정리하여 $f(\omega)$라고 쓰면 각 입자수 밀도 n과

2 엄밀히 말하면, 현재의 물질량의 관측값이 정확하지 않으므로 z_eq의 값도 부정확하다. $z_\mathrm{eq}=3233^{+194}_{-210}$이라는 것은 이러한 관측결과에 의해 모순이 생기지 않는 범위에서 가능한 z_eq의 값이 3023부터 3427 사이의 값을 갖는 것을 의미한다.

3 화학 퍼텐셜이란 어떤 상태에서 특정 입자수의 증감을 특징짓는 양이다.

에너지 밀도 ρ는

$$n=g\int\frac{d^3q}{(2\pi)^3}f(\omega), \tag{3.5}$$

$$\rho=g\int\frac{d^3q}{(2\pi)^3}\omega f(\omega) \tag{3.6}$$

로 나타낼 수 있다. 여기서 q는 운동량으로, m을 입자의 질량이라고 하면 q와 ω는 $\omega^2=\boldsymbol{q}^2+m^2$라고 관계를 정할 수 있다. g는 각 입자의 스핀 상태 등 내부자유도의 수이다. 또한 압력은 $x=$상수인 가상의 벽에 입자가 왼쪽에서부터 속도 $v_x=q_x/\omega$로 충돌할 때 벽에 충격량 $2q_x$를 주는 것에 주의하면

$$P=g\int_{qx>0}\frac{d^3q}{(2\pi)^3}\frac{2q_x^2}{\omega}f(\omega)=g\int\frac{d^3q}{(2\pi)^3}\frac{q^2}{3\omega}f(\omega) \tag{3.7}$$

라고 나타낼 수 있다.

또는 대분배함수 $\Xi(\beta,\ \mu)$에서 얻을 수 있는 열역학 퍼텐셜

$$\Omega=-T\ln\Xi=-TVg\int\frac{d^3q}{(2\pi)^3}\ln[1\mp e^{-\beta(\omega-\mu)}]^{\mp1} \tag{3.8}$$

에 관하여 $\Omega=-PV$라는 것을 이용해

$$P=\pm gT\int\frac{d^3q}{(2\pi)^3}\ln[1\pm f(\omega)] \tag{3.9}$$

라고 나타낼 수 있다. 단, 보손의 경우에는 부호의 위쪽 값을 가지고 페르미온의 경우에는 아래쪽 값을 가진다.

또한 깁스J. Gibbs의 자유에너지에 대한 두 식

$$G=E-TS+PV=\mu N \tag{3.10}$$

을 이용하면 엔트로피 밀도 s는

$$s=\beta(\rho+P-\mu n) \tag{3.11}$$

에 의해 얻어진다는 것을 알 수 있다. 이 식은 화학 퍼텐셜이 0인 경우에도 물론 성립한다.

부피 $V=a^3$인 영역을 생각하고 열역학 제1법칙을 적으면

$$d'Q=dE+PdV=Vd\rho+3V\rho\frac{da}{a}+3VP\frac{da}{a} \tag{3.12}$$

가 되는데 이것은 (식 3.2)에 의해 0과 같으므로 우주는 단열팽창한다는 것을 알 수 있다. 따라서 우주팽창을 준정적 과정의 연속으로 간주하면 열평형 상태가 유지되는 상태에서는 $d'Q=TdS$의 관계에 의해 엔트로피는 보존된다는 것을 알 수 있다. 한편, 스칼라장이나 입자의 비평형 붕괴가 일어나면 엔트로피는 보존되지 않고 증가한다.

입자가 비상대론적 ($m\gg \mathrm{T}$), 좀 더 정확하게는 $m-\mu\gg T$인 관계가 충족될 때는 보스 분포도 페르미 분포도 모두 볼츠만 분포

$$f(\omega)=e^{-\beta(\omega-\mu)} \tag{3.13}$$

으로 변환되므로 수밀도, 에너지 밀도, 압력, 입자 한 개당 평균에너지 ε는

$$n=g\left(\frac{mT}{2\pi}\right)^{3/2}e^{-\beta(m-\mu)}, \tag{3.14}$$

$$\rho=\left(m+\frac{3}{2}T\right)n, \tag{3.15}$$

$$P=nT\ll\rho, \tag{3.16}$$

$$\varepsilon\equiv\frac{\rho}{n}=m+\frac{3}{2}T \tag{3.17}$$

라고 쓸 수 있다. 또한, 엔트로피 밀도는 (식 3.11)을 이용해

$$s=\left(\frac{m-\mu}{T}+\frac{5}{2}\right)n\approx\frac{m-\mu}{T}n \tag{3.18}$$

라고 나타낼 수 있다.

입자의 질량에 비해 온도가 높고, 즉 $T\gg m$이고 상대론적 입자인 경우 ($\mu\ll T$), 수밀도, 에너지 밀도, 입자 한 개당 평균에너지, 압력, 엔트로피밀도는 각각

$$n_{\mathrm{B}}=\frac{\zeta(3)}{\pi^2}gT^3,\quad n_{\mathrm{F}}=\frac{3}{4}\frac{\zeta(3)}{\pi^2}gT^3, \tag{3.19}$$

$$\rho_{\mathrm{B}}=\frac{\pi^2}{30}gT^4,\quad \rho_{\mathrm{F}}=\frac{\pi^2}{30}\times\frac{7}{8}gT^4, \tag{3.20}$$

$$\varepsilon_{\mathrm{B}}=\frac{\pi^4}{30\zeta(3)}T\approx2.70T,\ \varepsilon_{\mathrm{F}}=\frac{7\pi^4}{180\zeta(3)}T\approx3.15T, \tag{3.21}$$

$$P=\frac{1}{3}\rho, \tag{3.22}$$

$$s=\frac{4}{3}\frac{\rho}{T} \tag{3.23}$$

와 같이 나타낼 수 있다. 첨자 B는 보손, F는 페르미온을 나타낸다. 또한 $\zeta(3)=1.20206\cdots$ 은 리만의 제타함수이다. 이들의 근사식을 정확한 적분

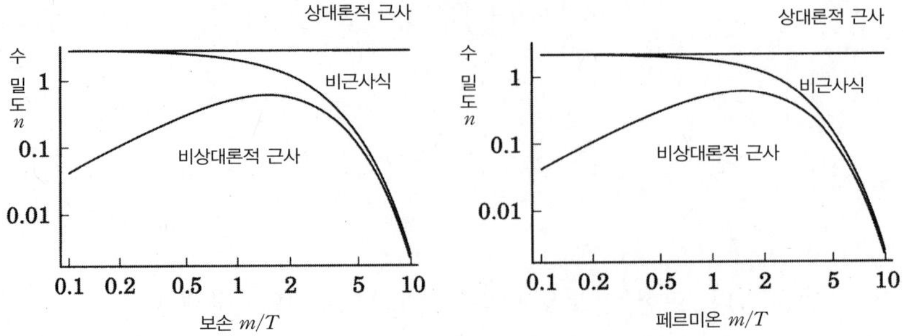

그림 3.1 에너지밀도의 근사식과 비근사식(왼쪽이 보손, 오른쪽이 페르미온).

식과 비교하면 그림 3.1과 같다. 초기우주에는 여러 종류의 상대론적 입자가 열평형 상태였다.

이러한 복사 에너지의 전체 밀도 ρ_{r}은 (식 3.20)을 이용하여

$$\rho_{\mathrm{r}}=\frac{\pi^2}{30}g_*(T)T^4, \quad g_*(T)\equiv\sum_{i\in\text{보손}}g_i+\frac{7}{8}\sum_{i\in\text{페르미온}}g_i \tag{3.24}$$

로 나타낼 수 있다. $g_*(T)$를 '실효적인 전체 상대론적 자유도 수' 라고 한다. 이 경우 같은 방법을 이용해 엔트로피 밀도도

$$s=\frac{4\pi^2}{90}g_*(T)T^3 \tag{3.25}$$

라고 나타낼 수 있다.

각 입자가 상대론적 입자인지 아닌지는 온도로 결정되므로 $g_*(T)$는 온도의 함수이다. 온도가 어떤 입자의 질량보다 낮아지면 그 입자는 비상대론적 입자가 되고 그만큼 $g_*(T)$는 감소한다. 하지만 엔트로피는 보존되기 때문에 온도는 그 사이 a^{-1}보다도 완만하게 감소하고 $g_*(T)T^3$는 일정하게 유지된다. 초기우주인 $T\gg10^2\mathrm{GeV}$인 시기에는 아직 와인버그-

살람Weinberg-Salam 상전이[4]는 일어나지 않았기 때문에 소립자의 표준이론에 나타나는 모든 입자는 질량이 0인 상태였다. 즉, 3세대의 쿼크, 렙톤, 글루온, 전약 상호작용의 게이지 보손, 힉스장이라는 모든 입자가 상대론적 입자인 경우 이들의 자유도를 더하면 $g_* = 106.75$가 됐다. 그 후 와인버그-살람 상전이나 쿼크-하드론 상전이를 거쳐 자유도의 수는 단계적으로 감소하는데 온도가 수십 MeV부터 1MeV 범위의 우주에서 상대론적인 것은 광자, 3세대의 왼쪽회전 중성미자와 그 반입자, 전자, 양전자뿐이므로 그 값은 $g_* = 10.75$였다.

지금까지는 복사를 담당하는 모든 상대론적 입자가 온도가 동일한 상황을 생각했으나 일부 입자의 상호작용이 상대적으로 약해져 열화학 평형 상태에서 벗어나면 이 입자들은 기존과 온도가 다르고 열평형 분포를 이루는 상황이 일어난다. 각종 입자의 온도를 T_i, 복사의 대표온도를 T라고 하면 전체 에너지 밀도 ρ_r과 엔트로피밀도 s는

$$\rho_r = \frac{\pi^2}{30} g_*(T) T^4, \tag{3.26}$$

$$g_*(T) = \sum_{i \in \text{보손}} g_i \left(\frac{T_i}{T}\right)^4 + \frac{7}{8} \sum_{i \in \text{페르미온}} g_i \left(\frac{T_i}{T}\right)^4, \tag{3.27}$$

$$s = \frac{4\pi^2}{90} g_{*s}(T) T^3, \tag{3.28}$$

$$g_{*s}(T) = \sum_{i \in \text{보손}} g_i \left(\frac{T_i}{T}\right)^3 + \frac{7}{8} \sum_{i \in \text{페르미온}} g_i \left(\frac{T_i}{T}\right)^3 \tag{3.29}$$

로 쓸 수 있다. 이러한 상황에서는 $g_*(T)$와 $g_{*s}(T)$는 서로 다른 값을 갖

4 전자 상호작용과 약한 상호작용을 통일하는 이론에 대한 상전이로 이것보다 높은 에너지를 가질 때는 대칭성이 높고 약한 상호작용을 전하는 위크보손과 전자 상호작용을 전하는 광자는 둘 다 질량을 갖지 않는다. 이때 에너지 크기는 $M_W \sim 80\text{GeV}$이다.

는다는 점에 유의해야 한다.

초기 우주의 복사가 우세한 시대에는 프리드만 방정식의 곡률항을 무시했으므로

$$H^2 = \frac{8\pi G}{3}\rho_r = \frac{8\pi^3 g_*(T)}{90M_{pl}^2}T^4 \tag{3.30}$$

이 성립한다. M_{pl}은 플랑크 질량이고 값은 1.2×10^{19}GeV이다. 그리고 $P=\rho_r/3$이 지배하는 곡률을 무시할 수 있는 우주는 $a(t)\propto t^{1/2}$와 같이 팽창하므로 $H=\dot{a}/a=1/(2t)$이고 이에 따라 우주나이와 온도의 관계인

$$t = \frac{1}{2H} = \left(\frac{90}{32\pi^3 g_*}\right)^{1/2}\frac{M_{pl}}{T^2} \approx \left(\frac{T}{1\mathrm{MeV}}\right)^{-2} \quad [\mathrm{sec}] \tag{3.31}$$

을 얻을 수 있다. 단, 이때 $g_*=10.75$를 이용하였고 온도 $T=1$MeV일 때 우주나이가 약 1초였다는 것을 알 수 있다.

한편, 현재의 엔트로피 밀도는 현재 우주값인 $g_{*s}=3.91$, $T=2.73K$를 이용해 $s=2.91\times10^3\mathrm{cm}^{-3}$임을 알 수 있다.

3.2 쿼크-하드론 상전이

양성자나 중성자와 같은 바리온이나 중간자와 같이 강한 상호작용을 하는 하드론은 여러 개의 쿼크로 만들어지는 복합입자이다. 이들은 초기우주의 고온고밀도 시대에서는 쿼크로 각각 분해되어 있다고 추정된다. 우주가 팽창하면서 온도와 밀도가 저하되고, 쿼크 형태에서 하드론 형태로 상전이가 일어나는 것을 쿼크-하드론 상전이라고 한다.

상전이가 어떻게 일어나는가, 특히 상전이의 차수가 1차인지 2차인지를

밝히는 것이 오랫동안의 과제였다. 이것은 강한 상호작용을 기술하는 양자색역학QCD의 비섭동적인 구조에 기초해 일어나므로 격자 게이지이론의 수치계산 방법을 이용해 해석하지만 현실적으로 이러한 계산을 하는 것은 극히 어렵기 때문이다. 또한 허수 시간을 이용하여 평형 상태를 계산하는 격자 게이지 이론의 계산은 시간적으로 변화하는 배경 시공에서의 우주론적 상전이는 다른 상황을 다루고 있기 때문에 올바른 해석을 위해서는 신중을 기해야 한다. 현재까지 얻은 성과를 보면 상전이는 1차도 2차도 아닌 쿼크와 하드론이 공존하면서 서서히 진행하는 교차 형태로 일어나는 것으로 추측된다.

쿼크-하드론 상전이를 단순화한 모델로 주머니 모델bag model이라는 해석이 오랫동안 알려져 있었는데 이것은 적절한 매개변수를 선정하면 오늘날에도 단순하게 상전이를 현상론적으로 기술할 수 있는 유용한 모델이다. 주머니 모델이라는 것은 하드론이 쿼크를 마치 주머니 내부에 붙잡아 두는 역할을 하는 것으로 이해하려는 모델이다.

이 주머니의 에너지는 일반적인 쿼크의 운동에너지 E_Q에 더해져 부피 V에 비례하는 항을 갖고 $E=BV+E_Q$로 주어진다. 식의 첫째 항은 부피를 줄이면 거기에 비례해 작아지나 쿼크의 운동에너지는 부피를 줄이면 불안정성에 따라 운동량이 커지므로 증가한다. 따라서 전체 에너지는 이들이 균형을 이루어 결정되는 유한한 부피에서 최소가 되고 하드론이 일그러지지 않고 부풀어 올라 쿼크가 단독으로 분리되는 일은 없다는 사실을 잘 설명해준다. 비례계수 B를 주머니 상수라고 한다. '부피에 비례하는 에너지' 라는 것은 우주론에서 말하자면 우주항과 같은 성질의 것이므로 압력에 대해서는 $-B$로 기여를 하는 것을 알 수 있다.

상전이점 근처에 온도로 두는 것을 첫 번째 근사 조건으로 놓고 하드론은 질량과 상호작용을 무시할 수 있는 파이 입자 가스이며 쿼크도 역시 질량과 상호작용을 무시할 수 있는 쿼크 · 글루온 가스로 구성된다고 간주하면 하드론상(첨자 H로 표현)과 쿼크상(Q로 표현)의 열역학적 물리량은 각각,

$$\rho_{\mathrm{H}}=g_{\mathrm{H}}\frac{\pi^2}{30}T^4, \quad \rho_{\mathrm{Q}}=g_{\mathrm{Q}}\frac{\pi^2}{30}T^4+B, \tag{3.32}$$

$$P_{\mathrm{H}}=g_{\mathrm{H}}\frac{\pi^2}{90}T^4, \quad P_{\mathrm{Q}}=g_{\mathrm{Q}}\frac{\pi^2}{90}T^4-B, \tag{3.33}$$

$$s_{\mathrm{H}}=g_{\mathrm{H}}\frac{4\pi^2}{90}T^3, \quad s_{\mathrm{Q}}=g_{\mathrm{Q}}\frac{4\pi^2}{90}T^3 \tag{3.34}$$

로 나타낼 수 있다. 단, 화학 퍼텐셜은 0으로 한다.

임계점은 상평형의 조건 $\boldsymbol{P}_{\mathrm{H}}=\boldsymbol{P}_{\mathrm{Q}}$로 구할 수 있고 임계온도는

$$T_{\mathrm{c}}=\left(\frac{90}{\pi^2}\frac{B}{g_{\mathrm{Q}}-g_{\mathrm{H}}}\right)^{1/4} \tag{3.35}$$

라고 계산할 수 있다. 이 모델은 임계온도에서 1차상전이를 나타내고 그때 해방되는 잠열은 단위부피당

$$L=T_{\mathrm{c}}(s_{\mathrm{Q}}-s_{\mathrm{H}})=4B \tag{3.36}$$

로 주어진다.

만약 쿼크-하드론 상전이를 강한 1차상전이라고 하면 다음과 같이 진행된다. 먼저 온도가 떨어지면서 쿼크상 내에 하드론상의 거품이 생성되고 그것이 팽창, 충돌, 융합하는 과정을 통해 우주 전체가 하드론상으로 가득 차면 종료된다. 혹시 그때 거품의 표면이 바리온수를 넘지 않으면 쿼크상이 남겨진 곳으로 바리온수가 집중된다.

그 결과, 바리온수가 큰 비균일성이 생성될 수 있음을 인식해야 한다고

생각하기 시작했다. 그러한 관점에서 바리온수가 큰 요동을 가진 우주에서 경원소의 합성이 어떤 식으로 진행되는지를 해석하는 연구가 한때 활발했다. 그 결과 원소합성에 의한 바리온수 밀도에 대한 제한이 크게 변하는 것 등의 성과를 얻었다. 하지만 오늘날에는 쿼크-하드론 상전이가 강한 1차상전이일 가능성이 거의 없다고 보고 있어 쿼크-하드론 상전이가 다음의 우주진화에 어떤 영향을 주었을 가능성은 아마도 없을 것 같다.

3.3 평형조건과 우주의 온도

완전한 열역학 평형 상태가 성립하기 위해서는 계는 거시적으로 봐서 정적이어야 한다. 우주는 복사나 물질 에너지 밀도를 감소시키며 팽창하기 때문에 이러한 이상적인 상황은 성립되지 않는다.

비평형 상태에 있는 계가 평형 상태로 가라앉기 위해서는 평형이 되기 위한 반응이 많이 일어나야 한다. 즉, 반응이 필요한 시간보다 제법 긴 시간이 지나야 비로소 열평형 상태가 실현된다. 정적인 계의 경우에는 계속 기다리면 되지만 우주는 팽창하므로 반응에 필요한 시간이 당시 우주나이보다 길어지면 반응이 일어날 시기에는 우주가 훨씬 더 팽창해 반응 시간을 계산하는데 사용한 온도와 밀도가 틀린 값이 된다. 따라서 우주나이보다 짧은 시간 내에 활발히 반응이 일어나야 한다. 반대로 이 조건이 성립되면 반응에 필요한 시간 안에서는 우주가 거의 팽창하지 않기 때문에 이 시간규모에서는 우주는 정적이라고 간주해도 무방하고 시각마다 온도에 대응하는 열평형 상태를 실현할 수 있다.

반응률을 Γ라고 쓰면 한 번 반응할 때 필요한 시간은 Γ^{-1}이며 이것이 우주나이 $t \approx H^{-1}$보다 충분히 짧으면 된다. 즉,

$$\Gamma \gg H \tag{3.37}$$

이 성립하는 것이 열평형 상태가 실현되는 조건이다.

우주팽창을 과거로 거슬러 올라갈수록 온도와 밀도가 높아지기 때문에 입자의 반응도 더욱 활발하게 일어나고 열평형 상태가 쉽게 실현된다고 직관적으로 생각된다. 하지만 우주 팽창률도 점점 커지고 있다는 것을 잊어서는 안 된다.

예를 들어 비교적 반응률이 큰 게이지 입자의 이체two-body 모드를 생각하면 그 반응률은

$$\Gamma_2 = \langle n\sigma c\rangle \simeq \frac{NT^3}{\pi^2}\frac{\alpha^2}{T^2} \tag{3.38}$$

로 나타낼 수 있다. 여기서 N은 반응하는 모드 수, α는 게이지 결합상수이고 수밀도의 (식 3.19)를 이용한다. 이 식과 복사우세 우주의 팽창률을 나타낸 (식 3.30)과 비교하면 반응률은 $\Gamma \propto T$로만 상승했으나 우주팽창률은 $H \propto T^2$와 같이 변화하므로 $\Gamma \gg H$라는 조건은 우주 온도에 대해 상한값을 주는 것이다. 즉,

$$T \ll 10^{15}\left(\frac{\alpha}{0.05}\right)^2\left(\frac{N}{10}\right)\left(\frac{g_*}{200}\right)^{-1/2}[\text{GeV}] \tag{3.39}$$

라는 결과를 얻는다. 이전에 우주는 아무리 밀도가 높아도 일반적으로 비평형 상태였다고 생각해야 한다.

여기서는 열평형 상태라는 용어를 사용하지만 실은 그 용어는 조심해서 사용해야 한다. 진화하는 우주에서는 여러 반응이 여러 시간 규모에서 일어나기 때문에 거기에 맞춰서 평형 상태도 어떤 반응들이 활발히 일어나

는가에 따라 크게 아래의 세 가지 종류로 나눌 수 있다.

(1) **운동학적 평형** : 반응 전후에 입자의 종류가 변하지 않고 탄성 산란만 활발하게 일어나는 상태이다. 따라서 위상 공간에서 분포는 평형 상태와 같은 모양을 갖고 보손은 보스 분포, 페르미온은 페르미 분포의 형태

$$f(\omega)=\frac{1}{e^{(\omega-\mu)/T}\mp1} \tag{3.40}$$

을 갖는다. 하지만 각 성분의 화학 퍼텐셜 μ_i의 사이에는 특별한 관계가 존재하지 않는다.

(2) **화학평형** : 위의 반응에 덧붙여 반응 전후에 입자의 종류가 변하는 반응도 우주팽창의 시간규모보다 빠르게 활발히 일어나는 상태다. 위상 공간에서 분포함수의 모양은 운동학적 평형인 경우와 같지만 예를 들어 $abc\cdots \longleftrightarrow ijk\cdots$라는 반응이 매우 활발히 일어나면 그들의 화학 퍼텐셜 사이에는 $\mu_a+\mu_b+\mu_c+\cdots=\mu_i+\mu_j+\mu_k+\cdots$라는 관계가 성립한다. 이러한 관계식은 활발한 반응수만큼 식을 쓸 수 있고 식의 수가 입자의 종류보다 많아지는 상황도 일어날 수 있는데 독립적인 식의 수가 입자 종류의 수를 넘을 수는 없으므로 해가 없어지는 경우는 없다.

(3) **열평형** : 최상위의 평형 상태이며 생각할 수 있는 모든 반응이 우주팽창의 시간규모보다 빠르게 일어나는 상황이다. 엔트로피가 최대가 되는 것은 화학 퍼텐셜이 모두 0인 경우이므로 비보존량에 대응한 화학 퍼텐셜은 모두 0이다. 따라서 분포함수는 (식 3.41)로 주어진다.

$$f(\omega)=\frac{1}{e^{\omega/T}\mp1} \tag{3.41}$$

3.4 팽창우주에서 입자수의 발전방정식

입자 분포가 열화학 평형 상태에 있느냐 아니냐에 관해서는 앞에서 기술한 것처럼

$$\text{반응률}\,\Gamma \gtrless H\,\text{우주팽창률}$$

로 결정된다.

더욱 자세히 알아보려면 일반적으로 위상 공간에서 분포함수 $f(p^{\mu}, x^{\mu})$를 살펴봐야 한다. 그 진화는 볼츠만 방정식

$$\hat{\boldsymbol{L}}[f](\text{드리프트항}) = \boldsymbol{C}[f](\text{충돌항}) \tag{3.42}$$

이 지배한다. 좌변은 흐름항, 우변은 충돌항이다. 전자는 비상대론적 입자에 대해서 뤼빌 연산자

$$\hat{\boldsymbol{L}}_{\mathrm{NR}} = \frac{D}{Dt} = \frac{\partial}{\partial t} + \frac{d\boldsymbol{x}}{dt}\cdot\frac{\partial}{\partial \boldsymbol{x}} + \frac{d\boldsymbol{p}}{dt}\cdot\frac{\partial}{\partial \boldsymbol{p}}$$
$$= \frac{d}{dt} + \boldsymbol{v}\cdot\nabla + \frac{\boldsymbol{F}}{m}\cdot\nabla_{v}$$

이고 상대론적 입자에 대해서는 측지선 방정식

$$\frac{dp^{\alpha}}{d\tau} + \Gamma^{\alpha}_{\beta\gamma}p^{\beta}p^{\gamma} = 0 \tag{3.43}$$

따라서

$$\hat{\boldsymbol{L}} = \frac{dx^{\alpha}}{d\tau}\frac{\partial}{\partial x^{\alpha}} + \frac{dp^{\alpha}}{d\tau}\frac{\partial}{\partial p^{\alpha}}$$

$$=p^{\alpha}\frac{\partial}{\partial x^{\alpha}}-\Gamma^{\alpha}_{\beta\gamma}p^{\beta}p^{\gamma}\frac{\partial}{\partial p^{\alpha}}$$

으로 주어진다. 단, τ는 적절히 정의한 아핀affine 매개변수지만 질량을 가진 입자에 대해서는 고유시간을 질량으로 나눈 것과 같다. 균일등방 우주에서 균일등방 분포를 생각하면 f는 시각 t와 운동량의 크기 $|\boldsymbol{p}|\equiv p$ 혹은 에너지 $E=\sqrt{p^2+m^2}$만의 함수로 나타내므로 (식 3.44)가 된다.

$$\hat{\boldsymbol{L}}f=E\frac{\partial f}{\partial t}-H|\boldsymbol{p}|^2\frac{\partial f}{\partial E} \tag{3.44}$$

이것에 의해 수밀도

$$n(t)=g\int\frac{d^3p}{(2\pi)^3}f(E,\ t) \tag{3.45}$$

는,

$$\frac{dn}{dt}+3Hn=g\int\frac{d^3p}{(2\pi)^3}\boldsymbol{C}[f]\frac{1}{E} \tag{3.46}$$

을 만족시킨다는 것을 알 수 있다. 단, 좌변의 둘째 항은 p를 변수로 해서 부분적분을 하여 얻어진 값이다.

이제 ψ라고 하는 입자의 입자수 밀도의 변화에 주목하자.

$$\psi+a+b+\cdots+d\longleftrightarrow i+j+\cdots+l \tag{3.47}$$

라는 반응에 대한 충돌항은

$$\frac{g}{(2\pi)^3}\int\frac{d^3p_{\psi}}{E_{\psi}}\boldsymbol{C}[f]=-\int d\Pi_{\psi}d\Pi_a\cdots d\Pi_d d\Pi_i d\Pi_j\cdots d\Pi_l$$

$$\times (2\pi)^4 \delta(p_\psi + p_a + \cdots + p_d - p_i - p_j - \cdots - p_l)$$
$$\times |\mathcal{M}|^2_{\rightarrow} f_\psi f_a f_b \cdots f_d (1 \pm f_i)(1 \pm f_j) \cdots (1 \pm f_l)$$
$$- |\mathcal{M}|^2_{\leftarrow} f_i f_j \cdots f_l (1 \pm f_\psi)(1 \pm f_a) \cdots (1 \pm f_d)] \quad (3.48)$$

이 된다. 단, $f_s(s=\psi, a, b, \cdots, d, i, j, \cdots, l)$은 각 입자 s의 통계에 대한 위상 공간 밀도를 나타낸다. $|\mathcal{M}|^2_{\rightarrow}$, $|\mathcal{M}|^2_{\leftarrow}$는 각각 (식 3.47)에서 →의 반응, ←의 반응이 일어났을 때 반응행렬요소이다.

(식 3.48)의 $(1 \pm f_s)$의 팩터는 생성입자의 $a_s^\dagger |n_s\rangle = \sqrt{1 \pm n_s} |n_s + 1\rangle$에 유래한다. (+)는 보손, (−)는 페르미온의 경우이며 각각 유도방출과 파울리의 배타원리를 나타낸다.$(a_i |n_i\rangle = \sqrt{n_i} |n_i - 1\rangle)$. |반응행렬요소|^{2}을 푸는 것이므로 $1 \pm n_i$가 된다. 위상 공간의 적분요소는

$$d\Pi_s = g \frac{d^4 p_s}{(2\pi)^4} \times 2\pi \delta(p_s^2 - m_s^2) = g \frac{d^3 p_s}{(2\pi)^3} \frac{1}{2E_s} \quad (3.49)$$

로 주어진다.

통상적으로 T−불변성[5]이 성립하므로 $|\mathcal{M}|^2_{\rightarrow} = |\mathcal{M}|^2_{\leftarrow}$이 성립한다. 일반적으로 CPT−불변성이 성립하므로 이 관계가 성립하는 것은 CP−불변성의 결과라고 할 수도 있다. 더욱이 나중에 바리온 비대칭생성의 항에서 보는 것처럼 입자−반입자수의 비대칭성이 생성되기 위해서는 CP 대칭성이 깨져야 한다.

각종 입자에 대해 입자수를 변화시키는 반응을 반드시 열평형은 아니지만 입자수를 바꾸지 않고 운동량공간의 분포에만 영향을 주는 반응은 평

5 입자를 반입자로, 반입자를 입자로 바꾸는 하전공역변환(C변환), 오른쪽과 왼쪽을 바꾸는 패리티변환(P변환), 시간의 진행 방향을 반대로 하는 변환(T변환)에 대해 이론과 현상이 불변일 경우 '~불변성이 성립한다' 고 표현한다.

형 상태에 있다고 하면 운동학적 평형이 성립하고 입자 s의 분포함수는 통계성에 대응하여

$$f_s(E_s)=\frac{1}{e^{\beta(E_s-\mu_s)}\mp 1} \tag{3.50}$$

이라고 나타낼 수 있다. 여기서 얻을 수 있는

$$1\pm f_s=f_s e^{\beta(E_s-\mu_s)} \tag{3.51}$$

을 이용하면

$$\begin{aligned}\dot{n}_\psi+3Hn_\psi=&\int d\Pi_\psi d\Pi_a\cdots d\Pi_d d\Pi_i d\Pi_j\cdots d\Pi_l\\ &\times|\mathcal{M}|^2 f_\psi f_a f_b\cdots f_d f_i f_j\cdots f_l(2\pi)^4\delta^{(4)}(p_i+p_j+\cdots-p_\psi-p_a-\cdots)\\ &\times[e^{\beta(E_\psi-\mu_\psi)}e^{\beta(E_a-\mu_a)}\cdots e^{\beta(E_d-\mu_d)}-e^{\beta(E_i-\mu_i)}e^{\beta(E_j-\mu_j)}\cdots e^{\beta(E_l-\mu_l)}]\end{aligned} \tag{3.52}$$

가 된다. 에너지 보존법칙에 의해 마지막의 두 항의 에너지에 관한 부분은 서로 같으므로 생성반응과 소멸반응이 균형을 이루고 화학평형이 성립하는 것은 일반적인 $\mu_\psi+\mu_a+\mu_b+\cdots+\mu_d=\mu_i+\mu_j+\cdots+\mu_l$인 경우임을 알 수 있다.

그런데 페르미 축퇴도 보스 응축도 없는 경우는 조금 단순화시킨 해석이 가능하다. (식 3.48)에 대하여 $1\pm f_s$의 인자를 모두 무시할 수 있기 때문이다. 그때 볼츠만 방정식은 (식 3.53)으로 주어진다.

$$\begin{aligned}\dot{n}_\psi+3Hn_\psi=&-\int d\Pi_\psi d\Pi_a\cdots d\Pi_d d\Pi_i d\Pi_j\cdots d\Pi_l\\ &\times(2\pi)^4\delta(p_\psi+p_a+\cdots+p_d-p_i-p_j-\cdots-p_l)\end{aligned}$$

$$\times |\mathcal{M}|^2 [f_\psi f_a f_b \cdots f_d - f_i f_j \cdots f_l] \quad (3.53)$$

3.5 쌍소멸의 동결에 따른 입자수 밀도의 결정

여기서 도출한 볼츠만 방정식의 응용으로서 비교적 약한 상호작용뿐 아니라 오랜 시간동안 쌍소멸만 생각한 입자수가 변화할 경우를 생각하자. 즉, 입자 ψ 와 반입자 $\overline{\psi}$ 는 쌍소멸에 의해 다른 입자 X와 반입자 $\overline{X}$로 전환한다면 X와 $\overline{X}$는 더욱 강한 상호작용을 함으로써 열평형 분포

$$f_X^{\rm eq} = f_{\overline{X}}^{\rm eq} = \frac{1}{e^{\beta E_X} \mp 1} \quad (3.54)$$

를 가진다고 하자. 단, 입자와 반입자는 CPT 불변성에 의해 같은 질량을 가지므로 열평형 상태의 분포함수는 같은 모양을 가진다는 것에 주의하자. 예를 들어 약한 상호작용밖에 하지 않는 중성미자–반중성미자 쌍(앞으로는 $\psi\overline{\psi}$라고 하자)이 약한 상호작용과 전자 상호작용을 하는 하전 렙톤쌍($X\overline{X}$)이 되는 반응을 생각한다. 그러면 (식 3.48)로부터

$$\begin{aligned}\dot{n}_\psi + 3Hn_\psi = &-\int d\Pi_\psi d\Pi_{\overline{\psi}} d\Pi_X d\Pi_{\overline{X}} (2\pi)^4 \delta(p_\psi + p_{\overline{\psi}} - p_X - p_{\overline{X}}) \\ &\times |\mathcal{M}|^2 \Big[(f_\psi f_{\overline{\psi}} - f_\psi^{\rm eq} f_{\overline{\psi}}^{\rm eq})(1 \pm f_X^{\rm eq})(1 \pm f_{\overline{X}}^{\rm eq}) \\ &- f_X^{\rm eq} f_{\overline{X}}^{\rm eq} [(1 \pm f_\psi)(1 \pm f_{\overline{\psi}}) - (1 \pm f_\psi^{\rm eq})(1 \pm f_{\overline{\psi}}^{\rm eq})] \Big] \quad (3.55)\end{aligned}$$

이 된다. 축퇴나 응축이 없는 경우는 더 간단하여 (식 3.53)으로부터

$$\dot{n}_\psi + 3Hn_\psi = -\int d\Pi_\psi d\Pi_{\overline{\psi}} d\Pi_X d\Pi_{\overline{X}} (2\pi)^4 \delta(p_\psi + p_{\overline{\psi}} - p_X - p_{\overline{X}})$$

$$\times |\mathcal{M}|^2(f_\psi f_{\overline{\psi}} - f_\psi^{\text{eq}} f_{\overline{\psi}}^{\text{eq}}) \tag{3.56}$$

이 된다.

ψ와 $\overline{\psi}$는 운동학적 평형 분포를 갖는다면 위 식의 운동량 적분은 둘 다 열 분포에 관한 평균을 얻는 것이 되므로

$$\frac{dn_\psi}{dt} + 3Hn_\psi = -\langle \sigma_{\psi\overline{\psi}\to X\overline{X}} |v| \rangle (n_\psi^2 - (n_\psi^{\text{eq}})^2) \tag{3.57}$$

라는 식을 얻는다. 우변의 계수는 쌍소멸의 단면적의 열평균이며

$$\langle \sigma_{\psi\overline{\psi}\to X\overline{X}} |v| \rangle \equiv \frac{1}{(n_\psi^{\text{eq}})^2} \int d\Pi_\psi d\Pi_{\overline{\psi}} d\Pi_X d\Pi_{\overline{X}} (2\pi)^4 \delta^{(4)}$$
$$(p_\psi + p_{\overline{\psi}} - p_X - p_{\overline{X}}) \times |\mathcal{M}|^2 e^{-E_\psi/T} e^{-E_{\overline{\psi}}/T}$$

이다.

여기서는 ψ, $\overline{\psi}$가 X, $\overline{X}$로 쌍소멸하는 경우만 생각했는데 $\psi\overline{\psi} \to F$ 등의 다른 쌍소멸 모드가 있는 경우와 마찬가지로

$$\frac{dn_\psi}{dt} + 3Hn_\psi = -\langle \sigma_{\text{ann}} |v| \rangle (n_\psi^2 - (n_\psi^{\text{eq}})^2) \tag{3.58}$$

로 쓸 수 있다. σ_{ann}은 쌍소멸의 전체 단면적을 나타낸다.

그런데 우주가 단열팽창하는 한 좌표부피당 엔트로피는 보존되므로 팽창우주에서 입자수를 생각하려면 수밀도와 (식 3.25)로 주어진 엔트로피 밀도의 비를 생각하는 것이 편리하다. 즉,

$$Y_\psi \equiv \frac{n_\psi}{s} \tag{3.59}$$

라는 양을 정의하고 볼츠만 방정식을 Y_ψ에 관한 방정식으로 바꿔쓸 수 있다. 초기우주의 복사우세 시대에는 $T \propto a^{-1} \propto t^{-1/2}$이 되는 것을 이용해 독립변수를 시각으로부터 $x \equiv m_\psi/T$로 변경하면 (식 3.58)은

$$\frac{x}{Y_{\text{eq}}}\frac{dY_\psi}{dx} = -\frac{\Gamma_{\text{ann}}}{H}\left[\left(\frac{Y_\psi}{Y_{\text{eq}}}\right)^2 - 1\right],$$

$$\Gamma_{\text{ann}} \equiv n_\psi^{\text{eq}} \langle \sigma_{\text{ann}} |v| \rangle$$

라고 쓸 수 있다. 또한 Y_ψ의 열평형값 Y_{eq}는 입자 ψ가 상대론적 $(T \gg m_\psi)$인 경우와 비상대론적 $(T \ll m_\psi)$인 경우에서 각각,

$$Y_{\text{eq}}(x) = \begin{cases} \dfrac{45\zeta(3)}{2\pi^4}\dfrac{g_{\text{eff}}}{g_{*s}} = 0.278\dfrac{g_{\text{eff}}}{g_{*s}} & \text{(상대론적 입자)} \\[2ex] \dfrac{45}{2\pi^4}\left(\dfrac{\pi}{8}\right)^{1/2}\dfrac{g}{g_{*s}}x^{3/2}e^{-x} = 0.145\dfrac{g}{g_{*s}}x^{3/2}e^{-x} & \text{(비상대론적 입자)} \end{cases}$$

$$g_{\text{eff}} = \begin{cases} g & \text{(보손의 경우)} \\[2ex] \dfrac{3}{4}g & \text{(페르미온의 경우)} \end{cases}$$

라고 쓸 수 있다. 이렇게 해서 좌표부피당 ψ의 변화는 Γ_{ann}/H에 의해 영향을 받는 것을 알 수 있다.

초기우주의 고온시대(x가 작은 시기)에는 ψ가 상대론적이기 때문에 수밀도는 온도의 세제곱에 비례한다. 따라서 Γ_{ann}도 보통은 온도의 몇 제곱에 비례하는 것이다. 그 온도 의존성이 T^2보다도 더 높은 차수로 상호작용

이 약하고 가벼운 입자는 상대론적인 상태로 남아 있을 때 $\Gamma_{\text{ann}}/H<1$이 된다. 이러한 입자는 상대론적이면서 입자수가 그대로 동결하므로 뜨거운 상태로 우주에 남아 있게 된다. 뜨거운 암흑물질의 후보인 질량을 가진 중성미자는 그 후보의 한 예가 된다.

한편 상대론적인 상태에서 $\Gamma_{\text{ann}}/H>1$을 유지하는 입자는 입자수를 일정하게 동결하지 못하고 온도가 내려가면서 비상대론적 상태로 바뀐다. 그렇게 되면 $n_{\psi}^{(\text{eq})}$는 지수함수적으로 감소하기 때문에 그와 함께 Γ_{ann}도 작아지고 곧 ψ입자수 밀도가 일정하게 동결된다. 쌍소멸의 단면적이 너무 커지면 수밀도의 동결은 늦어지고 지수함수적으로 작은 입자의 수밀도만 남으므로 이러한 입자는 우주론적인 영향을 끼치지 못하지만 상호작용의 강도가 적당히 약해지면 적당한 양의 입자수 밀도가 우주에 남는다. 이렇게 남은 입자는 비상대론적 상태이므로 차가운 암흑물질의 후보가 될 수 있다.

$\Gamma_{\text{ann}}/H=1$인 경우의 x를 x_f라고 쓰면 $x\lesssim x_f$에서는 열평형값 $Y=Y_{\text{eq}}$가 거의 보존되고 $x\gtrsim x_f$이면 $x=x_f$일 때의 값에 동결되어 $Y=Y_{\text{eq}}(x_f)$를 유지한다. 만약 그 후에 엔트로피가 생성되면 (식 3.59)의 분모가 커지기 때문에 Y값은 작아진다.

쌍소멸이 동결되었을 때 입자가 상대론적이냐 아니냐에 따라 입자수 밀도는 아래와 같이 다른 값을 갖는다. 단, $x=x_f$일 때 이후에 엔트로피가 생성되지 않았다고 하고 $Y(x\to\infty)\equiv Y_{\infty}$라고 쓴다.

(1) 뜨거운 잔존물 : $x_f\lesssim 2$일 때이며 동결될 때 상대론적이었던 입자이다. 이 경우는,

$$Y_{\infty}=Y_{\text{eq}}(x_f)=0.278\frac{g_{\text{eff}}}{g_{*s}}$$

이므로, 현재는

$$n_{\psi 0}=s_0 Y_\infty=2.91\times 10^3 Y_\infty \mathrm{cm}^{-3}=809\frac{g_{\mathrm{eff}}}{g_{*s}}\mathrm{cm}^{-3}$$

이다. 이 식에 의해

$$\rho_{\psi 0}=mn_{\psi 0}=809\frac{g_{\mathrm{eff}}}{g_{*s}}\left(\frac{m}{1\mathrm{eV}}\right)\mathrm{eV\,cm}^{-3}$$

$$\Omega_{\psi 0}=0.152\frac{g_{\mathrm{eff}}}{g_{*s}(x_f)}\left(\frac{m}{1\mathrm{eV}}\right)$$

(2) 차가운 잔존물 : $x_f \gtrsim 3$일 때 입자들이 비상대론적 상태에서 동결된다.

보통의 저에너지 반응을 염두해 두고 $\langle\sigma_{\mathrm{ann}}|v|\rangle$이 온도에 좌우되지 않는 경우를 생각하면,

$$Y_\infty=\sqrt{\frac{45g_*}{\pi}}\frac{x_f}{g_{*s}\langle\sigma_{\mathrm{ann}}|v|\rangle M_{\mathrm{pl}}m_\psi} \tag{3.60}$$

이다. 단, $\Gamma_{\mathrm{ann}}=H$로부터 근사를 통해 x_f를 구하면,

$$x_f=\ln\left[0.038\frac{g}{g_*^{1/2}}M_{\mathrm{pl}}m_\psi\langle\sigma_{\mathrm{ann}}|v|\rangle\right] +\frac{1}{2}\ln\left\{\ln\left[0.038\frac{g}{g_*^{1/2}}M_{\mathrm{pl}}m_\psi\langle\sigma_{\mathrm{ann}}|v|\rangle\right]\right\}$$

을 얻을 수 있다. 이때,

$$n_{\psi 0}=1.1\times 10^4\frac{g_*^{1/2}x_f}{g_{*s}M_{\mathrm{pl}}m_\psi\langle\sigma_{\mathrm{ann}}|v|\rangle},$$

$$\Omega_{\psi 0}=\frac{2.1g_*^{1/2}x_f}{g_{*s}M_{\mathrm{pl}}\langle\sigma_{\mathrm{ann}}|v|\rangle}\mathrm{eV}^{-1}$$
$$=\frac{g_*^{1/2}x_f}{g_{*s}}\left(\frac{\langle\sigma_{\mathrm{ann}}|v|\rangle}{6.6\times10^{-38}\,\mathrm{cm}^2}\right)^{-1} \quad (3.61)$$

이다. 최종 결과는 입자의 질량에는 상관없이 쌍소멸의 단면적에 의해서만 결정된다. 따라서 최종 잔존량은 위의 식에 나타냈듯이 단면적에 반비례하기 때문에 제법 많은 양이 남아 있으려면 극히 작은 쌍소멸 단면적을 가져야 한다.

이렇듯 아주 약한 상호작용을 하는 무거운 입자를 WIMPsweakly interacting massive particles라고 한다. 5장에서 다루겠지만 초대칭성 이론에서 중성미자는 그러한 종류의 입자로 딱 알맞은 크기의 쌍소멸 단면적을 갖고 있으므로 차가운 암흑물질의 유력한 후보라고 알려져 있다.

3.6 결합제거 후의 분포

초기반응률이 $\Gamma \gg H$를 만족하고 열평형 상태를 유지하는 입자가, 우주가 팽창함과 더불어 $\Gamma < H$을 만족시키고 다른 입자와 반응이 끊어지면 각 입자는 이전의 열평형 상태에서 가지고 있던 운동량을 우주팽창에 따라 잃어가면서 자유롭게 전파된다. 자유입자의 운동을 표현하는 측지선 방정식을 로버트슨-워커 계량을 이용해 써가면 4차원 속도의 공간 성분 크기 u는 $du/dt=-Hu$를 만족시키기 때문에 입자의 운동량은 규모인자에 반비례해 감소하는 것을 알 수 있다. 이것은 다음과 같이 이해할 수 있다.

즉, 입자가 시간 δt 내에 δl만큼 이동한다면 이동한 지점을 기준으로 한 공동 좌표계는 원래의 점에 대하여 $H\delta l$의 속도로 움직인다. 따라서 초기 입자가 에너지 E, 운동량 p를 가지고 있다면 새로운 좌표계에서 본 운동량은 도플러 효과에 따라 $p'=p-H\delta lE=p-H\delta tp$가 된다. 그러므로 $\delta p/p=-\delta a/a$를 얻고 운동량은 규모인자에 반비례하여 감소하는 것을 알 수 있다.

질량이 0인 상대론적 입자는 결합이 끊어지는 시간 $t_{\rm dec}$에, 그때의 온도를 $T_{\rm dec}$이라고 하면

$$f(p,\ t_{\rm dec})=\frac{1}{\exp\left(\frac{p}{T_{\rm dec}}\right)\mp 1} \tag{3.62}$$

이라는 분포를 따르고 있는데 그 후 온도가 내려감과 더불어 각 입자의 에너지는 $p(t)=p(t_{\rm dec})a(t_{\rm dec})/a(t)$처럼 감소한다. 또한 소멸반응은 더 이상 일어나지 않으므로 입자수 밀도는 $n\propto a^{-3}$처럼 단순하게 감소한다. 따라서 결합이 제거된 후 분포함수 $f(p,\ t)=d^3n/d^3p$는

$$f(p,\ t)=f\left(p\frac{a}{a_{\rm dec}},\ t_{\rm dec}\right)=\frac{1}{\exp\left(\frac{pa}{T_{\rm dec}a_{\rm dec}}\right)\mp 1} \tag{3.63}$$

와 같은 모양으로 나타난다. 즉 온도가 규모인자에 반비례해 감소한 열평형 분포로 나타낼 수 있다. 하지만 여기서 나타난 온도는 더 이상 분포함수를 특징짓는 매개변수로 의미만 나타낼 뿐이고 이 입자가 열평형 상태를 유지하는 것은 아님을 주의해야 한다.

한편 결합이 끊어질 때 비상대론적 상태에서 볼츠만 분포

$$f(\omega)=\exp\left(-\frac{\omega-\mu_{\rm dec}}{T_{\rm dec}}\right),\quad \omega=m+\frac{p^2}{2m},$$

$$n=g\left(\frac{mT_{\rm dec}}{2\pi}\right)^{3/2}\exp\left(-\frac{m-\mu_{\rm dec}}{T_{\rm dec}}\right) \tag{3.64}$$

로 나타나는 입자는 그 후 운동에너지가 a^{-2}에 비례하여 감소하면서 수밀도는 $n \propto a^{-3}$처럼 단순하게 감소하기 때문에 온도는

$$T = \left(\frac{a}{a_{\rm dec}}\right)^{-2} T_{\rm dec} \tag{3.65}$$

와 같이 또는 화학 퍼텐셜이

$$\mu(t) = m + (\mu_{\rm dec} - m)\left(\frac{a}{a_{\rm dec}}\right)^{-2} \tag{3.66}$$

으로 변화하면서 (식 3.64)와 같은 모양을 유지하는 것을 알 수 있다.

결합이 끊어질 때의 온도와 질량이 비슷하지만 위의 상대론적 상태 또는 비상대론적 상태가 동시에 성립하지 않는 경우에는 위와 같은 간단한 계산법칙은 성립하지 않는다.

3.7 중성미자의 결합제거

중성미자는 전하를 갖지 않기 때문에 약한 상호작용의 중성적 흐름[6]에서 쌍소멸한다. 그 반응률은 페르미상수 $G_{\rm F} = 1.17 \times 10^{-5}[{\rm GeV}^{-2}]$을 이용하여 $\Gamma \simeq G_{\rm F}^2 T^5$라고 나타내므로 이것과 우주팽창률 $H = 5.4T^2/M_{\rm pl}$의 비를 구하면

$$\frac{\Gamma}{H} = \left(\frac{T}{1.5{\rm MeV}}\right)^3 \tag{3.67}$$

이다. 따라서 온도 1.5MeV 이하에서 중성미자는 결합이 끊어지고 분포

6 전하를 갖지 않는 Z보손을 매개로 하는 상호작용.

함수는 (식 3.63)과 같이 진화한다.

그 후에 T ≤0.5MeV가 되면 전자와 양전자는 비상대론적 상태가 되어 쌍소멸에 의해 대부분 소멸된다. 그 경우 상대론적 자유도가 3.5만큼 감소한다. 그 만큼 광자의 온도는 규모인자의 역수보다도 완만하게 감소하므로 중성미자의 겉보기온도와 광자의 온도 사이에 차이가 생긴다. 쌍소멸 전후의 온도를 각각 b와 a로 나타내면 $T_{\nu b}=T_{\gamma a}$이고 부피 a^3 내의 엔트로피가 전자–양전자쌍의 소멸 전후에 보존되는 점을 이용하면,

$$10.75T_{\nu b}^3 a^3=2T_{\gamma a}^3 a^3+\frac{21}{4}T_{\nu a}^3 a^3 \tag{3.68}$$

이 성립하고 $T_{\nu b}^3 a^3=T_{\nu a}^3 a^3$의 관계이므로

$$T_{\nu a}=\left(\frac{4}{11}\right)^{1/3}T_{\gamma a} \tag{3.69}$$

이 된다는 것을 알 수 있다.

이 관계는 아직 지속되고 있으며 광자의 우주배경복사 온도 $T=2.73\text{K}$에 대하여 중성미자의 배경복사 온도는 $T=1.95\text{K}$가 될 것이다. 따라서 현재 g_*와 g_{*s}는 다른 값을 가지고 있고 (식 3.27), (식 3.29)에서,

$$g_*=2+\frac{7}{8}\times 6\times\left(\frac{4}{11}\right)^{4/3}=3.36,$$

$$g_{*s}=2+\frac{7}{8}\times 6\times\frac{4}{11}=3.91 \tag{3.70}$$

가 된다.

최근 실험기술이 발달해 이미 알고 있던 3세대 중성미자는 매우 가벼운

질량을 갖는 것을 알았으므로 이것들이 매우 무거운 질량을 가질 가능성은 거의 없어졌는데 약한 상호작용의 이중항에 속하지 않는 스테라일이중성미자가 존재하고 극히 무거운 질량을 가질 가능성은 아직 부정하지는 않고 있다. 이러한 무거운 뉴트리노의 결합이 끊어지는 것에 대하여 간단히설명하겠다. 쌍소멸의 단면적은 $\langle\sigma_{\mathrm{ann}}|v|\rangle=\sigma 0\simeq 5\dfrac{G_F^2 m_\nu^2}{2\pi}$이다.

먼저 $m_\nu \leq M_{\mathrm{W}}\sim 80\mathrm{GeV}$인 디락 중성미자에 대해서는 $g=2$, $g_*\approx 60$으로

$$x_f\simeq 15+3\ln\left(\frac{m_\nu}{1\mathrm{GeV}}\right),$$

$$Y_\infty\simeq 6\times 10^{-9}\left(\frac{m_\nu}{1\mathrm{GeV}}\right)^{-3}\left[1+\frac{1}{5}\ln\left(\frac{m_\nu}{1\mathrm{GeV}}\right)\right],$$

$$\Omega_{\nu\bar{\nu}}h^2\simeq 3\left(\frac{m_\nu}{1\mathrm{GeV}}\right)^{-2}\left[1+\frac{1}{5}\ln\left(\frac{m_\nu}{1\mathrm{GeV}}\right)\right]$$

라는 것을 알 수 있다. 따라서 $m_\nu \gtrsim 2\mathrm{GeV}$라면 $\Omega_{\nu\bar{\nu}}h^2 \lesssim 1$을 충족시킨다. 이 제한을 미국에서는 리-와인버그의 제한이라고 하고 일본에서는 사토-고바야시 제한이라고 한다.

뉴트리노가 마요라나 입자[7]인 경우에 쌍소멸은 같은 종류의 입자에서 일어나기 때문에 전체 파동함수는 교환에 대해 반대칭이어야 한다. 그러므로 제한이 조금 바뀌고 밀도 매개변수가 너무 커지지 않도록 $m_\nu \gtrsim 5\mathrm{GeV}$이어야 한다.

$m_\nu \gtrsim M_{\mathrm{W}}$의 경우에는 $T=m_\nu$가 아직 와인버그-살람 상전이의 전단계이고 약한 상호작용의 대칭성은 회복되고 있다. 그러므로,

7 입자와 반입자가 동일하고 중성 스핀이 1/2인 입자.

$$\langle\sigma_{\text{ann}}|v|\rangle \sim \frac{g_2^4}{T^2} \sim \frac{g_2^4}{m_\nu^2} \quad (T \sim m_\nu\text{일 때}),$$

$$\Omega_\nu h^2 \simeq \frac{m_\nu}{4.4\text{TeV}}$$

이다. g_2는 약한 상호작용의 결합상수이다.

3.8 경원소 합성

인간과 별을 구성하는 바리온은 우주에너지 밀도의 불과 4%에 지나지 않는다고 앞에서 언급했는데 원소의 구성이나 기원을 밝히는 것은 우주물리학의 중요한 연구테마 중에 하나이다. 먼저 현재 우주의 원소구성을 그림으로 나타낸 것이 그림 3.2이다. 이것은 각 원소 존재량의 수량비를 원소번호 순 즉, 원자핵에 포함된 양성자 수가 작은 순서대로 배열한 것이다. 중량비에서 70% 이상으로 압도적인 비율을 차지하는 것은 양성자 한 개를 갖고 있는 가장 단순한 원소인 수소이다. 수소 다음으로 많은 것은 헬륨(He)으로 약 28%를 차지한다.

그 밖에 무거운 원소는 매우 적으며 전부 합쳐서 몇 퍼센트에 지나지 않는다. 항성 분야에서 이미 기술한 것처럼 우리에게 친숙한 탄소나 산소는 태양과 같은 항성 내부에 헬륨을 원료로 핵융합반응으로부터 생성되는 것으로 알려져 있다. 그림 3.2에서도 헬륨 세 개로 구성되는 탄소, 네 개로 구성되는 산소, 다섯 개로 구성되는 네온이 많이 존재한다는 것을 알 수 있다. 그러면 이들 중원소의 원료인 헬륨은 어디서 만들어질까. 앞 장에서 말한 것처럼 태양과 같은 항성의 에너지원은 양성자들의 핵융합으로 헬륨을 만드는 핵융합반응이다. 따라서 항성 내부에서도 분명 헬륨은 만들어진다. 이때 많은 에너지가 밖으로 빠져나가기 때문에 현재 존재하는 28%

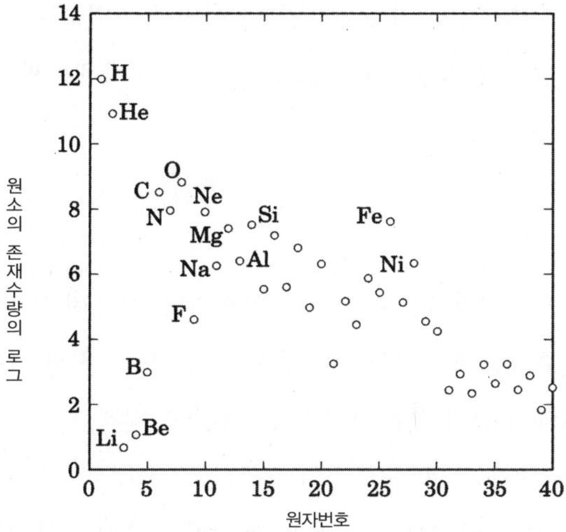

그림 3.2 원소의 존재수량비. 수소의 존재량을 10^{12}으로 규격화했다.

의 헬륨 전부가 항성의 내부에서 만들어졌다면 별은 아주 오랫동안 밝게 빛나고 은하 밝기의 관측량보다 큰 값을 갖는다. 그리고 구상 성단의 늙은 별인 경우 태양과 비교해 중원소의 양이 아주 적은 것처럼 별의 나이에 따라 다르지만 헬륨의 양은 그렇게 크게 변화하는 것이 아님을 관측을 통해 밝혔다. 따라서 헬륨은 우주 초기에 만들어졌다고 생각하지 않을 수 없다.

우주의 온도가 몇 MeV부터 0.01MeV로 내려가는 동안에 양성자(p)와 중성자(n)로부터 헬륨4(^{4}He)가 합성된다.

$$2p + 2n \longrightarrow {}^4\mathrm{He}. \tag{3.71}$$

또한 헬륨4가 합성되는 과정의 부산물로 중양자(D), 헬륨3(^{3}He), 헬륨4(^{4}He)부터 리튬7(^{7}Li)이 소량이긴 하지만 합성된다. 이렇게 비교적 가벼운 원소인 중양자, 헬륨, 리튬이 우주 초기에 합성되는 과정을 우주 초기의 경원소합성이라고 한다. 우주 초기에 경원소합성 이론은 현재 우주에 존재하는 헬륨4, 중수소, 리튬7의 존재비를 잘 설명하고 있고 표준 빅뱅우주모델을 지지하는 큰 받침대가 되고 있으므로 4장에서 자세하게 설명하겠다.

3.9 맑게 갠 우주

초기우주에는 수소원자가 이온화되어 양성자와 전자로 분리된 플라즈마 상태였지만 우주팽창과 더불어 온도가 서서히 내려가면서 더욱 안정된 중성 수소원자 상태로 천이된다. 이것을 수소원자의 재결합recombination[8] 또는 바리온(실제로는 전자)과 광자의 결합제거decoupling라고 한다. 수소원자의 이온화에너지는 13.6eV이므로 관련된 에너지 규모이다. 하지만 결합제거는 그 에너지에 해당하는 온도 16만K일 때 일어나는 것이 아니라 더욱 낮은 온도가 되고 나서 일어난다. 그 이유는 광자가 양성자보다도 10^{10} 더 많이 존재하기 때문이다.

이런 과정을 보기 위해 우선 양성자와 전자의 결합반응 $\mathrm{p}+\mathrm{e}\longleftrightarrow\mathrm{H}+\gamma$의 화학평형이 성립하는 상황을 생각하자.

$T<m_i$의 평형 상태에서는 (식 3.14)로부터

$$n_i=g_i\left(\frac{m_iT}{2\pi}\right)^{\frac{3}{2}}e^{-\frac{m_i-\mu_i}{T}} \tag{3.72}$$

와 같이 쓸 수 있다. 단, $i=\mathrm{p, e, H}$이다. $\mathrm{p}+\mathrm{e}\longleftrightarrow\mathrm{H}+\gamma$인 화학평형의 근원은

$$\mu_{\mathrm{p}}+\mu_{\mathrm{e}}=\mu_{\mathrm{H}} \tag{3.73}$$

8 이렇게 불러왔지만 실제로 양성자가 전자와 결합한 것은 우주 역사에서 이때가 처음이다.

이고 (식 3.72)에 따라 쓰면

$$n_{\mathrm{H}}=\frac{g_{\mathrm{H}}}{g_{\mathrm{p}}g_{\mathrm{e}}}n_{\mathrm{p}}n_{\mathrm{e}}\left(\frac{m_{\mathrm{e}}T}{2\pi}\right)^{-\frac{3}{2}}e^{\frac{B}{T}},$$

$$B=m_{\mathrm{p}}+m_{\mathrm{e}}-m_{\mathrm{H}} \tag{3.74}$$

이다. 또한,

$$n_{\mathrm{p}}=n_{\mathrm{e}} : \text{전하의 총합은 } 0,$$

$$n_{\mathrm{p}}+n_{\mathrm{H}}=n_{\mathrm{b}} : \text{바리온수 보존},$$

$$n_{\mathrm{b}}=\eta_{\mathrm{b}}\eta_{\gamma}$$

으로부터 이온화율 $X_{\mathrm{e}}\equiv n_{\mathrm{p}}/n_{\mathrm{b}}$는

$$\frac{1-X_{\mathrm{e}}}{X_{\mathrm{e}}{}^{2}}=\frac{4\sqrt{2}\zeta(3)}{\sqrt{\pi}}\eta_{\mathrm{b}}\left(\frac{T}{m_{\mathrm{e}}}\right)^{\frac{3}{2}}e^{\frac{B}{T}} \tag{3.75}$$

라고 쓸 수 있다. 이것을 사하의 식이라고 한다. 이온화율 X_{e}가 1보다 아주 작아지는 경우는 온도가 16만K보다 훨씬 낮은 4,000K이다.

사하의 식은 평형 상태를 가정하므로 결합제거 초기를 기술하기에는 좋으나 그 후의 이온화율이 낮아지면 더 이상 양성자와 전자의 결합반응은 평형 상태에 도달하지 않기 때문에 사하의 식에 기초한 추산은 바른 결과를 보여주지 않는다. 그리고 자유전자가 양성자에 속박된 바닥 상태까지 한 번에 결합반응이 일어나면 당연히 13.6eV의 에너지를 가진 광자를 방출한다. 하지만 이 광자는 자유롭게 날아다니다가 이미 중성화된 다른 원자핵을 이온화하는 경우도 발생한다. 따라서 이러한 단순한 과정을 생각하면 더 이상 재결합되지 않음을 알 수 있다. 일단 자유전자가 일어난 상

태에 속박되는 경우에도 그 후 라이만 광자를 방출해서 바닥 상태로 천이되지만 이렇게 해서 나온 광자는 다른 원자핵 안에 있는 전자를 일으킨다. 일어난 전자는 간단히 재이온화되므로 역시 중성화를 방해한다. 결국 섭동의 고차효과에서 일어나는 2s상태에서 1s상태까지 2광자방출 천이가 재결합의 중요한 경로가 된다.

필요한 미시적 과정을 사용해 해석해보면 평탄한 우주에서 이온화율을 적색편이의 함수로 나타내면

$$X(z) \cong 2.4 \times 10^{-3} \frac{1}{\Omega_{\rm b} h} \left(\frac{z}{1000} \right)^{12.75} \tag{3.76}$$

이 된다. 또 톰슨산란의 광학적 두께를 구하면

$$\tau(z) \cong 0.37 \left(\frac{z}{1000} \right)^{14.25} \tag{3.77}$$

인 것을 알 수 있다. 이것이 1과 같아질 때가 최종 산란면(그림 2.7 참고)의 위치이며, 이 이후 우주는 빛에 대하여 투명해진다. 이것을 맑게 갠 우주라고 한다. 현재 우주배경복사로 관측되는 빛은 이때 나온 것이다. 그 시각은 WMAP위성의 최신 관측 결과에 따르면

$$\begin{aligned} &t_{\rm rec} = 38\text{만 년}, \\ &z_{\rm rec} = 1088, \quad \Delta z_{\rm dec} = 195 \end{aligned} \tag{3.78}$$

와 같다. $\Delta z_{\rm dec}$은 최종 산란면의 두께를 나타낸다.

제4장
빅뱅 원소합성

4.1 경원소 합성의 기초

우주 초기의 경원소합성은 크게 세 단계로 나뉘진다. 1단계에는 우주 초기의 양성자와 중성자수의 비가 약한 상호작용에 의한 화학평형에 영향을 받는다. 2단계에는 양성자와 중성자에서 중양자가 합성된다. 그리고 최종 단계에는 중양자가 합성되어 일련의 원자핵반응이 일어나 헬륨4가 만들어진다. 4.1절에서는 순서대로 각 단계를 설명하겠다.

4.1.1 중성자-양성자 비(n-p비)

우주의 온도가 몇 MeV보다 높을 때는 아래와 같은 약한 상호작용에 의한 중성자(n)→ 양성자(p) 변환 반응과 역반응이 빈번하게 일어나고 양성자와 중성자는 화학적 평형 상태가 된다.

$$n+e^{+} \longleftrightarrow p+\bar{\nu}_{e}, \tag{4.1}$$

$$n+\nu_{e} \longleftrightarrow p+e^{-}, \tag{4.2}$$

$$n \longleftrightarrow p+e^{-}+\bar{\nu}_{e} \tag{4.3}$$

여기서 e^{-}, e^{+}, ν_{e}, $\bar{\nu}_{e}$는 각각 전자, 양전자, 전자 중성미자, 반전자 중성미자를 나타낸다. 위 반응으로 양성자, 중성자, (양)전자, (반)전자 중성미자가 화학평형 상태에 있다면 각 입자의 화학 퍼텐셜을 μ_{p}, μ_{n}, μ_{e}, μ_{ν_e}로

$$\mu_{n}+\mu_{\nu_e}=\mu_{p}+\mu_{e} \tag{4.4}$$

라는 관계가 성립한다.[1] 현재 가정하는 몇 MeV 온도인 경우에 (양)전자와 (반)전자 중성미자는 상대론적 입자로 간주할 수 있으므로 (양)전자와 (반)

1 반입자의 화학 퍼텐셜은 입자의 화학 퍼텐셜과 크기가 같고 부호가 반대인 것에 주의.

전자 중성미자수 밀도를 $n_{e^-}(n_{e^+})$, $n_{\nu_e}(n_{\bar{\nu}_e})$라면 온도 T와 화학 퍼텐셜 사이에

$$n_{e^-}-n_{e^+}=\frac{1}{3}\mu_e T^2 \tag{4.5}$$

$$n_{\nu_e}-n_{\bar{\nu}_e}=\frac{1}{6}\mu_{\nu_e} T^2 \tag{4.6}$$

의 관계가 있다. 뒤의 4.3절에서 설명한 것처럼 우주에서는 $n_b/n_\gamma \sim 10^{-10}$ (n_b : 바리온수 밀도)이며 우주가 중성이라는 점에서 도출되는 관계식 $n_b \simeq n_{e^-}-n_{e^+}$를 이용하면

$$\mu_e \ll T \tag{4.7}$$

이다. 따라서 전자의 화학 퍼텐셜은 작으며 무시해도 된다. 중성미자의 화학 퍼텐셜은 우주의 렙톤수와 관련이 있지만 이것에 대해서는 5장에서 알아보고 여기서는 단순히 중성미자의 화학 퍼텐셜은 매우 작다고 가정해 전자의 화학 퍼텐셜과 같이 무시하기로 한다. 따라서 (식 4.4)는

$$\mu_n=\mu_p \tag{4.8}$$

이다.

한편 양성자와 중성자는 비상대론적 입자이므로 수 밀도 n_p, n_n은 화학 퍼텐셜 μ_p, μ_n과 질량 m_p, m_n을 이용해

$$n_p=2\left(\frac{m_p T}{2\pi}\right)^{3/2}\exp[-(m_p-\mu_p)/T], \tag{4.9}$$

$$n_n=2\left(\frac{m_n T}{2\pi}\right)^{3/2}\exp[-(m_n-\mu_n)/T] \tag{4.10}$$

로 나타낼 수 있다. 이 관계와 (식 4.8)을 이용하여 n-p비(=$n_{\rm n}/n_{\rm p}$)를 계산하면

$$\frac{n_{\rm n}}{n_{\rm p}}=\exp\left(-\frac{\Delta m}{T}\right), \tag{4.11}$$

$$\Delta m=m_{\rm n}-m_{\rm p}=1.293\,[\rm MeV] \tag{4.12}$$

이 된다. 이처럼 우주 초기의 중성자와 양성자의 비는 약한 상호작용에 의한 반응으로 결정된다. (식 4.12)로부터 중성자의 질량이 양성자 질량보다 크기 때문에 평형 상태에서 중성자는 양성자보다 그 수가 적다.

하지만 온도가 내려가면 양성자와 중성자를 변환하는 반응속도가 우주 팽창의 속도보다 느려지고 중성미자의 경우와 마찬가지로 평형 상태에서 벗어나 중성자-양성자 비(n-p비)는 고정된다(엄밀히 말하면 중성자는 약 1,000초의 수명을 갖고, 그 후 양성자로 붕괴하므로 평형 상태에서 벗어난 후에도 중성자수는 차차 감소한다). 그러면 실제로 평형 상태에서 벗어나는 우주의 온도를 구해보자. (식 4.1)-(식 4.3)으로 나타낸 약한 상호작용이 일어나는 반응에서 중성자를 양성자로 변환하는 반응률은

$$\Gamma_{\rm n\to p}=\Gamma_{{\rm n}\nu_e\to{\rm pe}}+\Gamma_{{\rm ne}^+\to{\rm p}\bar{\nu}_e}+\Gamma_{{\rm n}\to{\rm pe}\bar{\nu}_e} \tag{4.13}$$

이며 여기서

$$\Gamma_{{\rm n}\nu_e\to{\rm pe}}=K\int_0^\infty dp\sqrt{(p+\Delta m)^2-m_{\rm e}^2}\,(p+\Delta m)$$
$$\times\frac{p^2}{1+e^{-(p+\Delta m)/T}}f_{\nu_e}(p), \tag{4.14}$$

$$\Gamma_{{\rm ne}^+\to{\rm p}\bar{\nu}_e}=K\int_{\Delta m+m_{\rm e}}^\infty dp\sqrt{(p-\Delta m)^2-m_{\rm e}^2}\,(p-\Delta m)$$

$$\times \frac{p^2}{1+e^{(p-\Delta m)/T}}\{1-f_{\nu_e}(p)\}, \tag{4.15}$$

$$\Gamma_{\mathrm{n}\to\mathrm{pe}\bar{\nu}_e}=K\int_0^{\Delta m-m_e} dp\sqrt{(p-\Delta m)^2-m_{\mathrm{e}}^2}\,(\Delta m-p)$$

$$\times \frac{p^2}{1+e^{(p-\Delta m)/T}}\{1-f_{\nu_e}(p)\} \tag{4.16}$$

이다.

K는 중성자의 수명 τ_n(=885.7초)에서 $\Gamma_{\mathrm{n}\to\mathrm{pe}\bar{\nu}_e}|_{T=0}=\tau_n^{-1}$의 관계를 이용해 구한 상수다. 또한 $f_{\nu_e}(p)$는 중성미자의 분포함수다($f_{\nu_e}(p)=1/[1+e^{p/T}]$, p는 운동량). 양성자를 중성자로 변환하는 반응률은

$$\Gamma_{\mathrm{p}\to\mathrm{n}}=\Gamma_{\mathrm{pe}\to\mathrm{n}\nu_e}+\Gamma_{\mathrm{p}\bar{\nu}_e\to\mathrm{ne}^+}+\Gamma_{\mathrm{pe}\bar{\nu}_e\to\mathrm{n}} \tag{4.17}$$

이며, 여기서

$$\Gamma_{\mathrm{pe}\to\mathrm{n}\nu_e}=K\int_0^{\infty} dp\sqrt{(p+\Delta m)^2-m_{\mathrm{e}}^2}\,(p+\Delta m)$$

$$\times \frac{p^2}{1+e^{(p+\Delta m)/T}}\{1-f_{\nu_e}(p)\}, \tag{4.18}$$

$$\Gamma_{\mathrm{p}\bar{\nu}_e\to\mathrm{ne}^+}=K\int_{\Delta m+m_e}^{\infty} dp\sqrt{(p-\Delta m)^2-m_{\mathrm{e}}^2}\,(p-\Delta m)$$

$$\times \frac{p^2}{1+e^{-(p-\Delta m)/T}}f_{\nu_e}(p), \tag{4.19}$$

$$\Gamma_{\mathrm{pe}\bar{\nu}_e\to\mathrm{n}}=K\int_0^{\Delta m-m_e} dp\sqrt{(p-\Delta m)^2-m_{\mathrm{e}}^2}\,(\Delta m-p)$$

$$\times \frac{p^2}{1+e^{-(p-\Delta m)/T}}f_{\nu_e}(p) \tag{4.20}$$

이다.

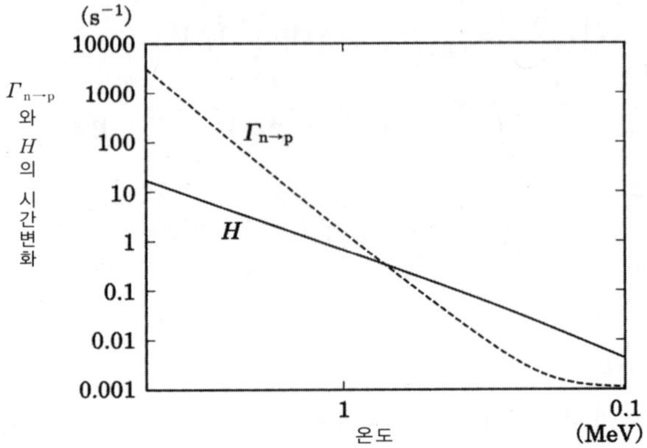

그림 4.1 $\Gamma_{n\to p}$와 H의 시간변화를 온도의 함수로 나타낸 그래프.

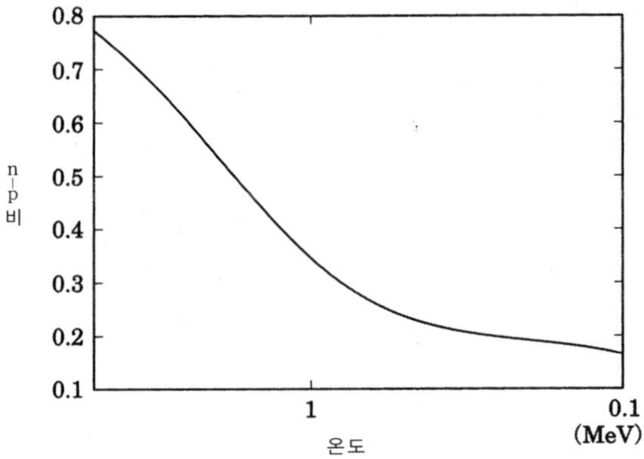

그림 4.2 n−p비의 시간변화를 온도의 함수로 나타낸 그래프.

중성자를 양성자로 바꾸는 반응 속도 $\Gamma_{n\to p}$와 우주팽창 속도 H(허블상수)를 비교해 허블상수가 커지면 중성자를 양성자로 변환하는 반응은 실질적으로 일어나지 않는다. 그림 4.1은 $\Gamma_{n\to p}$와 H의 변화를 그림 4.2는 중성자–양성자(n−p)비의 변화를 각각 온도의 함수로 나타낸 것이다. 우주온도가 약 0.7MeV에서 중성자–양성자(n−p)비는 거의 고정되고 온도가 0.1MeV에서는 중성자–양성자(n−p)비가 약 1/7임을 알 수 있다. 중성자의 거의 대부분이 헬륨4를 합성하는데 사용되므로 최종적인 헬륨의 존재량 Y=(헬륨4의 밀도 $\rho_{^4\mathrm{He}}$)/(바리온 밀도 ρ_B)는

$$Y = \frac{2(n_\mathrm{n}/n_\mathrm{p})}{1+(n_\mathrm{n}/n_\mathrm{p})} \simeq 0.25 \tag{4.21}$$

이다.

4.1.2 중양자 합성

중성자-양성자(n-p)비로부터 최종적으로 합성되는 헬륨4의 존재량은 예상할 수 있지만 실제로 헬륨4가 만들어지기 위해서는 또 다른 한 개의 관문을 거쳐야 한다. 그것이 중양자의 합성이다. 나중에 설명하겠지만 헬륨을 합성하기 위해서는 중양자를 반드시 생성해야 하므로 경원소합성에서 중양자를 충분히 생성하는 것이 중요하다고 할 수 있다.

중양자는

$$\mathrm{n}+\mathrm{p} \longrightarrow \mathrm{D}+\gamma \tag{4.22}$$

라는 반응으로 만들어진다. 중양자의 결합에너지는 2.22MeV로 작기 때문에(표 4.1 참조) 우주배경복사의 광자에너지가 결합에너지보다도 커지면 중양자가 생성되어도 곧 광자에 의해서 붕괴된다.

$$\mathrm{D}+\gamma \longrightarrow \mathrm{n}+\mathrm{p} \tag{4.23}$$

더욱이 우주배경복사의 광자수는 바리온수보다 매우 많기 때문에 ($n_\mathrm{b}/n_\gamma \sim 10^{-10}$) 우주 온도가 중양자의 결합에너지보다 충분히 작아지기까지 (식 4.23)의 광자에 의한 분해(광분해)가 우세하고 중양자는 실제로는 생성되지 않는다.

표 4.1 각 원소의 결합에너지

원자핵	결합에너지(MeV)
중양자(D)	2.22
트리튬(T)	6.92
헬륨3(^{3}He)	7.72
헬륨4(^{4}He)	28.3

중양자가 생성되는 온도는 다음과 같이 생각할 수 있다. 플랑크 분포에서 빈의 법칙(광자의 에너지 ε_γ가 온도 T보다 큼)은 광자 수가 $\exp(-\varepsilon_\gamma/T)$에 비례해 감소하므로 이것이 바리온–광자비의 약 10^{-10}이 되면 중양자를 파괴할 수 있는 광자의 수는, 생성된 중양자보다 적어 중양자가 충분히 만들어진다. 이것이 일어나는 온도 $T_{\rm D}$는

$$T_D \simeq \frac{2.2\text{MeV}}{\ln(10^{10})} \simeq 0.1\text{MeV} \tag{4.24}$$

이다. 따라서 우주의 온도가 약 0.1MeV 이하가 되면 중양자의 존재량이 급격히 많아지고 헬륨을 합성하기 위해 다음 단계로 진행할 수 있다.

4.1.3 헬륨4의 합성

중양자가 충분히 많이 만들어지면 아래와 같이 일련의 원자핵반응이 일어나 헬륨4가 합성된다.

$$\text{D}+\text{D} \longrightarrow {}^3\text{He}+\text{n}, \tag{4.25}$$

$${}^3\text{He}+\text{n} \longrightarrow \text{T}+\text{p}, \tag{4.26}$$

$$\text{T}+\text{D} \longrightarrow {}^4\text{He}+\text{n}. \tag{4.27}$$

앞에서 기술한 것처럼 온도가 약 1MeV인 우주 초기에 있던 중성자는

대부분 헬륨4 원자핵으로 변환되고 헬륨4를 합성하는 과정에서 중간 생성물질인 중양자(D), 트리튬(T), 헬륨3(^{3}He)이 미량이지만 남는다. 단, 트리튬은 반감기 약 12년에 베타붕괴해 헬륨3으로 바뀐다.

$$\mathrm{T} \longrightarrow {}^3\mathrm{He}+\mathrm{e}^- + \bar{\nu}_\mathrm{e}. \tag{4.28}$$

우주 초기의 경원소합성에서는 헬륨4보다 무거운 원소는 거의 만들어지지 않는다. 그 첫 번째 이유는 자연계에 질량수가 5 또는 6인 안정된 원자핵은 없기 때문에 중성자나 헬륨4가 헬륨4에 결합하는 것과 같은 무거운 원소합성은 일어나지 않는다. 또 다른 이유는 헬륨4 합성이 일어나는 온도가 비교적 낮고 쿨롱 반발력 때문에 양의 전하를 가진 원자핵끼리는 반응이 일어나기 어렵기 때문이다. 또한 밀도가 낮아서 별의 내부에서 일어나는 듯한 헬륨4 세 개의 원자핵으로부터 탄소(C)를 만드는 반응도 일어나지 않는다.

하지만 리튬7은 다음과 같은 반응으로 극히 미량이긴 하지만 만들어진다.

$$ {}^4\mathrm{He}+\mathrm{T} \longrightarrow {}^7\mathrm{Li}+\gamma, \tag{4.29}$$

$$\begin{aligned} {}^4\mathrm{He}+{}^3\mathrm{He} &\longrightarrow {}^7\mathrm{Be}+\gamma \\ &\searrow\ {}^7\mathrm{Be}+\mathrm{e}^- \longrightarrow {}^7\mathrm{Li}+\nu_\mathrm{e}. \end{aligned} \tag{4.30}$$

그림 4.3은 우주에서 각 원소들이 존재비가 시간 변화하며 존재비가 달라지는 것을 보여준다. 중양자의 존재비가 약 0.1MeV의 온도에서 급격히 커지면서 헬륨4가 만들어지는 것을 알 수 있다. 최종적인 경원소의 존재량은 우주의 바리온 밀도로 결정된다. 바리온 밀도는 우주팽창과 더불어 변화하는 양이며 경원소 합성이론에서는 우주가 팽창해도 변화하지 않는 바리온 밀도와 광자수 밀도의 비 $\eta_\mathrm{b}(=n_\mathrm{b}/n_\gamma)$를 바리온 밀도의 크기를

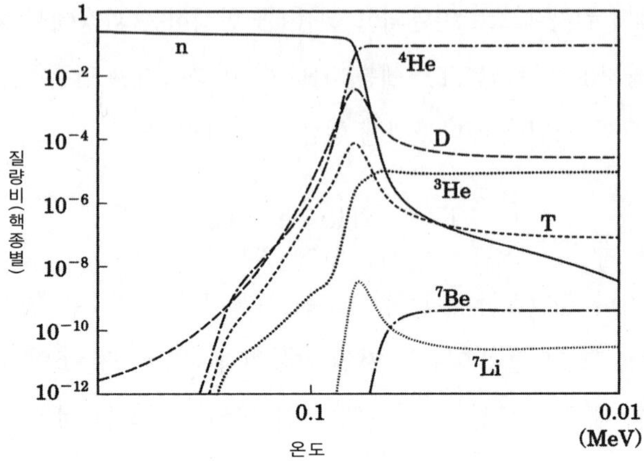

그림 4.3 경원소 존재량의 시간변화. 존재비는 양성자수 밀도와 비로 계산했다. 우주의 시각은 온도의 제곱에 반비례해 증가한다. 온도 0.1MeV는 약 100초의 시각을 나타낸다.

표현하는 매개변수로 둔다. 원소합성에서 생성된 경원소들(^{4}He, D, ^{3}He, ^{7}Li)의 존재비를 η_B의 함수로 나타내면 뒤의 그림 4.9와 같다.

4.2 경원소의 관측

3장에서 기술한 우주 초기의 경원소 합성이론은 현재 우주에 존재하는 헬륨4, 중수소, 리튬7의 존재비를 아주 잘 설명하고 표준 빅뱅모델을 지지하는 큰 축이 됐다. 여기서는 현재의 우주에 존재하는 경원소의 관측으로부터 우주 초기에 만들어진 경원소의 존재비를 추정하는 방법에 대해 설명하겠다.

4.2.1 헬륨4

헬륨4는 수소 다음으로 우주에 많이 존재하는 원소이다. 많이 알려진 것처럼 헬륨4는 별의 중심에서 수소의 핵융합반응으로도 만들어진다. 따라서

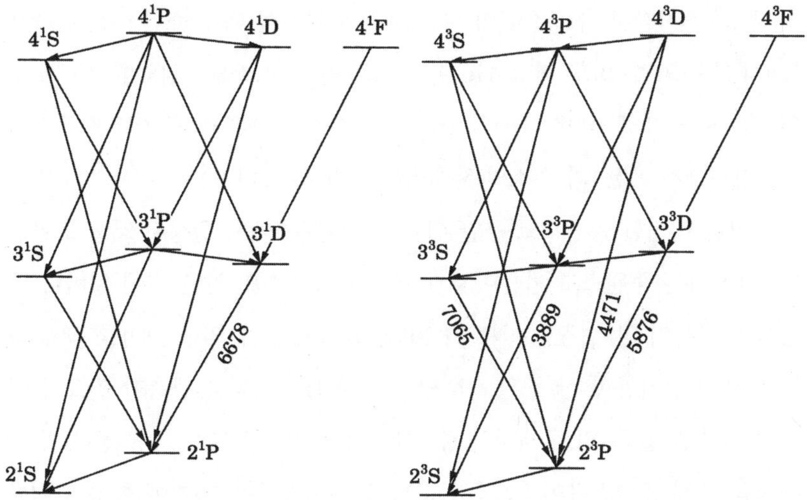

그림 4.4 He I의 에너지준위. 숫자는 관측에 사용되는 결합선의 파장을 나타냄.

현재 우주에 존재하는 헬륨4는 우주 초기와 별 내부에서 합성된 것이 섞여 있다고 추정된다.

우선 현재 헬륨4의 존재비(수소 밀도의 비)를 구하려면 은하 바깥에 있는 H II 영역으로부터 재결합선을 이용한다. H II 영역에서는 중심에 있는 고질량성(O형별, B형별)의 자외선에 의해 수소가 전리되어 있다. 그때 헬륨4도 전리되고 He II(두 개의 전자 중 한 개가 전리된 상태)로 되어 있다. 이 영역에는 수소와 헬륨4는 별빛에 의한 이온화와 재결합이 빈번하게 일어난다.

$$H+\gamma \longleftrightarrow H^{+}+e^{-}, \tag{4.31}$$

$$He+\gamma \longleftrightarrow He^{+}+e^{-}. \tag{4.32}$$

그림 4.4는 He I의 에너지 준위를 나타낸 것으로 헬륨4의 존재비를 구하기 위해 주로 사용되는 것은 파장이 3889Å, 4471Å, 5876Å, 6678Å, 7065Å의 재결합선이다. 한편 수소 존재량은 발머계열($n=2$의 에너지준위

로 전자가 떨어질 때 나오는 빛)이 사용된다. 재결합할 때 방출된 선을 관측해 H II와 He II의 수 밀도 비 $n(\mathrm{He}^+)/n(\mathrm{H}^+)$를 구하고 H II 영역에서는 수소와 헬륨4가 거의 100% H II와 He II의 상태로 존재하므로 이것으로부터 H II 영역에서 헬륨4와 수소의 존재비를 구할 수 있다.

그러나 이러한 방법으로 구한 헬륨4의 양은 별에서 생성된 것도 포함된다. 별에서는 중원소도 만들어지기 때문에 중원소의 양은 별에 얼마나 영향을 받았는지 알 수 있는 척도가 된다. 따라서 별에 의한 기여를 작게 하기 위해서는 가능한 한 중원소의 양이 적은 H II 영역을 관측할 필요가 있는데 관측된 헬륨4의 존재비와 중원소(실제로 산소나 질소를 사용한다)의 상관성을 통해 중원소량이 0인 극한값으로 계산해 우주 초기에 합성된 헬륨4의 존재비를 구한다.

비교적 중원소량이 적은 은하계 외부의 H II 영역을 다수 관측해 헬륨4의 존재비를 구하고 산소(O) 또는 질소(N)의 존재비를 이용해 그림 4.5로 나타냈다. 별에서 만들어진 헬륨4는 중원소량에 비례하므로 헬륨4의 존재비 $Y=\rho_{4\mathrm{He}}/\rho$가 산소(질소)의 존재비 O/H(N/H)에 대한 1차함수라고 가정해 그리면 O/H=0(N/H=0)인 점이 우주 초기에 만들어진 헬륨4의 존재비 Y_p라고 볼 수 있다.

$$Y=Y_\mathrm{p}+a(\mathrm{O/H})\ \text{또는}\ Y_\mathrm{p}+b(\mathrm{N/H}). \tag{4.33}$$

예를 들어 그림 4.5로부터 $a\simeq20$, $b\simeq400$라고 정하고 $Y_\mathrm{p}\simeq0.245$로 구할 수 있다. 정확하게는 이 관측 자료로부터 이조토프Y.I. Izotov와 튜안T.X. Thuan은 우주 초기 헬륨4의 존재비를

$$Y_\mathrm{p}=0.242\pm0.002 \tag{4.34}$$

라고 계산했다. 한편, 필즈B.D. Fields와 올리브K.A. Olive는 이것과 독립적

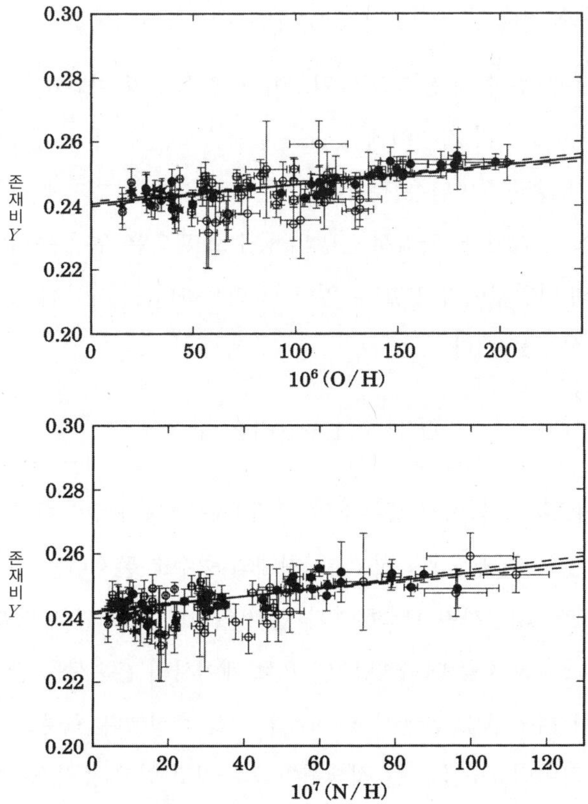

그림 4.5 헬륨4의 관측값(Izotov & Thuan 2004, *ApJ*, 602, 200).

으로

$$Y_{\mathrm{p}}=0.238\pm0.002\pm0.005 \tag{4.35}$$

라는 값을 구했다. 여기서 최초의 오차는 통계오차이며 뒤의 오차는 계통오차이다. 이조토프-튜안의 관측값 오차는 작지만 과소평가됐을 가능성도 있어서 안전을 위해 필즈-올리브처럼 계통오차를 생각하는 쪽이 좋다는 지적도 있다.

4.2.2 중수소

중수소(D)는 아주 쉽게 붕괴되는 원소이며 우주 초기 이외에는 생성된 적이 없기 때문에 우리 가까이에서 관측된 중수소는 은하의 화학진화에 의해 붕괴되지 않고 살아남은 것이며 그 존재량은 우주 초기에 합성된 양보다 줄었다고 생각된다. 따라서 근방의 중수소 관측은 우주 초기에 만들어진 중수소의 하한값이라고 할 수 있다. 우리은하의 별 사이에 있는 중수소 존재비는 (식 4.36)이다.

$$\mathrm{D/H} = (1.5 \pm 0.1) \times 10^{-5} \tag{4.36}$$

원소합성으로 만들어진 중수소의 존재비를 추정하려면 화학진화의 영향을 받지 않은 천체를 관측하고 그 천체의 중수소 존재비를 측정하면 되겠지만 비교적 최근까지 관측하기가 쉽지 않았다. 하지만 1990년대 켁망원경Keck Telescope처럼 대구경망원경으로 퀘이사의 흡수선을 관측해 라이먼 α구름(원시수소구름) 안에서 중수소를 직접 측정했다. 중수소의 관측대상이 되는 라이먼 α구름은 큰 적색편이를 가지고 있고 중원소량이 태양계에 비해 매우 작으므로 그 중수소의 존재비는 우주 초기의 값과 같다고 생각할 수 있다. 퀘이사의 빛이 라이먼 α구름을 통과할 때 수소의 에너지준위

$$E_n = -\frac{m_e e^4}{2\hbar^2(1+m_e/m_p)}\frac{1}{n^2} = -13.6\mathrm{eV}\frac{1}{n^2} \tag{4.37}$$

(n : 주양자수)로 $E_n - E_1$과 동등한 에너지의 빛이 수소원자로 흡수된다. $n=2, 3, 4, 5, \ldots$에 대응하는 흡수선을 각각 라이먼 α, 라이먼 β, 라이먼 γ, 라이먼 δ, ...라고 한다. 중수소의 경우 에너지준위는 수소원자 준위식

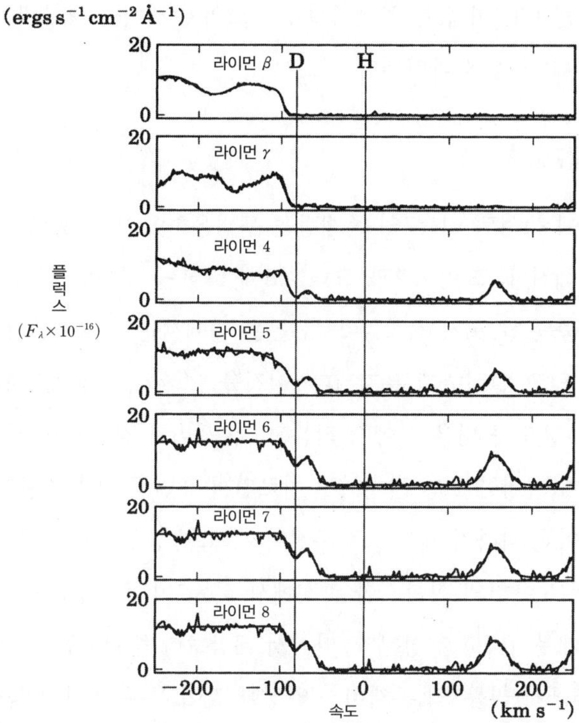

그림 4.6 퀘이사 Q1243+3047의 흡수선 스펙트럼. 가로축은 각 라이먼계열 흡수선의 중심 파장을 속도 0으로 나타내고 (파장의 어긋남)/(중심파장)×(광속)으로 정의한 속도로 나타냈다(Kirkman *et al.*, 2003, *ApJ. Suppl.*, 149,1).

(식 4.37)에서 m_e/m_p를 m_e/m_D(m_D : 중양자의 질량)로 바꾸면 된다. 따라서 중수소 흡수선의 에너지는 수소보다 약 0.03% 높다. 그림 4.6은 실제 퀘이사의 라이먼 흡수선 스펙트럼을 나타낸 것으로 중수소의 흡수선이 수소 흡수선보다 단파장으로 보인다.

타이틀러D. Tytler 연구진이 다섯 개의 퀘이사에 대해 자세히 연구한 것을 살펴보면 우주 초기에 만들어진 중수소의 존재비는

$$D/H = (2.78^{+0.44}_{-0.38}) \times 10^{-5} \tag{4.38}$$

이라고 추정된다. 이 값은 성간에서 중수소의 존재비를 나타내는 (식 4.36)에 비교해 더 큰 값을 나타낸다.

4.2.3 리튬7

우주 초기에 생성된 리튬7의 존재량은 우리은하에 있는 종족2인 별[2]의 관측으로 구해진다. 그림 4.7과 그림 4.8에 나타난 것처럼 관측된 리튬7의 존재비는 중원소(Fe)가 적고 온도가 높은 별에서는 중원소량과 온도에 영향을 받지 않고 일정하게 유지된다. 이것을 '스파이트 플래토Spite Plateau'라고 한다. 온도가 낮은 별에서 리튬7의 존재비가 감소하는 것은 별 내부에서 대류가 일어나 표면 근처까지 이르면서 표면 근처의 리튬7이 별 내부로 운반되어 붕괴하기 때문으로 추정된다. 또한 중원소가 많은 별에 리튬7이 많은 것은 은하의 화학진화 과정에서 리튬7이 우주선으로 상호작용해 생성되기 때문이라고 추정된다. 따라서 태양보다 중원소(Fe)가 약 1/30 이상 적은 별에서 리튬7의 존재비가 일정한 것이 우주 초기에 생성된 리튬7의 존재비와 같다고 할 수 있다.

이러한 관측에서 보니파치오P.Bonifacio 연구진은 리튬7의 존재비를

$$^{7}\mathrm{Li/H} = (2.19 \pm 0.28) \times 10^{-10} \tag{4.39}$$

라고 추정했고 라이안S.G. Ryan 연구진은

$$^{7}\mathrm{Li/H} = (1.23 \pm 0.06) \times 10^{-10} \tag{4.40}$$

이라는 값을 얻었다. 두 연구진이 구한 값이 차이가 있는 것처럼 리튬7의 관측값은 계통적 오차가 클 수 있다. 계통오차가 커진 원인은 우주선이 리

2 종족2의 별은 태양과 같은 종족1의 별보다 나이가 많다.

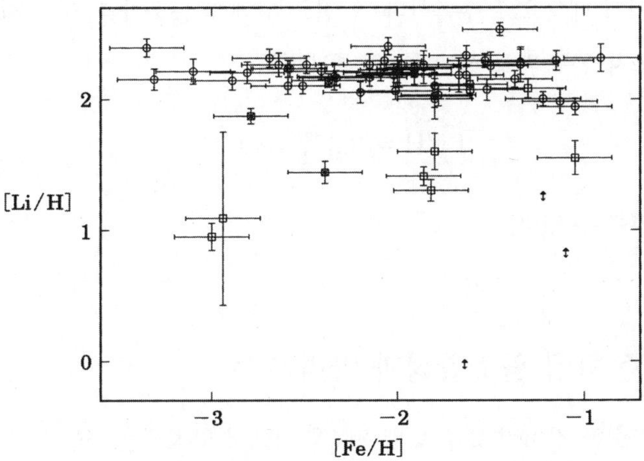

그림 4.7 리튬7의 존재비 관측값을 별의 중원소량의 함수로 나타냄. 원 모양은 온도가 5,770℃ 이상인 별, 사각형은 5,770℃ 이하인 별이다. [Li/H]=log(Li/H)+12. [Fe/H]도 모양이 같음(Bonifacio & Molaro 1997, *MNRAS*, 285, 847).

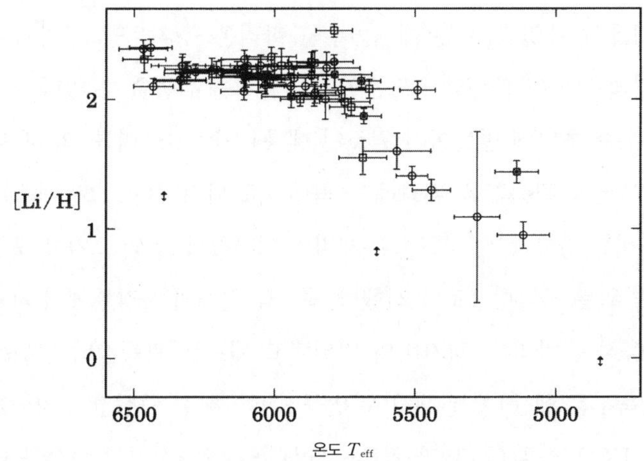

그림 4.8 리튬7의 존재비 관측값을 별과 온도의 함수로 나타냄(Bonifacio & Molaro 1997, *MNRAS*, 285, 847).

튬7을 2차적으로 생성했고 또 별의 바깥층과 내부가 혼합해 리튬7의 일부가 붕괴되기 때문으로 추측한다. 안전을 위해 계통오차를 크게 책정하는 경우는 오차를 두 배로 해 리튬7의 존재비는

$$^{7}\mathrm{Li/H} = (2.2^{+2.2}_{-1.1}) \times 10^{-10} \tag{4.41}$$

라고 추정할 수 있다.

4.3 표준 빅뱅 원소합성과 바리온수

앞에서 기술한 것처럼 표준 빅뱅 원소합성에서 합성되는 경원소의 존재비는 우주의 바리온수 밀도와 광자수 밀도의 비(η_b)로만 결정된다. 여기서 표준 빅뱅 원소합성이라고 부르는 것은 표준 우주모델의 기본적인 틀 안에서 중성미자가 세 종류이며 화학 퍼텐셜을 무시할 수 있다고 가정한 경우의 원소합성을 가리킨다. 따라서 각 경원소의 관측값과 이론값을 비교해 원소합성에서 유일한 자유 매개변수인 바리온-광자비를 구하거나 또는 원소합성의 이론이 관측값과 모순인지 아닌지를 검증할 수 있다.

현재 우주 초기에 만들어진 원소인 헬륨4, 중수소, 리튬7의 세 원소 존재비는 이론과 관측값을 비교해 그림 4.9로 나타냈다. 그림에서는 바리온-광자비를 가로축에, 경원소 존재비의 이론값과 2σ의 오차를 포함한 관측값의 범위는 사각형으로 표시했다. 즉, 각 원소의 사각형에서 가로는 거기에 대응하는 바리온-광자비의 범위이고 세로는 관측값의 범위를 나타낸다. 관측값은 헬륨4에 관해서 두 연구진이 계산한 중심값이 차이가 크기 때문에 이조토프-튜안(IT)과 필즈-올리브(FO)의 두 가지 경우를 다 고려하면

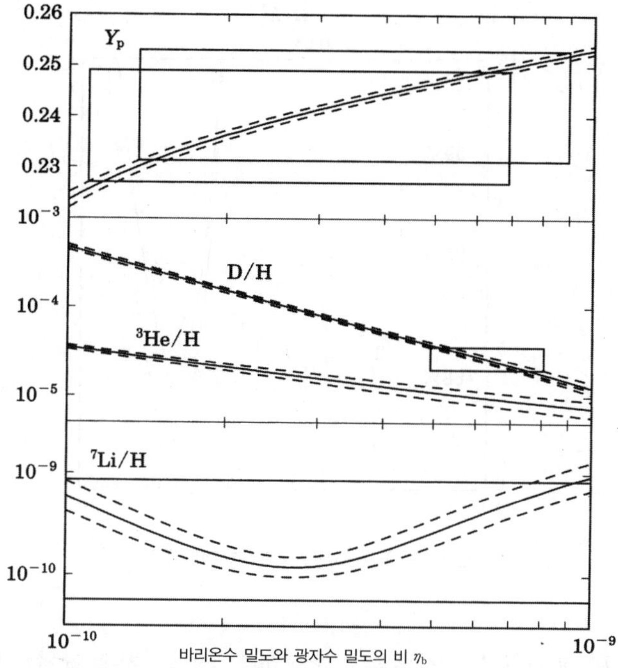

그림 4.9 경원소(^{4}He, D, ^{3}He, ^{7}Li) 존재비의 이론값과 관측값 비교. 실선은 이론값, 점선은 이론값의 오차를 나타낸다. 각 원소의 사각형에서 가로는 거기에 대응한 바리온-광자비의 범위를, 세로는 관측값의 범위를 나타낸다.

$$Y_p = 0.242 \pm 0.002 \pm 0.005 \quad (\mathrm{IT}), \tag{4.42}$$

$$Y_p = 0.238 \pm 0.002 \pm 0.005 \quad (\mathrm{FO}) \tag{4.43}$$

이고 중원소와 리튬7에 관해서는

$$\mathrm{D/H} = (2.78^{+0.44}_{-0.38}) \times 10^{-5}, \tag{4.44}$$

$$^7\mathrm{Li/H} = (2.2^{+2.2}_{-1.1}) \times 10^{-10} \tag{4.45}$$

를 이용했다. 그림을 보면 바리온-광자비가 $\eta_B \sim 5 \times 10^{-10}$에서 관측값과 이론값이 거의 일치하는 것을 알 수 있다. 또한 우주의 바리온수를 결정할

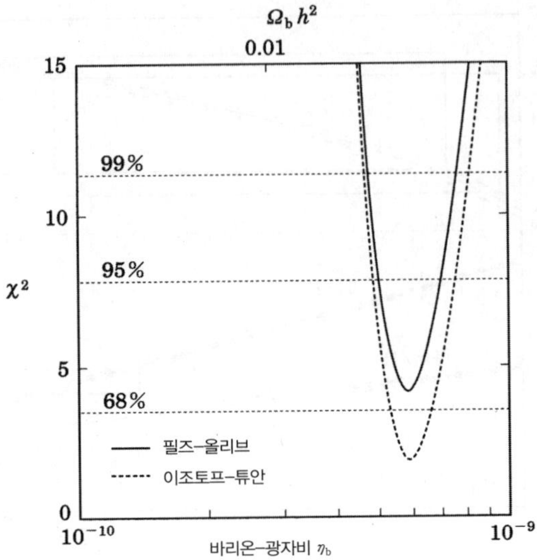

그림 4.10 표준 빅뱅 원소합성에 대한 χ^2검정.

때 원소 세 개 중에 중수소가 중요한 역할을 한다는 것을 알 수 있다. 그것은 이론곡선으로부터 알 수 있는 것처럼 중수소의 존재비가 바리온–광자비에 민감하고 또한 관측을 통해 그 존재비를 아주 정밀하게 추정할 수 있기 때문이다.

원소합성으로 우주의 바리온 밀도를 정확하게 구하기 위해서 χ^2검정을 하면 된다. 그림 4.10은 그 결과이다. 그리고 바리온–광자비는 이조토프–튜안IT, 필즈–올리브FO의 값을 각각 이용하면,

$$\eta_b = (5.90^{+1.63}_{-1.02}) \times 10^{-10} \quad (\mathrm{IT}), \tag{4.46}$$

$$\eta_b = (5.85^{+1.15}_{-0.85}) \times 10^{-10} \quad (\mathrm{FO}) \tag{4.47}$$

이다.

4.4 빅뱅 원소합성과 렙톤수

표준 빅뱅 원소합성에서는 중성미자의 화학 퍼텐셜은 0이다. 즉 중성미자와 반중성미자는 같은 수만큼 있다고 가정한다. 중성미자와 반중성미자의 수가 달라지면 우리우주는 렙톤수를 갖는다.[3] 중성미자의 화학 퍼텐셜이 0이라고 가정하는 한 가지 이유는 4.3절에서 밝힌 것처럼 우주의 바리온수 밀도는 광자에 비해서 10^{-10} 정도 적으므로 렙톤수 밀도도 거의 비슷할 것이라고 생각하기 때문이다. 실제로 온도가 약 100GeV 이상인 우주 초기에는 바리온수를 렙톤수로 바꾸는 스팔레론sphaleron 과정이 있고 그 과정에서 우주의 바리온수와 렙톤수가 같아진다. 하지만 다른 가능성도 있어서 우주에 있는 렙톤수의 크기는 아직 모른다. 여기서는 우주가 큰 렙톤수 밀도를 가지고 즉 중성미자의 화학 퍼텐셜이 0이 아니며 그것이 빅뱅 원소합성에 어떠한 영향을 주는지에 대해 살펴보자.

그러면 중성미자의 세 가지 화학 퍼텐셜을 μ_{ν_e}, μ_{ν_μ}, μ_{ν_τ}라고 하자. 화학 퍼텐셜을 온도로 나눈 양을 $\xi_\ell(\ell=\mathrm{e},\ \mu,\ \tau)$라고 정의한다. 그러면 중성미자와 반중성미자의 수 밀도는

$$n_{\nu_\ell}=\frac{T^3}{2\pi^2}\int\frac{x^2}{1+\exp(x-\xi_\ell)}dx, \tag{4.48}$$

$$n_{\bar{\nu}_\ell}=\frac{T^3}{2\pi^2}\int\frac{x^2}{1+\exp(x+\xi_\ell)}dx \tag{4.49}$$

이다. 여기서 $\bar{\nu}_\ell(\ell=\mathrm{e},\ \mu,\ \tau)$는 반중성미자를 나타낸다. 이때 렙톤수 밀도는 $\sum_\ell(n_{\nu_\ell}-n_{\bar{\nu}_\ell})$이 된다. 그리고 중성미자와와 반중성미자를 합한 중성미

3 중성미자는 렙톤수 +1, 반중성미자는 렙톤수 −1을 갖고 있기 때문이다.

자의 에너지 밀도는

$$\rho_{\nu_\ell}=\frac{T^4}{2\pi^2}\int\left[\frac{x^3}{1+\exp(x-\xi_\ell)}+\frac{x^3}{1+\exp(x+\xi_\ell)}\right]dx$$

$$=\frac{7}{8}\left(\frac{2\pi^2}{30}\right)T^4\left[1+\frac{30}{7}\left(\frac{\xi_\ell}{\pi}\right)^2+\frac{15}{7}\left(\frac{\xi_\ell}{\pi}\right)^4\right] \qquad (4.50)$$

라고 계산할 수 있다. 여기서 주의해야 할 점은 중성미자의 화학 퍼텐셜이 유한한 값을 가지면 화학 퍼텐셜이 0일 때보다 에너지 밀도가 커진다는 것이다.

중성미자의 렙톤수가 큰 경우 그것이 원소합성에 미치는 영향은 두 가지이다. 하나는 중성미자의 에너지 밀도가 높아짐으로 우주팽창 속도가 증가되어 결과적으로 중성자-양성자(n-p)비를 증가시키고 또 하나는 전자중성미자의 화학 퍼텐셜이 중성자-양성자(n-p)반응의 화학평형을 변화시킨다.

4.1절에서 언급한 것처럼 우주의 온도가 몇 MeV 이상에서는 중성자와 양성자가 약한 상호작용으로 화학평형 상태이다.

$$\mathrm{p}+\mathrm{e}^- \longleftrightarrow n+\nu_\mathrm{e}. \qquad (4.51)$$

이 반응은 온도가 약 1MeV이면 약한 상호작용 반응률이 우주의 팽창률보다 작아지고 실질적으로 반응이 일어나지 않고 중성자-양성자(n-p)비가 고정된다. 이때 같은 온도에서 비교해 중성미자의 밀도가 증가하면 우주팽창률도 증가하고 표준보다도 빠른 시기(온도가 높은 시기)에 반응(식 4.51)이 더 이상 일어나지 않는다. 중성자-양성자 반응이 일어나지 않는 온도를 T_f라고 하면, 중성자-양성자(n-p비)는

$$\frac{n_n}{n_p}=\exp\left(-\frac{\Delta m}{T_f}\right) \tag{4.52}$$

($\Delta m = m_n - m_p = 1.293\text{MeV}$)로 나타내므로 중성미자가 화학 퍼텐셜을 가지므로 T_f가 증가하면 중성자–양성자(n–p)비도 증가하고 그 결과 합성되는 헬륨4도 증가한다. 이 효과는 우주 밀도가 증가함으로 중성미자의 종류에 상관없이 화학 퍼텐셜 크기로만 결정된다.

한편 전자 중성미자가 화학 퍼텐셜을 갖는 경우에는 더욱 직접적으로 중성자–양성자(n–p)반응 (식 4.51)에 영향을 준다. 이 경우 화학평형의 조건은

$$\mu_{\nu_e} + \mu_n = \mu_p \tag{4.53}$$

이다. μ_n과 μ_p는 중성자와 양성자의 화학 퍼텐셜이다. 그리고 화학평형이 성립할 때 중성자–양성자(n–p)비는

$$\frac{n_n}{n_p}=\exp\left(-\frac{\Delta m}{T_f}-\xi_e\right) \tag{4.54}$$

이다. 따라서 전자 중성미자의 화학 퍼텐셜이 양의 값이면 즉 전자 중성미자가 반전자 중성미자보다 많으면 중성자–양성자(n–p)비가 작아지고 합성되는 헬륨4의 존재비가 작아진다.

전자 중성미자의 화학 퍼텐셜이 적접적으로 중성자–양성자(n–p)비를 바꾸는 효과는 우주팽창률을 높이는 효과보다 매우 크고, ξ_μ, $\xi_\tau \gg \xi_e$라는 극단적 상황을 제외하면 전자 중성미자의 화학 퍼텐셜만 고려해 원소합성에 주는 영향을 조사할 수 있다. 그림 4.11은 $\xi_e = 0$, ± 0.1인 경우의 경원소(헬륨4, 중수소, 리튬7) 존재비를 바리온–광자비의 함수로 나타낸 것으로

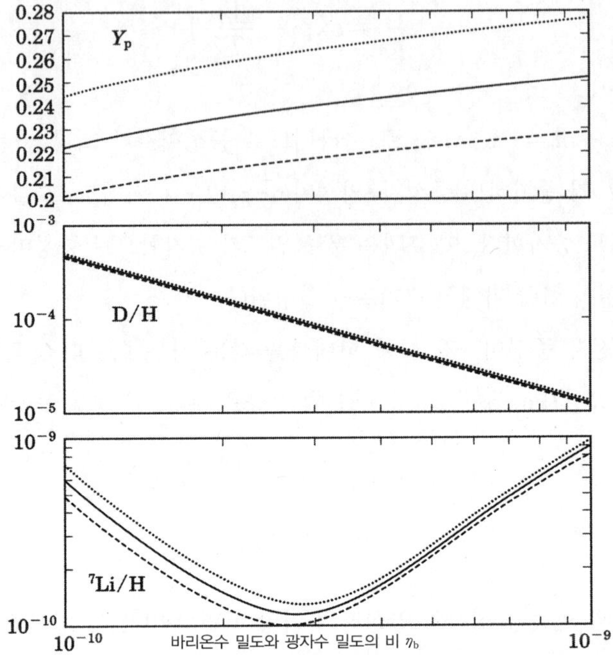

그림 4.11 빅뱅 원소합성에 대한 전자 중성미자의 화학 퍼텐셜의 영향. $\xi_e=0.1$(굵은 점선), 0(실선), -0.1(가는 점선).

헬륨4의 존재비가 화학 퍼텐셜에 크게 영향을 받는 것을 알 수 있다. 헬륨4의 존재비 Y_p와 ξ_e의 사이에는

$$\frac{Y_p}{1+e^{\triangle m/T_f}(1+\xi_e)} \simeq \frac{2}{1+e^{\triangle m/T_f+\xi_e}} \quad (T_f \simeq 0.7\text{MeV}) \tag{4.55}$$

라는 관계가 성립한다. 우주의 바리온-광자비(η_B)와 전자 중성미자의 화학 퍼텐셜(ξ_e), 두 가지 매개변수로 관측값과 비교해 허용되는 범위를 나타낸 것이 그림 4.12이다. 그리고

$$-0.01 < \xi_e < 0.10 \tag{4.56}$$

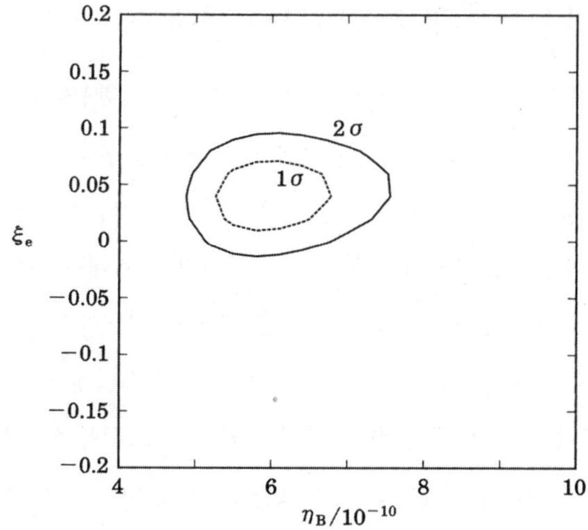

그림 4.12 빅뱅 원소합성으로부터의 바리온–광자비와 전자 중성미자의 화학 퍼텐셜에 대한 제한.

이다. 우주의 렙톤–광자비는 대체로 ξ_e로 주어지기 때문에 광자수에 대해 $O(10)\%$의 렙톤수가 허용되는 것을 알 수 있다.

지금까지 전자 중성미자가 화학 퍼텐셜을 갖는다고 생각했는데 ξ_μ, $\zeta_\tau \gg \zeta_e$의 경우에는 뮤(μ) 중성미자(또는 타우(τ) 중성미자)의 화학 퍼텐셜에 의해 우주팽창이 빨라져 헬륨4의 존재비가 증가한다는 효과가 중요해진다. 헬륨4의 관측값의 상한값으로부터 ξ_μ, ξ_τ에 대해

$$|\xi_\mu|,\ |\xi_\tau| < 40 \tag{4.57}$$

라는 제한을 얻는다. 단, 중성미자의 종류에 따라 화학 퍼텐셜이 크게 달라지는 것은 부자연스럽고 또한 비록 우주 초기에 화학 퍼텐셜이 종류별로 달라도 중성미자 진동에 따라 원소합성하기 전에 각 중성미자의 화학 퍼텐셜이 평균값을 갖기 때문에 일반적인 경우에 (식 4.56)의 제한은 모든 종류의 중성미자에 적용될 수 있다.

4.5 빅뱅 원소합성과 중성미자의 세대수

4.4절에서도 설명한 것처럼 원소합성에서 만들어진 헬륨4의 존재비는 중성자-양성자(n-p)비가 고정되는 시기, 즉 우주탄생 후 1초였을 때 우주팽창 속도에 의해 변화한다. 여기서 우주 밀도를 담당하는 입자에 대한 정보를 얻을 수 있다. 이렇게 원소합성에서 중성미자의 세대수(중성미자의 종류)라는 유용한 정보를 얻을 수 있다. 실제로 가속기 실험에서 일반적인 중성미자의 세대수가 세 개인 것을 알기 전에 빅뱅 원소합성으로 중성미자의 세대수가 4보다 작다고 예상했다. 현재는 약한 상호작용을 하는 일반적인 중성미자의 종류가 세 개일 것을 알고 있으므로 원소합성에서 중성미자 세대수의 제한을 구하는 것은 주로 일반적인 중성미자 외에 상대론적 입자가 존재하거나 중성미자가 열평형 분포를 하지 않는 경우를 조사하는데 의미가 있다. 따라서 유효 중성미자 세대수 N_ν를

$$N_\nu = \frac{\sum_{e,\mu,\tau} \rho_{\nu_i} + \rho_{ns}}{\rho_{\nu,std}} \tag{4.58}$$

라고 정의할 수 있다. 여기서 ρ_ν는 중성미자의 에너지 밀도를 나타내고 $\rho_{\nu,std}$는 한 종류의 중성미자가 열평형 상태에 있는 경우의 밀도이다. ρ_{ns}는 중성미자 이외에 표준적인 입자의 기여를 나타낸다. 따라서 N_ν의 표준값[4]은 3이다.

유효 중성미자 세대수 N_ν이 증가하면 같은 온도에서 본 우주 밀도가 증가하고 우주팽창률도 증가한다. 그렇기 때문에 중성자-양성자(n-p)비를 결정하는, 중성자-양성자 사이에 약한 상호작용을 멈추게 하는 온도가 높

4 일반적인 경우 N_ν은 3이다.

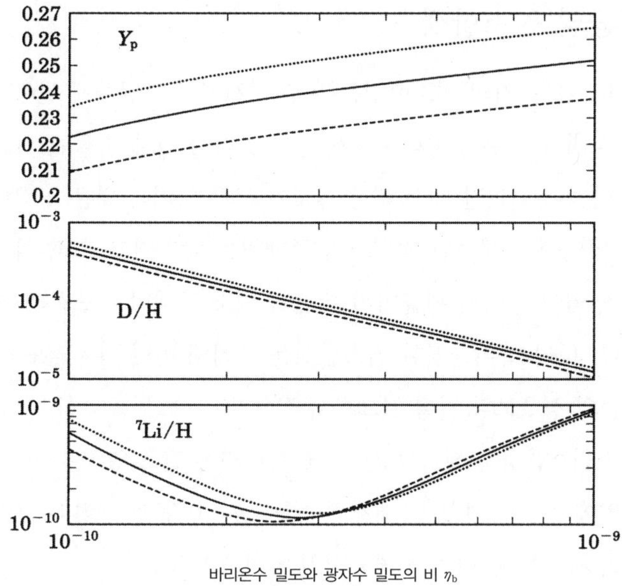

그림 4.13 빅뱅 원소합성에 대한 유효 중성미자 세대수의 영향. 가는 점선, 실선, 굵은 점선은 각각 $N_\nu=4$, 3, 2인 경우를 나타냄.

아지고 중성자–양성자(n−p)비도 증가해 결과적으로 헬륨4의 존재비가 커진다.

$$N_\nu \nearrow \Rightarrow \rho \nearrow \Rightarrow \mathrm{n/p} \nearrow \Rightarrow Y_\mathrm{p} \nearrow. \tag{4.59}$$

그림 4.13은 $N_\nu=2$, 3, 4인 경우에 경원소의 존재비를 나타낸 것으로 헬륨4의 존재비가 N_ν에 민감한 것을 알 수 있다. 관측의 제한을 나타내는 (식 4.42)와 (식 4.43)을 이용하면 N_ν의 허용 범위로

$$1.7 < N_\nu < 3.5 \tag{4.60}$$

을 얻는다.

4.6 비균일 원소합성

지금까지 우주 초기의 원소합성은 우주 전체에서 균일하게 일어난다고 가정했다. 하지만 우주의 바리온수가 장소에 따라 크게 흔들릴 가능성이 있다. 원소합성이 일어날 때 바리온 밀도가 높은 영역과 낮은 영역이 존재한다면 각 영역에서 생성된 경원소의 존재비는 달라지고 그 후의 우주진화에서 각 영역이 섞여서 평균화된 뒤에 경원소 존재비는 표준의 경우와 다를 것이다. 따라서 비균일한 원소합성을 고려해 바리온수 밀도의 허용 범위가 표준의 경우보다 커질 것으로 추정한다.

비균일 원소합성을 생각할 경우, 높은 바리온 밀도 영역에서는 Ω_h, 낮은 밀도 영역에서는 Ω_l의 밀도 매개변수를 가지고 각각의 영역이 f_v, $(1-f_v)$의 부피를 차지한다. 따라서 평균적인 바리온 밀도는

$$\Omega_{\rm b}=f_v\Omega_h+(1-f_v)\Omega_l \tag{4.61}$$

이다. 또한 두 영역의 밀도비 R을

$$R=\frac{\Omega_h}{\Omega_l} \tag{4.62}$$

라고 한다.

두 영역에서 우주의 온도가 1MeV가 되면 우주팽창률이 양성자와 중성자 사이에 약한 상호작용의 반응률을 넘어 중성자-양성자(n-p)반응이 일어나지 않아 중성자-양성자(n-p)비가 고정된다. 그 후 양성자와 광자는 전자 상호작용으로 거의 확산되지 않으나 중성자는 배경의 입자와 상호작용이 약해서 밀도가 높은 영역에서 낮은 영역으로 확산된다. 그러므로 바리온 밀도가 낮은 영역에서는 중성자의 비율이 높아지고 반대로 바리온

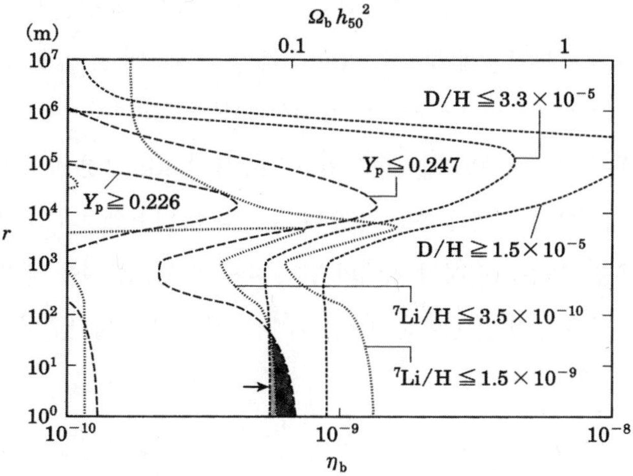

그림 4.14 비균일 빅뱅 원소합성에서의 경원소 존재비($R \sim 10^6$, $f_\nu^{1/3} \sim 0.5$). 회색 영역은 헬륨4와 중수소의 관측을 만족하는 영역으로 그 안에 연한 회색영역(화살표)은 헬륨4, 중수소, 리튬7의 제한을 만족하는 영역이다(Orito *et al.*, 1997, *ApJ*, 488, 515).

밀도가 높은 영역에서는 양성자의 비율이 높아진다.

그 결과 높은 바리온 밀도 영역에서 헬륨4의 생성량은 단순히 표준 원소합성에서 바리온 밀도를 높인 경우보다 억제된다. 그러나 영역의 크기가 그다지 크지 않을 때는 좀더 복잡해진다. 원소합성은 바리온 밀도가 높은 영역에서 먼저 시작하므로 그 영역에서는 중성자가 원소합성에 사용돼 감소한다. 그러면 낮은 바리온 밀도영역의 중성자가 확산돼 다시 높은 밀도영역으로 돌아온다. 그 결과 바리온의 저밀도 영역에서 원소 생성량은 감소한다. 이렇듯 비균일 원소합성에서는 중성자 확산이 매우 중요한 역할을 하고 이 효과를 고려해 계산할 때는 각 영역의 크기가 중요하다.

따라서 실제로 계산할 때는 높은 바리온 밀도 영역의 크기 r을 매개변수로 해 R, f_v, Ω_b와 함께 네 개의 매개변수로 비균일 원소합성을 특징으로 본다.

그림 4.14는 바리온-광자비 η_b와 온도가 1MeV일 때 높은 바리온 밀도 영역의 크기 r을 이용해 경원소 관측의 제한을 나타낸 것이다. 경원소 관측을 설명할 수 있는 것은 r이 작고 중성자가 확산되면서 양성자-중성자비가 결정될 때 낮은 바리온 밀도 영역으로 들어가고 그것이 양성자로 변환돼 두 영역을 균일하게 하는 경우다. 즉, 표준 원소합성과 거의 동일해지는 경우를 말하며 원래의 기대와 달리 비균일 원소합성을 생각해도 바리온 밀도의 허용 범위는 표준의 경우와 다르지 않음을 나타낸다.

제5장
소립자이론과 우주 초기

5.1 소립자의 표준모델

소립자의 표준모델에서는 물질은 쿼크quark와 렙톤lepton으로 구성됐다. 둘 다 스핀 1/2의 페르미온으로 쿼크는 핵자나 중간자를 구성하고 바리온수 1/3을 갖는다. 전자나 중성미자는 렙톤에 속하고 렙톤수가 (+1)이다. 쿼크는 업 타입up-type과 다운 타입down-type 두 가지가 있고 렙톤은 음의 전하를 가진 하전 렙톤과 중성인 중성미자가 있어서 양자수가 같으면서 질량이 다른 입자의 쌍(이것을 이후에는 세대라고 부른다)이 존재한다. 1장의 표 1.1에 3세대 쿼크와 렙톤의 이름, 질량, 전하를 나타냈다. 쿼크와 렙톤은 질량이 모두 같고 전하, 바리온수, 렙톤수가 정반대인 반입자(반쿼크와 반렙톤)가 존재한다. 예를 들어 전자의 반입자는 양의 전하를 갖으며 양전자라고 부른다.

이는 쿼크와 렙톤 사이에 중력을 제외하고 작용하는 나머지 힘은 전자기력, 약한 상호작용, 강한 상호작용의 세 가지가 존재하지만, 1970년대에 와인버그와 살람이 전자기력과 약한 상호작용을 전약 상호작용으로 통일하여 설명할 수 있다는 사실을 밝혔다(와인버그-살람 이론). 이 상호작용은 $SU(3)_C \times SU(2)_L \times U(1)_Y$라는 대칭성을 가진 게이지 이론으로 기술된다. $SU(3)_C$는 색color을 가진 쿼크 사이에 작용하는 강한 상호작용의 대칭성을 보여주고 $SU(2)_L \times U(1)_Y$는 쿼크와 렙톤 사이에 작용하는 전약 상호작용이 갖는 대칭성을 나타낸다.

전약 상호작용은 약한 아이소스핀weak-isospin을 갖는 왼쪽회전의 쿼크와 렙톤에 작용하는 상호작용($SU(2)_L$에 대응)과 초전하hypercharge를 띠는 쿼크와 렙톤에 작용하는 상호작용($U(1)_Y$에 대응)을 통일한 것으로 전약 상호작용의 대칭성 $SU(2)_L \times U(1)_Y$는 약 100GeV 이하의 저에너지에서는 자발적으로 대칭성이 깨져 전자 상호작용의 대칭성 $U(1)_{em}$만 남는다.

쿼크와 렙톤 사이에 작용하는 게이지 상호작용에는 이를 매개하는 게이지 보손이 존재한다. 게이지 보손은 스핀 1인 입자로 강한 상호작용을 매개하는 글루온(g), 전약 상호작용을 매개하는 W보손($SU(2)_{\mathrm{L}}$에 대응하는 W^{+}, W^{-}, W^{0}와 $U(1)_{\mathrm{Y}}$에 대응하는 B)가 있고, 게이지 대칭성이 성립하는 경우는 모두 질량이 0인 입자이다. 하지만 $SU(2)_{\mathrm{L}} \times U(1)_{\mathrm{Y}}$의 대칭성이 파괴되어 W^{+}, W^{-}, W^{0}, B의 대부분이 질량을 갖고 무거운 W보손($\mathrm{W}^{\pm}$)과 Z보손(Z^{0})이 되어 약한 상호작용을 매개하며 W^{0}와 B의 혼합 상태인 광자(γ)가 질량 0인 게이지 보손으로 $U(1)_{\mathrm{em}}$의 전자 상호작용을 매개한다. 게이지 보손의 이름, 질량, 전하를 1장의 표 1.2에 나타냈다.

위에 기술한 전약 상호작용의 대칭성 $SU(2)_{\mathrm{L}} \times U(1)_{\mathrm{Y}}$의 자발적 파괴는 힉스 기구라고 불리는 작용으로 일어난다고 추정된다. 힉스 기구는 다음과 같은 간단한 모델로 이해할 수 있다. 이제 $U(1)$ 대칭성을 갖는 게이지장 A_μ와 스칼라장 ϕ_h를 생각해보자. 스칼라장의 라그랑주 함수는

$$\mathcal{L} = (\partial_\mu + iqA_\mu)\phi_h^* (\partial^\mu - iqA^\mu)\phi_h - V(\phi_h), \tag{5.1}$$

$$V(\phi_h) = \lambda(|\phi_h|^2 - v^2)^2 \tag{5.2}$$

으로 주어진다. 여기서 q는 $U(1)$의 전하로, V는 스칼라장의 퍼텐셜을 말하고 λ와 v는 상수다. 이 라그랑주 함수는 다음의 $U(1)$ 변환

$$A_\mu \longrightarrow A_\mu + \partial_\mu \chi, \quad \phi_h \longrightarrow \phi_h e^{iq\chi} \tag{5.3}$$

에 대해 변하지 않는다(χ는 임의의 함수). 하지만 스칼라장의 진공은 퍼텐셜 에너지가 최소가 되는 배치로 정해지고 (식 5.2)를 보아 진공에서는 $|\phi_h| = v$를 만족시키는 것을 알 수 있다. 지금 ϕ_h가 이것을 만족시키는 어떤 값 v를 취한다면 $\langle\phi_h\rangle = v$라고 쓰고 $\langle\phi_h\rangle$를 ϕ의 진공 기댓값이라고 한다. 분명히 진공에서는 이제 $U(1)$ 변환에 대해 불변이 아니다. 따라서 스

칼라장 ϕ_h가 유한한 진공 기댓값을 가지므로 이론이 본래 갖고 있던 대칭성이 붕괴된다.

이것이 바로 자발적 대칭성 파괴이다. 이때 (식 5.1)에서 알 수 있는 것처럼 원래 질량이 0인 게이지장 A_μ에 대해 질량항

$$q^2|\phi_h|^2 A_\mu A^\mu = q^2 v^2 A_\mu A^\mu \tag{5.4}$$

가 생기고 게이지장이 질량 qv를 갖는 것을 알 수 있다. 또한 스칼라장 ϕ_h의 질량도 λv가 된다. 이런 단순한 모델에서 자발적 대칭성의 파괴는 실제 $SU(2)_L \times U(1)_Y$의 자발적 붕괴에도 적용할 수 있어서 힉스장이라고 불리는 스칼라장이 100GeV의 기댓값을 가지므로 W보손이 질량을 갖는다. 힉스장에 대해 표준모델에서는 스핀 0이고 질량이 100GeV에서 힉스 보손 H가 예언됐지만 아직 발견된 적은 없다(표 1.1 참조).

5.2 초대칭성이론

$SU(3)_C \times SU(2)_L \times U(1)_Y$의 게이지 이론에 기초한 표준모델은 현재까지 연구에서는 몇 백 GeV의 에너지보다 낮은 범위에서 다양한 실험으로 얻은 사실들을 잘 설명하고 있다. 하지만 소립자의 표준모델이 전약 상호작용의 규모인 $O(100)$GeV보다 더욱 높은 에너지 규모까지 똑같이 성립한다면 '계층성문제' 라는 문제가 생긴다.

앞 절에서 설명한 것처럼 표준이론에는 힉스 보손(힉스입자)이 존재하고 자발적 대칭성의 파괴 $SU(2)_L \times U(1)_Y \longrightarrow U(1)_{em}$에 중요한 역할을 한다. 이 힉스 보손의 질량 m_H는 $O(100)$GeV라고 생각된다. 여기서 그림 5.1이 보여주는 페르미온 f에 의한 m_H^2의 양자보정을 생각해 보자. f는 표준모델에 존재하는 쿼크나 렙톤이다. 힉스 보손과 상호작용하는 것

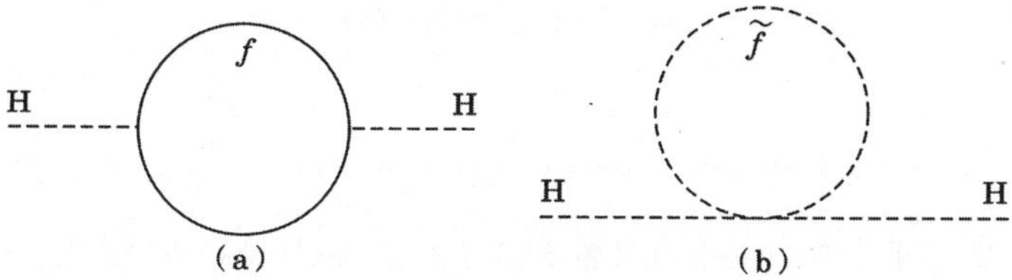

그림 5.1 힉스 보손의 질량 제곱에 대한 양자보정. (a)는 표준모델에서 양자보정(식 5.5)을 나타내고, (b)는 초대칭이론에서 양자보정(식 5.9)을 나타낸다.

을 $\lambda_f \mathrm{H}\tilde{f}f$라고 하면 보정 Δm_{H}^2은

$$\Delta m_{\mathrm{H}}^2 = -\frac{\lambda_f^2}{8\pi^2}\Lambda_{\mathrm{UV}}^2 + \cdots \tag{5.5}$$

로 주어진다. Λ_{UV}는 이론이 적용되는 한계를 나타내는 크기이다. 힉스 보손의 질량보정은 Λ_{UV}^2에 비례해 커진다. 표준모델을 플랑크 규모($\sim 10^{19}$GeV)까지 사용할 수 있다면 Δm_{H}^2는 $10^{38}\mathrm{GeV}^2$이 되고 갇힌 질량 $m_{\mathrm{H,R}}$과 '드러난 질량' $m_{\mathrm{H,R}}$의 관계

$$m_{\mathrm{H,R}}^2 = m_{\mathrm{H,B}}^2 + \Delta m_{\mathrm{H}}^2 \tag{5.6}$$

로부터 $m_{\mathrm{H,R}} \sim 100$GeV을 얻기 위해서는 $m_{\mathrm{H,B}}$와 Δm_{H}^2의 사이에 10^{30}자릿수 이상의 미세조절이 필요해지고 극히 부자연스러운 현상이 된다. 다시 말하면 전약 상호작용의 규모는 양자보정에 대해 안정되지 않았다. 이것이 바로 계층성문제이다.

계층성문제를 해결하는 가장 매력적인 이론이 초대칭성이론이다. 초대칭성은 보손과 페르미온 사이의 대칭성으로, 초대칭변환 Q는

$$Q\,|\,보손\rangle = |\,페르미온\rangle, \tag{5.7}$$

$$Q\,|\,\text{페르미온}\rangle = |\,\text{보손}\rangle \tag{5.8}$$

처럼 보손(페르미온)을 페르미온(보손)으로 변환한다. 그 결과 이론에 페르미온 f가 존재하면 거기에 대응한 보손 $\tilde{f}$가 존재한다고 예측했다. 따라서 초대칭성이 있으면 힉스 보손의 양자보정인 그림 5.1의 (a)와 (b)에서처럼 보손 $\tilde{f}$가 원을 그리는 보정이 존재하고

$$\Delta m_{\mathrm{H}}^2 = -\frac{\lambda_f^2}{8\pi^2}\Lambda_{\mathrm{UV}}^2 + \cdots \tag{5.9}$$

라고 기여한다. 이것은 정확히 페르미온 f로부터 Λ_{UV}^2에 비례하는 기여를 제거하고 Δm_{H}^2에서 Λ_{UV}의 2차발산은 일어나지 않기 때문에 계층성 문제가 해결된다.

소립자의 표준모델을 초대칭성이론으로 확장하면 스핀 1/2의 페르미온인 쿼크나 렙톤에 대해 스핀 0의 스칼라 쿼크나 스칼라 렙톤이 존재한다. 또한 스핀 1인 게이지 보손에 대해서는 스핀 1/2인 게이지 페르미온이 존재하게 된다. 중력까지 포함해 초대칭이 되면(초중력이론) 중력을 매개하는 스핀 2인 중력자에 대해 스핀 3/2인 그래비티노가 존재한다.

표 5.1에 표준모델에 포함되는 입자와 여기에 대응해 초대칭성에 의해 예언되는 입자(초대칭성 파트너라고 한다)를 나타냈다. 초대칭성이론에서 새롭게 예언된 입자들을 통틀어 초대칭성 입자라고 한다.

초대칭성 파트너의 전하, 바리온수, 렙톤수 등의 양자수는 거기에 대응되는 표준모델의 입자와 동일하다. 그리고 초대칭성이 완전히 성립한다면 질량까지 동일해진다. 따라서 전자와 같은 질량이며 같은 전하를 갖는 스칼라 입자가 실험에서 발견될 것이다. 하지만 아직 현실에서 초대칭성 입자는 하나도 발견되지 않았다. 이것은 현재 실험이 행해지는 저에너지의

표 5.1 초대칭성 입자

표준모델의 입자		초대칭성 파트너	
스핀	입자	스핀	입자
1/2	중성미자(ν_e, ν_μ, ν_τ) 하전렙톤(e, μ, τ) 쿼크(u, d, c, s, t, b)	0	스뉴트리노($\tilde{\nu}_e$, $\tilde{\nu}_\mu$, $\tilde{\nu}_\tau$) 하전스렙톤($\tilde{e}$, $\tilde{\mu}$, $\tilde{\tau}$) 스쿼크($\tilde{u}$, $\tilde{d}$, $\tilde{c}$, $\tilde{s}$, $\tilde{t}$, $\tilde{b}$)
1	글루온(g) W보손(W, Z) 광자(γ)	1/2	글루이노($\tilde{g}$) 위노($\tilde{W}$), 지노($\tilde{Z}$) 포티노($\tilde{\gamma}$)
0	힉스 보손(H_u, H_d)	1/2	힉스지노($\tilde{H}_u$, $\tilde{H}_d$)
2	중력자($h_{\mu\nu}$)	3/2	그래비티노($\tilde{\phi}_\mu$)

세계에서는 초대칭성이 붕괴됐고 그렇기 때문에 모든 초대칭성 입자의 질량은 실험으로 만들 수 없을 만큼 무거워졌다고 해석할 수 있다. 단, 계층성문제를 해결한다는 것 외에 초대칭성이론이 가진 이점을 잃어버리지 않기 위해서 초대칭성 붕괴의 규모는 1TeV 이하라고 본다. 그 경우 초대칭성 입자의 질량은 1TeV가 되므로 가까운 미래에 가속기실험에서 초대칭성 입자가 발견되리라 기대한다.

5.3 대통일이론

와인버그-살람 이론이 성공하자 약한 상호작용과 전자 상호작용은 $SU(2)_L \times U(1)_Y$의 게이지 대칭성을 갖는 전약 상호작용으로 통일되어 이해하게 됐다. 이 통일이론의 구상을 더욱 추진한 것을 대통일이론(Grand Unified Theory, GUT)이라고 한다. 와인버그-살람 이론은 통일이론으로 아직 불완전한 부분이 있다. 그것은 전약상호작용이 $SU(2)_L$과 $U(1)_Y$로 나타나는 두 개의 게이지 상호작용으로 기술되고 각각의 상호작용의 세기가 다르다는 것이다. 그리고 $SU(3)_C$로 표현되는 강한 상호작용이 통일되지 않고 있다. 대통일이론은 이들의 불완전함을 없애고 표준모형인 $SU(3)_C \times SU(2)_L \times U(1)_Y$의 게이지 상호작용을 한 개의 게이지 상호작용으로 기술하려는 것이다. 대통일이론의 가장 간단한 모형은 $SU(5)$ 대칭성에 기초한 것이다($SU(5)$는 $SU(3) \times SU(2) \times U(1)$를 포함한 가장 작은 반단순군이다).

$SU(5)$ 대통일이론에서 쿼크와 렙톤은 $SU(5)$의 5차원 표현($\bar{\mathbf{5}}$)과 10차원 표현(**10**)에 속한다. 구체적으로는 제1세대에 관해 오른쪽회전하는 d 쿼크의 하전공역(d^c_L)과 왼쪽회전하는 전자(e_L)와 전자 중성미자($\nu_{e,L}$)가 $\bar{\mathbf{5}}$ 표현에 속하고,

$$\Psi_L = \begin{pmatrix} d^c_1 \\ d^c_2 \\ d^c_3 \\ e \\ \nu_e \end{pmatrix}_L \tag{5.10}$$

과 같이 나타난다. 여기서 d의 아래첨자는 색지수color index를 나타내고 첨자 c는 하전공역을 나타낸다. 다소 부정확하지만 하전공역은 어떠한 입자의 반입자를 나타낸다. 또 하전공역을 하면 오른쪽회전 입자는 왼쪽회전이 되므로 오른쪽회전의 d쿼크의 하전공역에 첨자 'L'을 붙인다. 오른쪽회전의 u쿼크(u^C_L), 왼쪽회전의 쿼크(u_L, d_L), 오른쪽회전의 전자(e^C_L)는 **10**표현에 속하고

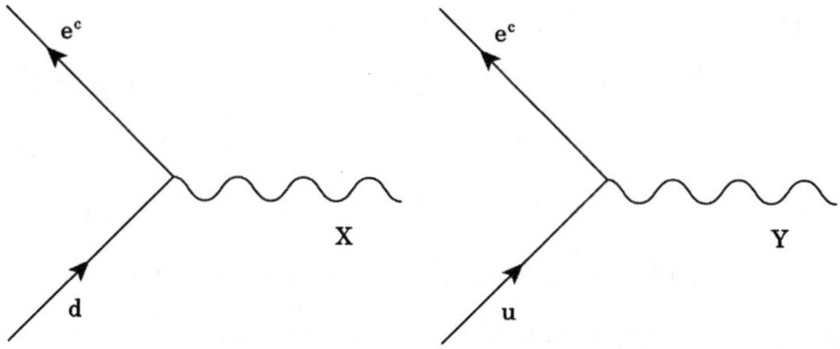

그림 5.2 쿼크를 렙톤으로 변환하는 도식.

$$\chi_L = \begin{pmatrix} 0 & u_3^c & -u_2^c & -u_1 & -d_1 \\ -u_3^c & 0 & u_1^c & -u_2 & -d_2 \\ u_2^c & -u_1^c & 0 & -u_3 & -d_3 \\ u_1 & u_2 & u_3 & 0 & -e^c \\ d_1 & d_2 & d_3 & e^c & 0 \end{pmatrix}_L \tag{5.11}$$

처럼 행렬의 형태로 정리할 수 있다.

상호작용을 매개하는 게이지 보손은 $SU(5)$의 24차원 표현에 속하고 표준이론에 포함되는 게이지 보손에 더해 새롭게 X보손과 Y보손이 나타난다. 앞에서 본 것처럼 쿼크와 렙톤이 같은 표현에 들어 있기 때문에 그림 5.2처럼 X, Y 게이지 보손으로 쿼크를 렙톤으로 변환(혹은 그 역변환)하는 반응이 일어난다. 그렇기 때문에 표준이론에서는 안정된 상태라고 생각되는 양성자도 더욱 가벼운 렙톤으로 붕괴될 수 있다. 하지만 양성자 붕괴는 실험적으로는 관측된 적이 없기 때문에 이론적으로 예언되는 양성자 붕괴의 수명은 매우 긴 것으로 예측되어(약 10^{33}년 이상) 대통일이론 모형에 대한 강한 걸림돌이 되고 있다.

전약 상호작용의 대칭성 $SU(2)_L \times U(1)_Y$가 힉스 기구에 의해 자발적으로 붕괴되어 전자 상호작용의 대칭성 $U(1)_{\text{em}}$이 남았다는 것과 마찬가지로 $SU(5)$ 대칭성도 힉스 기구에 의해 자발적으로 $SU(3)_{\text{C}} \times SU(2)_{\text{L}} \times U(1)_{\text{Y}}$대칭성으로 붕괴됐다고 생각할 수 있다. 나중에 설명하겠지만 대통일이론의 규모는 10^{16}GeV이고 전약 상호작용의 규모 100GeV와 차이가 크므로 자발적 대칭성의 붕괴를 일으키는 힉스장은 적어도 두 종류는 필요하다. $SU(5)$ 대통일장 모형에서는 24차원 표현과 5차원 표현의 힉스장을 도입해 24차원 표현 힉스가 $SU(5)$를 $SU(3)_{\text{C}} \times SU(2)_{\text{L}} \times U(1)_{\text{Y}}$로 붕괴시키고 5차원 표현 힉스가 또 $U(1)_{\text{em}}$으로 붕괴하는 역할을 한다.

$$SU(5) \xrightarrow{\mathbf{24}} SU(2)_{\text{L}} \times U(1)_{\text{Y}} \xrightarrow{\mathbf{5}} U(1)_{\text{em}}. \tag{5.12}$$

소립자의 표준모형에서 $U(1)_{\text{Y}}$, $SU(2)_{\text{L}}$, $SU(3)_{\text{C}}$에 대응하는 세 개의 게이지 상호작용의 세기를 나타내는 결합상수 α_1, α_2, α_3는 에너지 의존성이 있고 그림 5.3처럼 변화한다. 만일 모든 결합상수가 어떤 에너지 값에서 일치한다면 거기서 게이지 상호작용의 세기가 같아지고 대통일이론의 존재를 지지하게 된다. 그러나 그림에서 보이는 것처럼 표준모형에서는 에너지 값이 10^{15}GeV 부근에서 세 개의 결합상수가 가까워지지만 일치하지는 않는다. 그런데 초대칭화된 표준모형을 생각하면 그림 5.3의 (b)와 같이 약 10^{16}GeV일 때 대통일이론에서 바라는 결합상수가 통일된다. 이것은 초대칭화된 대통일이론이 존재하고 통일이론의 규모가 약 10^{16}GeV라는 것을 강력히 시사한다.

5.4 위상적 결함

소립자 상호작용의 대통일이론을 고전 빅뱅우주 초기의 고온고밀도시대에 단순히 적용하면 강한 상호작용, 약한 상호작용, 전자 상호작용의 세

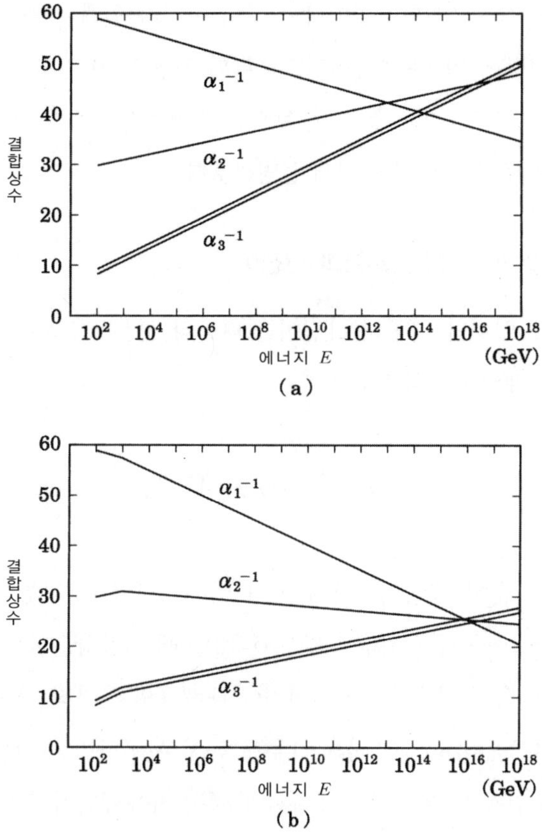

그림 5.3 결합상수의 에너지의존성. (a) 표준모형, (b) 초대칭화된 표준모형.

개 상호작용이 한 개로 통일되지만 우주의 온도저하와 더불어 상전이가 일어나고 상호작용의 분화가 일어난 것이 된다. 이것을 지배하는 것이 자발적 대칭성이 파괴되어 게이지장에 질량을 주는 힉스장의 움직임이다. 고온일 때 힉스장의 기댓값이 0이 되면 모든 게이지장의 질량도 0이 되고 대칭성이 회복된다. 거꾸로 온도 저하에 따른 상전이가 일어나면 힉스장은 유한한 기댓값을 갖고 대칭성이 깨진다. 힉스장의 최저에너지 상태가 진공을 결정하므로 이 상전이를 진공의 상전이라고 한다. 진공의 상전이는 모든 공간에서 일제히 일어나는 것이 아니라 인과관계를 가지는 범위에서만 균일하게 일어난다. 이것으로부터 진공의 상전이가 일어날 때 위상적 결함이라고 불리는 것이 우주에 남을 가능성이 있다. 여기서는 위상적 결함과 우주론적 의의에 대해 설명하겠다.

5.4.1 고온일 때 대칭성 회복과 상전이

우주 초기에 일어난 진공의 상전이를 다음과 같은 라그랑주 함수 밀도를 가진 실스칼라장 ϕ로 살펴보자.

$$\mathcal{L}=\frac{1}{2}\partial_\mu\phi\partial^\mu\phi-V_0[\phi]. \tag{5.13}$$

위의 식은 단순히 게이지장과 결합이 없는 경우를 생각했다. 이 퍼텐셜 $V_0[\phi]$는 $\phi=\pm v$에서 최솟값을 갖고 $\phi=0$일 때 질량항은 $M^2[0]\equiv V_0''[0]=-\lambda v^2$이라는 음의 값을 가진다. 이것에 대해 ϕ의 양자적 기댓값의 동작을 나타내는 지표인 유효 퍼텐셜을 1루프 근사로 구하면 이것은 $V_0[\phi]$에 질량 $M[\phi]$인 입자의 영점 진동에너지와 열적 자유에너지를 더하면 되므로 유한 온도장의 이론에 의해 1루프의 유효 퍼텐셜을 구하면 온도를 T로 하고

$$V_T[\phi]=V_0[\phi]+\int\frac{d^3k}{(2\pi)^3}\left\{\frac{1}{2}\sqrt{\boldsymbol{k}^2+M^2[\phi]}+T\ln\left[1-\exp\left(-\frac{\sqrt{\boldsymbol{k}^2+M^2[\phi]}}{T}\right)\right]\right\} \tag{5.14}$$

를 얻는다. 여기서 $T\gg|M|$이고 λ가 작다고 하면

$$V_T[\phi]=V_0[\phi]-\frac{\pi^2}{90}T^4+\lambda\frac{3\phi^2-v^2}{24}T^2 \tag{5.15}$$

으로 전개된다. 이것으로부터 $T>2v\equiv T_c$일 때는 $V_T[\phi]$의 최솟값이 $\phi=0$으로 나타나고 대칭성이 회복되는 것을 알 수 있다. ϕ가 게이지장이나 쿼크와 렙톤 등의 페르미온 모두 상호작용을 하는 경우에는 임계온도 T_c는 게이지 결합상수나 페르미 결합상수에도 의존하지만 대부분의 경우에는 $T_c \sim v$의 값을 가진다.

그런데 $T<T_c$가 되면 ϕ는 완전한 진공을 향해 상전이를 일으키지만 이것은 우주 전체에 균일하게 일어나는 것은 아니며 규모가 특정 상관거리를 넘어서면 ϕ는 무작위 방향으로 움직인다. 상관거리 ξ의 크기는 상전이의 차수나 기준이 되는 모델에 의존하지만 상전이하는 시각 t_c의 지평선을 넘을 수는 없다. t_c는 임계온도에 도달했을 때의 시각이다. 따라서 프리드만 우주에서는 $\xi \leq t_c$이다.

그러므로 (식 5.13)의 모델에서는 각 영역마다 $+v$와 $-v$를 향해 상전이가 진행된다. 하지만 상전이 후에도 ϕ의 값이 공간적으로는 연속적으로 변화하기 때문에 $\phi=v$의 영역과 $\phi=-v$의 영역 사이에는 반드시 퍼텐셜에너지가 큰 $\phi=0$의 영역이 면 상태로 존재한다. 이것이 위상적 결합의 한 종류인 '영역 벽domain wall' 이다. 또한 이러한 퍼텐셜의 고온보정에 기초해 상전이에 의한 위상적 결합생성을 키블Kibble 작용이라고 한다. 면 상태의 영역벽 외에 위상적 결합에는 1차원 상태의 끈string, 점 상태의 단극자monopole, 퍼텐셜에너지가 큰 영역을 갖지 않고 장의 뒤틀림만으로 이루어진 텍스쳐가 있다. 어떠한 형태의 결합이 생성되는가는 상전이 후의 진공다양체 $\mathcal{M}$의 호모토피 클래스homotopy class $\Pi_n(\mathcal{M})$로 결정된다.[1] 아래에 위상적 결합의 분류와 각각이 가지는 우주론적 의미를 정리해 보자.

5.4.2 영역벽domain-wall

(식 5.13)과 같이 $\mathcal{M}$이 $\Pi_0(\mathcal{M})\neq\mathbf{1}$을 만족할 때 생성된다.[2] 대칭성이 이산

적으로 깨어지는 경우가 여기에 해당한다. (식 5.13)이 주는 영역벽의 두께는 스칼라장의 콤프턴 파장, 즉 $\sim 1/\sqrt{\lambda}v$이고 따라서 에너지 면밀도 σ는 $\sigma \sim \sqrt{\lambda}v^3$이다. 초기우주의 상전이에서 생성된 영역벽은 대부분 크기가 '무한대' 이지만 상전이 때의 상관거리의 규모에서 울퉁불퉁하다. 그러나 이것은 다른 입자와 상호작용에서 서서히 매끄러워진다. 이렇게 영역벽은 지평선 규모까지 매끄러워지고 비상대론적인 운동을 하지 않고 우주팽창 때문에 그 면적이 $a^2(t)$에 비례해 넓어지므로 에너지도 같은 비율로 증가한다. 반면 개수밀도는 $a^{-3}(t)$로 감소하기 때문에 벽의 에너지 밀도 $\rho_w(t)$는 $\rho_w(t) \propto a^{-1}(t)$와 같이 복사나 차가운 물질보다 천천히 감소하는 것을 알 수 있다. 그러므로 v가 아주 작지 않는 한 우주는 즉시 영역벽이 우세해진다. 예를 들어 현재의 우주에 지평선 규모 $H_0^{-1} \simeq 10^{28} h^{-1}\mathrm{cm}$인 영역벽이 있다면 에너지 규모가 $v \lesssim 10^{-1.5} \lambda^{-1/6}\mathrm{GeV}$가 아닌 한 현재의 우주에너지 밀도에 대해 매우 큰 영향을 준다.

5.4.3 끈

끈은 상전이 후 진공다양체 $\mathcal{M}$이 $\Pi_1(\mathcal{M}) \neq \mathbf{1}$을 충족할 때에 생성된다. 예를 들어 $U(1)$ 대칭성이 깨지면 생성된다.[3] 에너지 규모 v에서 생성된 끈의 선밀도 μ는 $\mu \simeq v^2$이다. 끈이 생성될 때는 에너지 밀도의 약 80%는 '무한' 히 길며 나머지는 닫혀진 루프 형태이다. 팽창우주에서 끈은 난부-고토 작용

1 $\Pi_0(\mathcal{M})$는 1점과 $\mathcal{M}$ 사이, $\Pi_1(\mathcal{M})$은 단위 원주와 $\mathcal{M}$ 사이, $\Pi_2(\mathcal{M})$는 단위 구면과 $\mathcal{M}$ 사이의 사상 분류를 나타낸 것이다.

2 이 경우 $\mathcal{M}$은 $\phi = \pm v$라는 두 점으로 만들어져 점 1에서 점 2로 상은 한 줄이 아니므로(+v로 가는 것과 $-v$로 가는 것으로 두 줄) $\Pi_0(\mathcal{M}) \neq 1$이다.

3 이 경우 $\mathcal{M}$은 복소장의 위상자유도, 즉 특정 원주 위를 움직이는 것만을 자유도로 가지나, 여기에서 단위원에 대한 상은 원래의 원주를 한 번 회전하는 사이에 단위원 위를 N번 회전하는 회전수(N은 $-\infty \leqq N \leqq +\infty$인 정수)만 임의성으로 가지므로 한 방향으로 한정하지 않는다. 따라서 $\Pi_1(\mathcal{M}) \neq 1$이다.

$$S=-\mu\int dA=-\mu\int\sqrt{-\det(\gamma_{\mathrm{ab}})}\mathrm{d}^2\zeta \tag{5.16}$$

으로 도출되는 운동방정식으로 진화한다. 여기서 dA는 끈이 이끄는 세계면의 미소면적이고 $\zeta^a=(\tau,\ \sigma)$는 세계면의 좌표이며 γ_{ab}는 세계면의 시공좌표 $x^\alpha(\tau,\ \sigma)$로 $\gamma_{ab}=\partial_a x^\alpha(\tau,\ \sigma)\partial_b x^\beta(\tau,\ \sigma)g_{\alpha\beta}$라고 나타나는 세계면에서의 계량이다. 즉 끈은 그것이 휩쓰는 세계면의 면적이 최소가 되도록 진화한다. 운동방정식의 구체적 형태는 예를 들어 민코프스키Minkowski 시공에서 생각해서 $\tau=t$라고 하고 σ를 끈을 따라 임의의 점에서부터 측정한 길이라고 하면 게이지조건

$$\dot{x}^2+x'^2=1,\quad x'\cdot\dot{x}=0 \tag{5.17}$$

에서

$$\ddot{x}-x''=0 \tag{5.18}$$

이라는 간단한 파동방정식의 모양이 된다. 단, x는 끈의 시공좌표이고 첨자 $'$은 σ에 관한 미분을 나타낸다.

만일 끈 두 개가 교차하면 재편성이 일어나거나 루프가 생성된다. 이렇게 해 팽창우주의 평형 분포인 규모 해라고 하는 수 분포가 실현된다. 이것은 끈이 교차해 루프형성을 반복하는 것으로 지평선 $\sim t$를 넘어 긴 끈이 지평선부피 $\sim t^3$ 안에 항상 일정수 존재하는 것같은 분포이다. 따라서 긴 끈의 에너지 밀도는

$$\rho_L(t)=\frac{A\mu}{t^2} \tag{5.19}$$

로 주어진다. A는 복사우세 시기와 물질우세 시기에 약간 다른 값을 갖는 상수이다. 시뮬레이션에 의하면 긴 끈은 작은 규모로 겨우 꽉 들어갈 만한 구조를 가진 것을 보여주고 각 시각에서 생성되는 루프의 전형적인 반경은 지평선길이의 $\sim 10^{-3}$배 이하가 된다. 또한 $A = \mathcal{O}(10)$이라는 값을 얻는다. 이렇듯 우주에 넓게 분포하는 끈 형태의 위상적 결함을 '우주끈'이라고 부른다.

생성된 루프는 반경의 역수에 광속을 곱한 값을 갖는 주파수의 중력파를 방출하면서 에너지를 잃고 붕괴된다. 에너지 방출률은 루프 반경에 상관없이

$$\frac{dE}{dt} = \gamma G\mu^2, \quad \gamma = 50 - 100 \tag{5.20}$$

와 같이 구한다. 규모 해가 예측하는 루프 분포와 (식 5.20)으로부터 현재의 중력파 배경복사를 구한다. 이렇게 구한 중력파의 에너지 밀도가 지나치게 크면 관측되는 밀리초 펄서의 주기가 흐트러지기 때문에 이것을 이용해 끈의 선밀도 범위를 구할 수 있다. 현재 차원을 없앤 선밀도 $G\mu$에 대해 $G\mu < 2 \times 10^{-6}$이라는 범위가 주어졌다. 또한 원소합성 때 중력파에너지 밀도가 너무 크면 우주팽창률도 매우 커져 헬륨의 존재량이 바르게 재현되지 않는다. 여기에서 얻은 상한값은 $G\mu < 7 \times 10^{-6}$이다.

우주끈이 갖는 우주론적 의의는 우주 구조형성의 기원이 되는 밀도요동을 줄 수 있다고 지적되어 한때 활발하게 연구됐다. 각 시각의 지평선 규모가 요동하는 진폭의 단순한 계산으로 (식 5.19)와 전체 에너지밀도 $\rho \propto (Gt^2)^{-1}$의 비를 구하면

$$\frac{\delta\rho}{\rho} \sim \frac{\rho_L}{\rho} \sim \mathcal{O}(10) G\mu \tag{5.21}$$

라는 시각에 의존하지 않는 형태를 얻는다. 이렇게 규모 해의 성질에서 크기가 변하지 않는 스펙트럼을 가진 밀도 요동이 생긴다는 것을 알 수 있다. 이 진폭이 10^{-5}가 되기 위해서는 $G\mu \sim 10^{-6}$ 즉, $\upsilon \sim 10^{16}$GeV이면 된다. 결국 대통일이론에서 전형적인 크기를 갖는 끈이 바람직하다. 구체적인 구조형성 과정에서는 끈 루프에 의한 주변물질의 강착과 긴 끈의 궤적에 물질이 면 모양으로 강착되는 성질을 들 수 있다.

하지만 끈의 진화 시뮬레이션 결과 생성되는 루프의 반경이 극히 작다는 것이 알려졌기 때문에 후자의 경우가 중요하다고 생각된다. 암흑물질이 중성미자와 같은 뜨거운 암흑물질이었다 해도 끈에 의한 밀도요동은 암흑물질이 자유확산되어 없어지는 일은 없기 때문에 구조가 형성될 수 있었다는 점이 끈에 의한 구조형성론의 중요한 성질이라고 꼽을 수 있다.

하지만 최근 발표된, WMAP위성으로 우주배경복사의 온도요동의 각도 의존성을 관측한 자료를 보면 끈에 의한 구조형성론을 지지하는 것이 아니라 오히려 $G\mu$에 대해 더욱 강한 제한을 준다. 10^{-6} 이상의 $G\mu$를 가진 끈은 우주배경복사의 제한에 저촉되고 우주끈은 우주구조의 기원을 설명하는 이론이 아니라는 것이다.

5.4.4 단극자monopole

단극자는 상전이 후 진공 $\mathcal{M}$이 $\Pi_2(\mathcal{M}) \neq 1$을 충족시키면 생성된다. 특히 $\mathcal{M}$에 $U(1)$가 포함되면 단극자 해가 존재한다고 알려져 있다. 따라서 최종적으로 $SU(3) \times SU(2) \times U(1)$로 붕괴되어야 하는 통일이론은 필연적으로 단극자의 존재를 예언했다. 단극자 해를 갖는 간단한 모델로 다음과 같은 $SO(3)$모델을 들 수 있다.

$$\mathcal{L} = \frac{1}{2} D_\mu \chi^a D^\mu \chi^a - \frac{1}{4} G^a_{\mu\nu} G^{\mu\nu a} - \frac{\lambda}{4} (\chi^a \chi^a - \upsilon^2)^2,$$

$$D_\mu\chi^a = \partial_\mu\chi^a - e\varepsilon^{abc}W^b_\mu\chi^c,$$
$$G^a_{\mu\nu} = \partial_\mu W^a_\nu - \partial_\nu W^a_\mu - e\varepsilon^{abc}W^b_\mu W^c_\nu \tag{5.22}$$

$\varepsilon^{abc}(a, b, c=1\sim3)$는 완전 반대칭 텐서이다. 원점에 단극자가 존재하는 해는 원점에서 대칭성이 회복되어 $\chi^a=0$이지만 전체 에너지는 유한하며 안정된 구대칭의 장 배치로 얻을 수 있다. 원점에서 제법 떨어진 점에서는 $\chi^a\chi^a \rightarrow v^2$가 되어야 하지만 단극자 해는 $\chi^a(\boldsymbol{r}) \rightarrow v\hat{\boldsymbol{r}}^a(r\rightarrow\infty)$이라는 고슴도치 모양이고 구대칭성보다 위상적으로 안정되어 있음을 알 수 있다. 또한 $r\rightarrow\infty$에서 $D_i\chi^a\rightarrow0$이 되기 때문에 게이지장은 $W^b_i \rightarrow \frac{\varepsilon^{ibc}\hat{\boldsymbol{r}}^c}{er}$라는 극한값을 갖는다. 그러므로 원거리에 있는 자기장을 계산하면,

$$B^a_i = \frac{1}{2}\varepsilon^{ijk}G^a_{jk} = \frac{\hat{\boldsymbol{r}}_i\hat{\boldsymbol{r}}^a}{er^2} \tag{5.23}$$

이 되고 이 단극자는 $4\pi/e$의 값을 갖는 것을 알 수 있다. 이 해의 전체 에너지를 수치적으로 계산하면 단극자의 질량으로 $M\simeq4\pi v/e\simeq10v$를 얻을 수 있다. 따라서 $v\sim10^{15}\text{GeV}$라면 $M\sim10^{16}\text{GeV}\sim10^{-8}\text{g}$이 되고 소립자의 규모로 말하면 단극자는 매우 무겁다는 것을 알 수 있다.

$T_c\simeq v$의 상전이에서 단극자가 그때의 지평선당 약 한 개가 생성된다면 수밀도 n_M과 엔트로피 밀도의 비는,

$$\frac{n_\text{M}}{s} \simeq 10^2\left(\frac{v}{M_\text{pl}}\right)^3 \simeq 10^{-10}\left(\frac{v}{10^{15}\text{GeV}}\right)^3 \tag{5.24}$$

으로 주어진다. 상전이될 때는 단극자와 반 단극자가 같은 양이 생성되고, 이들이 에너지를 충분히 잃어서 속박되면 쌍소멸할 수 있다. 하지만 우주의 진화에서 단극자의 에너지 손실은 매우 비효율적이며 맨처음에

$n_M/s > 10^{-10}$의 범위가 아니면 쌍소멸은 거의 일어나지 않는다. 따라서 위의 경우 생성된 단극자는 대부분 그대로 남아 있다. 한편 현재의 우주 엔트로피 밀도는 $s \sim 10^3\text{cm}^{-3}$이고 임계밀도는 $\rho_c \sim 10^{-29}\text{g cm}^{-3}$이므로 단극자의 에너지가 ρ_c를 넘지 않기 위해서는

$$\frac{n_M}{s} \lesssim 10^{-24} \left(\frac{M}{10^{16}\text{GeV}} \right)^{-1} \tag{5.25}$$

의 관계를 만족해야 한다. 즉 초기우주의 상전이에서 생성된 단극자는 현재의 우주에너지 밀도에서 얻을 수 있는 제한보다 10^{14}배나 커진 것을 알 수 있다. 이것이 빅뱅우주에서 단극자문제이다.

5.4.5 텍스쳐

텍스쳐는 지금까지 설명한 다른 위상적 결함과 달리 스칼라장의 대칭성이 회복되어 큰 퍼텐셜에너지를 갖는 중심이 존재하지 않고 장의 뒤틀림에너지만으로 구성되는 결함을 말한다. 따라서 이것은 큰 영역에서의 대칭성이 붕괴되고 상전이 후의 진공이 $\Pi_3(\mathcal{M}) \neq \mathbf{1}$를 만족하는 경우에 생성된다. 이것은 큰 영역에서의 $SU(2)$를 깨는 파미론모델을 예로 들어 설명할 수 있다.

또한, 텍스쳐는 불안정하다. 초기우주의 상전이에 의해 텍스쳐가 생성되면 처음의 스칼라장은 각 지평선마다 무작위값을 갖지만 우주가 팽창되며 지평선이 넓어지면서부터 서서히 균일화되어 장의 뒤틀림은 작은 영역으로 밀려난다. 이것을 텍스쳐의 매듭knot이라고 한다. 매듭을 갖는 장의 뒤틀림에너지가 그 영역 안에서 대칭성이 회복됐다고 가정해 얻는 퍼텐셜에너지의 극댓값에 도달하면 장의 재편성이 일어나 텍스쳐는 붕괴한다. 수치를 계산하면 붕괴율은 단위 팽창시간당, 지평선당 일정한 값 0.01을

갖는다. 따라서 텍스쳐의 분포도 끈과 비슷한 종류의 규모 불변성을 갖고 또한 $\upsilon \sim 10^{16}$GeV의 에너지 규모를 가진 텍스쳐가 있으면 이것에 의해 밀도요동을 주어 구조형성을 일으킬 수 있다. 하지만 이 모델도 우주끈과 같이 우주배경복사에서 온도요동의 스펙트럼 관측과는 맞지 않으므로 맞는 이론이 아니다.

5.5 바리온수 생성

소립자에서는 입자와 반입자가 대칭적으로 존재한다고 알려져 있지만 현재의 우주에서는 적어도 우리가 관측할 수 있는 범위에서 우주는 물질로 돼 있으며 반물질로 구성되어 있지는 않다. 우선 인간이 존재하는 지구를 비롯해 태양계는 수소나 헬륨 같은 양성자, 중성자, 전자로 구성되어 있는 원자, 즉 물질로 이루어져 있다. 이것은 인공위성으로 달이나 행성을 탐사해 밝혀진 사실이다.

우리은하가 물질로 되어 있다는 사실은 우주선 관측으로 알 수 있다. 우주선은 은하자기장으로 은하에 속박돼 있으며 주성분은 양성자이고 반입자인 반양성자는 양성자에 비해 10^{-4}의 비율에 지나지 않는다. 게다가 우주선에서 반양성자($\bar{\mathrm{p}}$)는 원래 존재하는 것이 아니라 우주선에 있던 양성자(p)가 은하 내부의 양성자와

$$\mathrm{p}+\mathrm{p} \longrightarrow \mathrm{p}+\mathrm{p}+\mathrm{p}+\bar{\mathrm{p}} \tag{5.26}$$

라는 반응을 일으켜 2차적으로 생성된 물질이라고 생각된다. 그러므로 우리은하에 반물질이 존재한다는 증거는 없으며 물질로 이루어졌다고 생각된다.

그리고 커다란 규모 계로써 은하가 모여 있는 큰 규모의 은하단을 생각하자. 만약 은하단 내부에 반물질로 이루어진 은하가 존재하면 물질로 이루어진 은하와 반물질로 이루어진 은하의 경계에서 입자와 반입자의 쌍소멸이 일어나고 강한 감마선이 발생한다. 그러나 근처 은하단에서 그렇게 강한 감마선이 발생하는 곳은 발견된 적이 없다. 따라서 적어도 우리가 관측 가능한 은하단은 물질로 이루어져 있다.

이렇듯 관측 사실을 바탕으로 우리의 우주는 물질로 이루어져 있고 반물질은 거의 존재하지 않는 것처럼 보인다. 여기서 물질이라고 하는 것은 양성자, 중성자, 전자, 또는 이런 것들로 이루어져 있는 원자를 의미한다. 양성자, 중성자는 바리온(핵자)이라고 통틀어 말할 수 있기 때문에 우주가 물질로 이루어져 있는 것을 바꾸어 말하면 우리우주에는 바리온과 반바리온이 대칭적으로 존재하는 것이 아니라 바리온이 많이 존재하고 반바리온은 거의 없다고 할 수 있다. 또한 양성자와 중성자는 바리온수 $+1$을 갖고 반양성자와 반중성자는 바리온수 -1을 갖는다. 따라서 바리온과 반바리온의 비대칭성은 정량적으로는 바리온수 밀도와 엔트로피 밀도 s의 비를 갖고

$$Y_{\mathrm{b}} \equiv \frac{n_{\mathrm{b}} - n_{\bar{\mathrm{b}}}}{s} = \frac{n_{\mathrm{b}}}{s} \tag{5.27}$$

로 나타낼 수 있다. 이 바리온-엔트로피 비는 우주 초기의 원소합성이론과 관측으로부터

$$Y_{\mathrm{b}} = (6-8) \times 10^{-11} \tag{5.28}$$

의 식을 얻었다. 우주 초기의 원소합성에서는 바리온 밀도와 광자의 비로 표현되지만 원소합성 이전의 우주 초기를 생각할 경우에는 광자의 밀도는

전자 등 다른 입자와 쌍소멸해 변화되므로 이런 영향이 없는 엔트로피 밀도를 이용해 비를 구하는 쪽이 편리하다.

(식 5.28)로 주어지는 바리온수는 원래 우주가 시작될 때부터 존재했던 것은 아니다. 우주는 탄생 직후에 인플레이션이라고 불리는 급격한 우주 팽창을 했다고 믿어진다. 인플레이션 우주에서는 인플레이션의 영향으로 그 이전에 존재하던 바리온수는 적어지고 밀도는 0에 가까워진다. 따라서 현재 우주에 있는 바리온수는 인플레이션이 끝난 뒤부터 원소합성이 시작될 때까지 생성됐다고 생각된다. 인플레이션이거나 바리온과 반바리온이 대칭적인 우주로부터 바리온 비대칭성을 만드는 것을 바리온수 생성이라고 부른다.

바리온수 생성을 위해서는 사하로프A. Sakharov의 세 가지 조건이 필요하다. 그것은

(1) 바리온수를 붕괴시키는 반응의 존재

(2) C와 CP 모두 붕괴되어 있을 것(C : 하전공역, P : 패리티)

(3) 열평형 상태에서 이탈할 것

이다. 첫째 조건은 바리온수가 0인 상태부터 유한한 바리온수를 갖는 상태를 만들어야 하므로 명백한 조건이다. 둘째 조건을 이해하기 위해서 다음과 같은 네 개의 입자 A, B, C, D에 의한 바리온수 붕괴 반응을 생각한다.

$$A+B \longrightarrow C+D. \tag{5.29}$$

이 반응이 일어나기 전후에 바리온수가 $(+1)$만큼 변화하면 입자 각각이 C변환(하전공역)[4]한 입자 A^c, B^c, C^c, D^c에 의한 반응

$$A^c+B^c \longrightarrow C^c+D^c \tag{5.30}$$

4 C변환 : 입자와 반입자의 교환, P변환 : 좌우변환, T변환 : 시간의 흐름을 반대로 하는 변환.

은 반응 전후에 바리온수를 -1만큼 변화시킨다.[5] 만약 이론이 C에 대해 대칭적이라면 위의 두 반응은 정확히 같은 반응률을 가진다. 즉, 바리온수가 $+1$ 변화하는 반응과 -1 변화하는 반응이 같은 양만큼 일어나 결국은 바리온수가 생성되지 않는다. 따라서 C가 붕괴되어 있어야 한다. CP에 대해서도 같은 방법으로 생각해 그것이 붕괴될 필요가 있음을 알 수 있다.

셋째 조건은 열평형 상태에서는 입자의 분포가 질량과 온도로만 결정된다고 이해할 수 있다. 입자와 반입자의 질량은 같으므로 평형 분포에서는 입자와 반입자가 같은 수만큼 존재하게 된다. 따라서 바리온수를 생성하기 위해서는 그것에 관여하는 반응이 열평형 상태가 아니어야 한다. 혹은 이론이 CPT(T : 시간 반전)에 대해 불변인 것으로부터 바리온수 B의 열평형값 $\langle B\rangle$를 해밀턴 함수 H와 온도 T를 이용해 표시하고

$$\begin{aligned}\langle B\rangle &= \mathrm{Tr}(e^{-H/T}B) = \mathrm{Tr}((\mathrm{CPT})(\mathrm{CPT})^{-1}e^{-H/T}B) \\ &= \mathrm{Tr}((\mathrm{CPT})^{-1}e^{-H/T}B(\mathrm{CPT})) \\ &= -\mathrm{Tr}(e^{-H/T}B) = 0 \end{aligned} \tag{5.31}$$

로 $\langle B\rangle=0$이라고 나타낼 수 있다. 여기서 CPT와 H가 교환가능하다고 가정했다.

위에서 바리온수가 생성되기 위해서는 사하로프의 세 조건을 만족시켜야 한다고 했다. 구체적으로 어떠한 바리온수 생성작용이 있는지가 그 다음 문제이다. 이제부터 그런 대표적인 문제점에 대해 설명하겠다.

5.5.1 GUT 바리온수 생성

가장 먼저 제안됐으며 대통일이론GUT에 기초해 제안된 바리온수 생성작

5 바리온수 B는 C변환에 대해 $B\to -B$로 변한다.

용이다. 대통일이론에서는 일반적으로 바리온수를 붕괴시키는 반응이 존재한다. 그것은 대통일이론에서는 쿼크와 렙톤이 통일돼 하나의 표현방법으로 설명되므로 게이지 상호작용을 매개하는 게이지 보손이 바리온수가 다른 페르미온 사이에 상호작용을 매개할 수 있기 때문이다.

가장 간단한 $SU(5)$ GUT를 예로 들면 쿼크와 렙톤은 $\overline{\mathbf{5}}$표현과 $\mathbf{10}$표현에 속하고 표준이론의 $SU(3)_{\mathrm{C}} \times SU(2)_{\mathrm{L}} \times U(1)_Y$로 분해되면,

$$\overline{\mathbf{5}} = \left(\overline{\mathbf{3}}, \mathbf{1}, \frac{1}{3}\right) + \left(\mathbf{1}, \mathbf{2}, -\frac{1}{2}\right) = [\mathrm{d}^{\mathrm{c}}, \ell], \tag{5.32}$$

$$\mathbf{10} = \left(\mathbf{3}, \mathbf{2}, \frac{1}{6}\right) + \left(\overline{\mathbf{3}}, \mathbf{1}, -\frac{2}{3}\right) + (\mathbf{1}, \mathbf{1}, 1) = [\mathrm{q}, \mathrm{u}^{\mathrm{c}}, \mathrm{e}^{\mathrm{c}}] \tag{5.33}$$

이 된다. 여기서 $\left(\mathbf{3}, \mathbf{2}, \frac{1}{6}\right)$은 거기에 속한 입자가 $SU(3)_{\mathrm{C}}$의 3중항에서, $SU(2)_{\mathrm{L}}$의 2중항에서 초전하가 1/6임을 나타낸다. 또한 게이지 보손은 24표현에 속하고 페르미온과 상호작용은 모식적으로

$$\frac{g}{\sqrt{2}}(\mathbf{24})[(\overline{\mathbf{5}}_f)^\dagger(\overline{\mathbf{5}}_f) + (\mathbf{10}_f)^\dagger(\mathbf{10}_f)] \tag{5.34}$$

라고 표현할 수 있다. 여기서 g는 결합상수이다. 이 게이지 보손은 표준이론에 포함되는 12개 이외에 $SU(3)_{\mathrm{C}} \times SU(2)_{\mathrm{L}} \times U(1)_Y$의 표현에서

$$\left(\mathbf{3}, \mathbf{2}, -\frac{5}{6}\right) + \left(\overline{\mathbf{3}}, \mathbf{2}, \frac{5}{6}\right) \tag{5.35}$$

의 변환성을 갖는 12개의 게이지보손 (X, Y)가 존재하고 다음과 같이 바리온수가 붕괴된다.

$$X \longrightarrow d\nu,\ ue,\ d^c u^c, \tag{5.36}$$

$$Y \longrightarrow de,\ u^c u^c. \tag{5.37}$$

그리고 통일이론에는 $SU(5)$의 대칭성을 자발적으로 깨고 표준이론에는 없는 게이지 보손에 매우 큰 질량을 주는 힉스장이 존재한다. 그중 $\mathbf{5}_H$ 표현에 속하는 힉스장은 페르미온과 다음과 같이 결합하고 있다.

$$h_U(\mathbf{10}_f)^T(\mathbf{10}_f)\mathbf{5}_H + h_D(\bar{\mathbf{5}}_f)^T(\mathbf{10}_f)\bar{\mathbf{5}}_H. \tag{5.38}$$

여기서 페르미 결합상수 $h_{U,\ D}$는 일반적으로 복소수이다. 위의 항을 CP 변환하면 결합상수는 $h^*_{U,\ D}$가 되고 $h_{U,\ D}$가 실수가 아니면 CP변환에 대해 불변이 아니라 CP가 붕괴한다. $\mathbf{5}_H$에는 표준모델의 힉스 이외에 색color 힉스 $H_3 = (\mathbf{3},\ \mathbf{1},\ -1/3)$이 포함되어 X보손과 마찬가지로 바리온수를 붕괴시킨다.

$$H_3 \longrightarrow d\nu,\ ue,\ d^c u^c. \tag{5.39}$$

바리온수를 생성하기 위해서는 바리온수를 붕괴시키는 X, Y, H_3의 붕괴에서 CP가 붕괴되어 있을 필요가 있다(C는 표준이론의 틀 안에서 크게 붕괴됐으므로 문제가 없다). $SU(5)$모델에서는 CP의 붕괴가 페르미 결합의 복소위상에서 생긴다. 붕괴의 최소차수에서는 복소위상이 생기지 않고 고차수 보정의 간섭항에서 생긴다. 하지만 1루프 보정에서 복소위상은 Im $\mathrm{Tr}(h_U^\dagger h_U h_D^\dagger h_D)$에 비례해 0이 되고 그 결과 CP 붕괴는 매우 작아진다. 이 문제는 힉스의 표현을 바꾸는 등 모델변경을 통해서 해결할 수도 있지만 $SU(5)$ 모델에서 바리온수 생성에 큰 어려움이 되고 있다.

다음으로 GUT 바리온수 생성작용에서 사하로프의 셋째 조건인 열평형에서 어떻게 벗어났는가를 설명한다. 위에서 설명한 것처럼 바리온수를

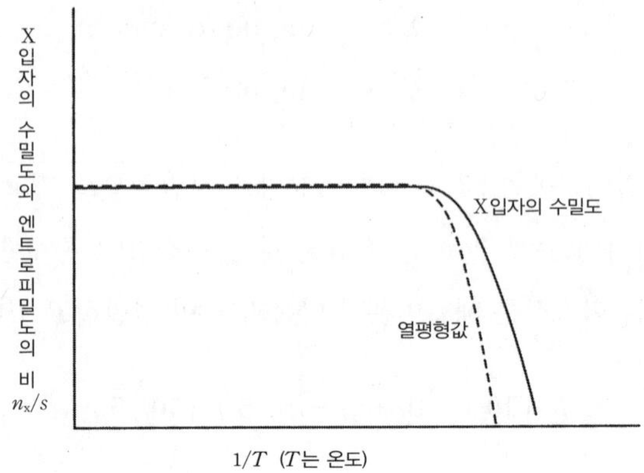

그림 5.4 X입자의 밀도(엔트로피밀도와 비)의 시간변화. 점선은 열평형값을 나타낸다.

붕괴시키는 반응은 X, Y보손이나 색 힉스입자 H_3의 붕괴를 말한다. 여기서는 이들 입자를 통틀어서 X입자라고 하기로 하자. X입자의 붕괴율이 우주팽창률에 비해 상당히 크다면 붕괴와 그 역붕괴(예를 들어 $d+\nu \rightarrow X$)에 따라 X입자는 열평형 상태이고 수밀도는 열평형 분포를 하므로 온도에 따라 변화한다. 특히 X입자가 비상대론적으로 됐을 때 평형 분포는 볼츠만인자 $\exp(-M_X/T)$(M_X : X입자의 질량)의 영향을 받아 온도에 따라 급격하게 감소한다. 이때 X입자 붕괴율이 우주팽창의 속도에 비해 작다면 붕괴가 열평형 분포의 변화를 따라갈 만큼 충분히 일어날 수 없고 X입자의 수밀도가 열평형값보다 커져(그림 5.4) 열평형 상태에서 벗어난다.

열평형에서 벗어난 X입자가 붕괴해 바리온수를 생성하는 작용이 일어나기 위해서는 우주의 온도가 X입자의 질량보다 큰 값($T > M_X \sim 10^{15}$GeV)을 가져야 한다. 그러나 인플레이션 우주에서는 인플레이션이 일어난 후에 재가열 온도는 일반적으로 낮고 X입자를 충분히 만들지 못한다. 그러므로 현재는 GUT 바리온수 생성작용이 잘 일어나지 않는다고 생각된다.

5.5.2 전약 바리온수 생성

소립자의 표준모델인 와인버그-살람 이론(전약이론)에서 바리온수를 생성할 가능성이 있다. 전약이론에서는 사하로프의 셋째 조건을 원리적으로는 다음과 같이 충족시킨다.

(1) 바리온수를 붕괴시키는 반응의 존재 $\Longleftarrow$ 스팔레론 과정

(2) C와 CP 모두 붕괴될 것 $\Longleftarrow$ 고바야시-모리카와 행렬의 복소위상

(3) 열평형 상태에서 이탈 $\Longleftarrow$ 1차전약상전이

이제부터 각각의 조건에 대해 설명하겠지만 표준이론의 틀에서 바리온수를 생성할 수 있다면 매우 매력적인 이론이라고 볼 수 있다.

바리온수 비보존 과정을 이해하기 위해 일단 표준모델인 $SU(2)_L$의 게이지장 $A_\mu^a(\mu=0, 1, 2, 3, a=1, 2, 3)$에 대해 생각해 보자. 진공은 게이지장의 강도는 0이다[6]. 그림 5.5와 같이 $SU(2)$의 게이지장에서는 $W_{\mu\nu}^a=0$을 만족하는 A_μ^a의 배치는 복잡하고 진공을 주는 배치가 다수 존재한다고 알려져 있다. 그러므로 각 진공은 천-사이먼스Chern-Simons 수라고 하는 정수 N_{CS}

$$N_{CS}=\frac{g^2}{32\pi^2}\int dx^3\varepsilon^{ijk}\mathrm{Tr}\left[A_i\partial_j A_k+\frac{2}{3}igA_iA_jA_k\right] \tag{5.40}$$

로 구별할 수 있다. 단, $A_0=0$이 되는 게이지를 갖고 $A_j=A_j^a\tau^a/2$(τ^a : 파울리행렬)이다.

여기서 바리온 흐름 j_B^μ를 생각한다. j_B^μ는

$$j_B^\mu=\frac{1}{3}\sum\bar{q}\gamma^\mu q=\frac{1}{6}\sum[\bar{q}\gamma^\mu(1-\gamma_5)q+\bar{q}\gamma^\mu(1+\gamma_5)q] \tag{5.41}$$

6 $W_{\mu\nu}^a=\partial_\mu A_\nu^a-\partial_\nu A_\mu^a+g\varepsilon^{abc}A_\mu^b A_\nu^c=0$, g는 결합상수.

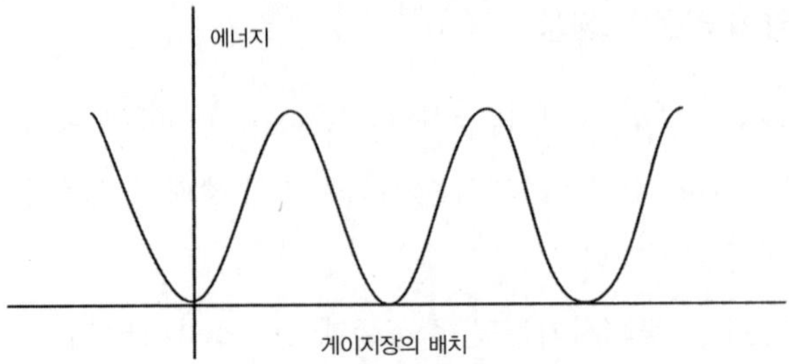

그림 5.5 전약이론에서 진공의 구조.

로 나타낸다. 여기서 q는 쿼크를 나타내고 합은 색과 쿼크의 종류에 대해 계산한다. 전약이론에서 $SU(2)$의 게이지장은 바리온 흐름의 왼쪽회전 부분$(1-\gamma_5)$을 포함하는 부분에 결합한다. 표준이론에서 고전적으로는 바리온 흐름은 보존되지만 바리온의 왼쪽회전 흐름과 축방향 흐름 $(\sim\bar{q}\gamma_\mu\gamma_5 q)$을 포함하기 때문에 양자효과로는 보존되지 않는다. 이 예외적 현상의 크기는 그림 5.6을 보아 알 수 있으며 바리온 흐름의 발산 $\partial_\mu j^\mu_{\mathrm{B}}$는

$$\partial_\mu j^\mu_{\mathrm{B}}=\partial_\mu j^\mu_{\mathrm{L}}=n_f\left(\frac{g^2}{32\pi^2}W^a_{\mu\nu}\tilde{W}^a_{\mu\nu}-\frac{g'^2}{32\pi^2}F_{\mu\nu}\tilde{F}_{\mu\nu}\right) \tag{5.42}$$

이다. 여기서 n_f는 세대수이고, $F_{\mu\nu}$는 $U(1)_{\mathrm{Y}}$에서 게이지장 B_μ의 세기이고 $\tilde{W}^a_{\mu\nu}=\frac{1}{2}\epsilon^{\mu\nu\alpha\beta}W^a_{\alpha\beta}$, $\tilde{F}_{\mu\nu}=\frac{1}{2}\epsilon^{\mu\nu\alpha\beta}F_{\alpha\beta}$이다. 또 (식 5.42)에 나타낸 것처럼 렙톤 흐름 j^μ_{L}에 대해서도 바리온 흐름과 같은 예외 현상이 생긴다.

바리온 흐름의 예외 현상은 게이지장에 다수 존재하는 진공의 천이에서 중요해진다. 그러면 시각 $t=0$에 게이지장이 어떤 진공의 배치에 있고 시각 $t=t_f$에서 다른 진공의 배치로 이동했다고 하자. 이때 $\partial_\mu j^\mu_{\mathrm{B}}$를 두 개의 시간면을 경계로 하는 4차원 부피로 적분하면

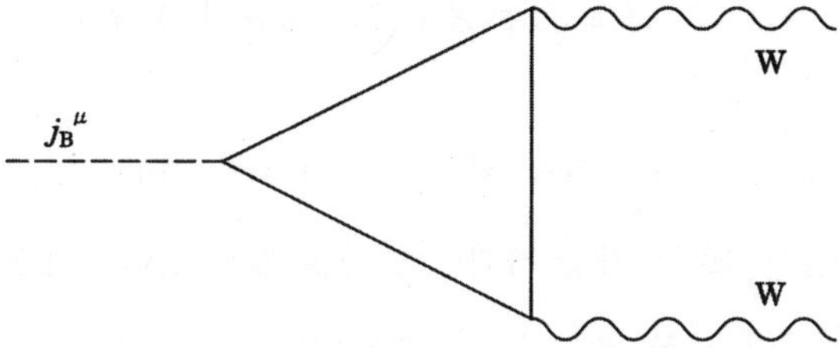

그림 5.6 바리온 흐름의 예외현상에 기여하는 모식도.

$$\int d^4x \partial_\mu j^\mu_{\mathrm{B}} = \int_{t=t_f} d^3x j^0_{\mathrm{B}} - \int_{t=0} d^3x j^0_{\mathrm{B}} = \Delta B \tag{5.43}$$

이 된다. ΔB는 바리온수의 변화를 나타낸다. 그리고 (식 5.42)가

$$\partial_\mu j^\mu_{\mathrm{B}} = \partial_\mu j^\mu_{\mathrm{L}} = n_f \left(\frac{g^2}{32\pi^2} \partial_\mu K^\mu - \frac{g'^2}{32\pi^2} \partial_\mu k^\mu \right), \tag{5.44}$$

$$K^\mu = \varepsilon^{\mu\nu\alpha\beta} \left(W^a_{\nu\alpha} A^a_\beta - \frac{1}{3} g \varepsilon_{abc} A^a_\nu A^b_\alpha A^c_\beta \right), \tag{5.45}$$

$$k^\mu = \varepsilon^{\mu\nu\alpha\beta} F_{\nu\alpha} B_\beta \tag{5.46}$$

로 나타내고 진공에서는 장의 세기가 0이 되는 것을 이용하면 단순한 계산에서

$$\begin{aligned} \Delta B &= n_f \frac{g^2}{32\pi^2} \left[\int_{t=t_f} d^3x K^0 - \int_{t=0} d^3x K^0 \right] \\ &= n_f [N_{\mathrm{CS}}(t_f) - N_{\mathrm{CS}}(0)] \\ &\equiv n_f \Delta N_{\mathrm{CS}} \end{aligned} \tag{5.47}$$

이 되는 것을 알 수 있다. 여기서

$$K^0 = \varepsilon^{ijk} (W^a_{ij} A^a_k - \frac{g}{3} \varepsilon_{abc} A^a_i A^b_j A^c_k)$$

$$=\varepsilon^{ijk}\mathrm{Tr}\left(A_i\partial_j A_k+\frac{2}{3}igA_iA_jA_k\right) \tag{5.48}$$

이다. 즉, 어떤 진공에서 다른 진공으로 천이되면 바리온수가 $n_f\times$(정수) 만큼 변한다. 실제로는 가장 가까이에 있는 진공($\Delta N_{\mathrm{CS}}=1$)으로 천이된다고 생각하면 바리온수는 $n_f=3$ 만큼 변화한다.

지금까지 전약이론에는 다수의 진공이 존재하고 어떤 진공에서 다른 진공으로 천이가 일어나면 바리온수가 변화하고 바리온수가 보존되지 않는다는 것을 알았다. 이런 천이는 양자적인 터널효과로 인해 일어난다고 생각되고 그 천이확률 Γ는

$$\Gamma\sim\exp\left(-\frac{16\pi^2}{g^2}\right)\sim10^{-170} \tag{5.49}$$

로 계산되어 매우 작고 실질적으로는 일어나지 않는다.

하지만 다른 진공들 사이에 천이가 일어나지 않는다는 것은 온도가 0인 경우의 결과이고 유한한 온도의 경우에는 열의 발생 때문에 천이가 가능하다. 열이 발생할 때 두 개의 진공을 묶는 게이지장의 배치에는 에너지값의 극댓값이 존재하지만 그 중에서도 가장 에너지가 작은 배치가 천이확률을 결정한다. 즉, 게이지장의 배치에서 에너지의 안점saddle point이 될 것 같은 상태를 통해 열적 천이가 일어난다. 전약이론에서 안점값은 실제로 존재하고 스팔레론sphaleron이라고 한다. 모식적으로 스팔레론의 값은 그림 5.7과 같이 나타나고 열적으로 스팔레론이 만들어지면 에너지의 산을 넘어서 다른 진공으로 천이할 수 있다. 스팔레론의 에너지 E_{sph}는

$$E_{\mathrm{sph}}=\frac{M_{\mathrm{W}}(T)}{\alpha_{\mathrm{W}}}\varepsilon \qquad (3.2<\varepsilon<5.4) \tag{5.50}$$

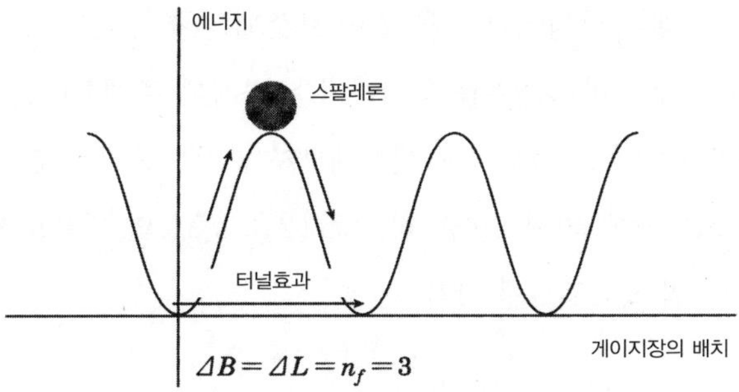

그림 5.7 스팔레론을 통한 천이.

로 주어진다.

여기서 $\alpha_W = g^2/(4\pi)$이고 $M_W(T)$는 유한온도에서 W보손질량이다. 따라서 온도가 M_W보다 낮은 경우에는 스팔레론에 때문에 바리온수를 깨는 천이율은 볼츠만 인자 $\exp(-E_{sph}/T)$의 영향을 받고,

$$\Gamma \simeq M_W^4 \exp\left(-\frac{E_{sph}}{T}\right) \tag{5.51}$$

로 나타낸다.

한편, 고온에서는 $SU(2)_L \times U(1)_Y$의 대칭성이 회복되어 W보손의 질량은 0이고 볼츠만 인자에 의해 억제되지 않고 빈번하게 스팔레론 천이가 일어난다. 이 대칭성이 회복되는 경우에 중요한 물리적 규모는 게이지장의 자기스크린길이($= (\alpha_W T)^{-1}$)이며 바리온수를 붕괴시키는 천이율은

$$\Gamma = \kappa (\alpha_W T)^4 \quad (\kappa \sim 0.1 - 1) \tag{5.52}$$

이다.

이렇게 스팔레론 과정으로 바리온수가 변화하는데 주의해야 할 점은 (식 5.42)에서 밝혀진 것처럼 동시에 렙톤수도 같은 양만큼 변화한다는 것

이다. 즉, 스팔레론 과정에서는 $B-L$이 보존되는 것이다.[7]

전약이론에서는 바리온수를 붕괴시키는 과정이 존재한다는 것을 알았다. 다음으로 CP의 붕괴에 관해 생각해보자. CP의 붕괴는 쿼크의 질량항에 있는 복소위상에 의해 일어난다. $SU(2)_L$ 2중항의 왼쪽회전 쿼크, 오른쪽회전의 u쿼크, d쿼크를 각각

$$q_{jL}=\begin{pmatrix} u_j \\ d_j \end{pmatrix}_L, \quad u_{jR}, \quad d_{jR} \tag{5.53}$$

이라고 하면($j=1, 2, \cdots, n_f$), 쿼크의 질량항은

$$\mathcal{L}_{mass}=-M^D_{jk}\bar{d}_{jR}d_{kL}-M^U_{jk}\bar{u}_{jR}u_{kL} \tag{5.54}$$

라고 쓸 수 있다. 위의 질량항을 CP변환하면 질량행렬이 $M\to M^\dagger$로 변하고, CP가 붕괴되기 위해서는 M이 복소행렬이어야 한다. 일단, u_L과 u_R을 단위행렬 V^U_L과 V^U_R를 이용해서 재정의($u'_{L(R)}=V^U_{L(R)}u_{L(R)}$)하고 u쿼크의 질량행렬을 대각화할 수 있다.

$$\mathcal{L}^U_{mass}=-\tilde{M}^U_{jk}\bar{u}'_{jR}u'_{kL}, \tag{5.55}$$

$$\tilde{M}^U=V^U_RM^UV^{U\dagger}_L=\mathrm{diag}(m_u, m_c, m_t, \cdots). \tag{5.56}$$

그리고 단위행렬 V^D_L을 이용해 d_R을 재정의하고

$$\mathcal{L}^D_{mass}=-\tilde{M}^D_{j\ell}U^\dagger_{\ell k}\bar{d}'_{jR}d'_{kL}, \tag{5.57}$$

$$\tilde{M}^D=V^D_RM^DV^{D\dagger}_L=\mathrm{diag}(m_d, m_s, m_b,\cdots), \tag{5.58}$$

$$U=V^U_LV^{D\dagger}_L \tag{5.59}$$

7 반응 전후에 바리온수(B)와 렙톤수(L)의 차이($B-L$)가 보존된다.

와 같이 대각화한다. 여기서 U는 단위행렬unitary matrix로 고바야시-모리카와 행렬이라고 하고 질량의 고유 상태(d, s, b, ...)와 상호작용의 고유 상태 d_{jL}은 U를 이용해

$$d_{\mathrm{L}} = U \begin{pmatrix} d \\ s \\ b \\ \vdots \end{pmatrix}_{\mathrm{L}} \tag{5.60}$$

와 같이 관계를 맺을 수 있다. 여기서 d'_{L}을 d_{L}로 바꾸었다. 그리고 아래와 같이 질량 고유 상태의 위상을 재정의하는 자유도가 존재하고

$$U \implies V_1 U V_2. \tag{5.61}$$

여기서 V_1, V_2는 대각 단위행렬이고 모든 고유 상태의 위상을 균일하게 변화시키는 $2n_f-1$의 의미를 지닌 위상 자유도를 갖는다. 이것을 고려해 고바야시-모리카와 행렬의 독립적인 위상은

$$n_f^2-(2n_f-1)-\frac{1}{2}n_f(n_f-1)=\frac{1}{2}(n_f-1)(n_f-2) \tag{5.62}$$

만큼이다. 제1항은 단위행렬의 자유도이고, 제3항은 직교행렬의 자유도이다. 위 식으로부터 $n_f=3$에서 한 개의 위상 δ_{CP}가 남고 이것이 CP의 붕괴를 초래하는 것을 알 수 있다.

바리온수 생성을 일어나게 하기 위해 남아 있는 조건인 열평형에서 이탈한 것은 전약이론의 게이지 상호작용의 대칭성 $SU(2)_{\mathrm{L}}\times U(1)_{\mathrm{Y}}$가 자발적으로 붕괴해 전자 상호작용의 대칭성 $U(1)_{\mathrm{em}}$이 남는 상전이가 1차

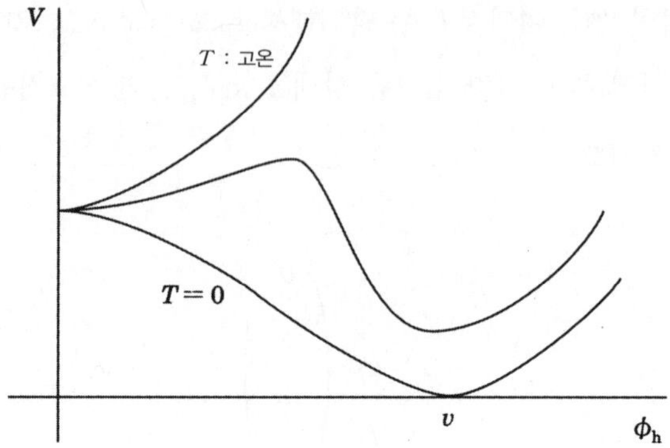

그림 5.8 힉스장의 퍼텐셜.

상전이라면 실현된다. 즉, 1차상전이에서는 대칭성이 높은 진공에서 더욱 낮은 에너지의 대칭성이 붕괴된 진공의 '거품'이 생기고 그것이 커져서 최종적으로 모든 공간의 대칭성이 붕괴된 진공이 된다. 그 과정에서 두 개의 상의 경계에서는 물리 상태가 급격하게 변화돼 그것이 모든 공간을 통과함에 따라 열평형 상태에서 벗어난다.

전약전이는 힉스장 $\phi_{\rm h}$가 기댓값을 가지므로 일어난다. 지금 온도 0인 힉스장의 퍼텐셜을

$$V(\phi_{\rm h})=\lambda(|\phi_{\rm h}|^2-v^2)^2 \tag{5.63}$$

이라고 하자. 여기서 λ는 결합상수이다. 이 퍼텐셜은 $\phi_{\rm h}=v$에서 최소가 되고 진공은 힉스장이 유한한 기댓값을 갖고 대칭성이 붕괴됐다(그림 5.8). 하지만 온도가 높을 때는 유한온도의 효과로 힉스장이 질량을 가져서 그림 5.8과 같이 $\phi_{\rm h}=0$에서 퍼텐셜이 최소가 되고 대칭성이 유지된 진공이 된다. 유한온도의 효과는 온도가 감소하면서 약해지고 $\phi_{\rm h}\sim v$ 부근에서 퍼텐셜의 극솟값이 나타나고 최종적으로는 $\phi_{\rm h}=v$가 퍼텐셜의 최소가 된다. 이 단계에서 $\phi_{\rm h}=0$이 퍼텐셜의 극소인 채로 $\phi_{\rm h}\sim v$ 부근에서 최솟값이 되는

경우가 생기면 도중에 퍼텐셜 장벽이 생겨 상전이는 1차가 된다.

그러면 실제로 상전이가 1차가 되는 조건을 대략적으로 구해보자. 힉스장 $\phi_{\rm h}$는 전약 상호작용의 게이지장 A와

$$\mathcal{L} \supset g^2 |A|^2 |\phi_{\rm h}|^2 \tag{5.64}$$

와 같이 결합됐다. 그리고 W 게이지 보손의 유효질량은 $M_{\rm W} \sim g|\phi_{\rm h}|$이다. 따라서 $\phi_{\rm h} \sim 0$ 부근에서는 W 게이지 보손은 질량이 없는 입자이며 열평형 상태이다. 열적 요동 $\langle A^2 \rangle \sim T^2$과 위의 결합에서 힉스장에 질량항 $\sim g^2 T^2 |\phi_{\rm h}|^2$이 생기고 $\phi_{\rm h} \sim 0$ 부근에서 유효 퍼텐셜은

$$V_{\rm eff} \simeq \frac{g^2}{2} T^2 |\phi_{\rm h}|^2 - 2\lambda v^2 |\phi_{\rm h}|^2 \tag{5.65}$$

가 되고 $\phi_{\rm h} = 0$이 극솟값이 되기 위해서는

$$T \gtrsim \frac{2\sqrt{\lambda}}{g} v \tag{5.66}$$

이 필요하다. 다음으로 $\phi_{\rm h} \sim v$에서 최솟값을 가질 조건을 생각하자. 그러기 위해서는 유한온도의 효과가 없으면 된다. 앞에 설명한 것처럼 게이지 보손의 유효질량은 $g|\phi_{\rm h}| \sim gv$이기 때문에 온도가 이것보다 낮으면 게이지 보손은 유효온도에 의한 질량항을 무시할 수 있다. 따라서

$$T \lesssim \frac{gv}{3} \tag{5.67}$$

이다. 위의 두 가지 조건에서 결합상수에 대해

$$\sqrt{\lambda} \lesssim \frac{g^2}{6} = \frac{2\pi\alpha_W}{3} \tag{5.68}$$

을 얻고 힉스의 질량이 $m_H \simeq 2\sqrt{\lambda}v$로 주어지는 것으로부터 전약이론에서 힉스장의 기댓값(v=246GeV)을 고려해 결국 1차상전이가 일어나기 위해서는 힉스 질량에 대해

$$m_H \lesssim \frac{4\pi\alpha_W}{3} v \tag{5.69}$$

라는 조건이 필요하다. 즉 힉스의 질량이 작아야 한다. 여기서는 간단화시킨 퍼텐셜을 고려했지만 더욱 정확하게 와인버그-살람 이론으로 이 조건을 구하면 $m_H <$ 80GeV이다. 하지만 유감스럽게 이것은 현재 힉스입자의 실험적 질량 하한값 114GeV보다 작고 전약상전이는 기대하는 만큼 강한 1차상전이는 아니다. 모델을 확장해 스칼라장을 도입함으로써 이 문제를 피할 수 있을지도 모르지만 원래 전약 바리온 생성이 갖고 있던 표준이론의 틀에서 바리온수가 만들어진다는 가장 큰 매력은 잃어버린다.

5.5.3 렙톤수의 생성

전약 바리온수 생성에서 설명한 것처럼 스팔레론 과정에 의해 바리온수와 렙톤수는 변화하지만 $B-L$은 보존된다. 그러므로 우주 초기에 렙톤수를 생성하면 그 일부가 스팔레론 과정에 의해 바리온수로 변해 우주 바리온수를 설명할 수 있다.

여기서 일단 우주에 렙톤수 L이 만들어졌을 때 스팔레론 과정에 의해 바리온수로 전환되는 비율을 구해보자. 온도 T가 전약 규모(~100GeV)보다 높은 경우를 생각한다. 이때 쿼크(q_L, u_R, d_R), 렙톤(ℓ_L, e_R), 힉스 ϕ_h는

질량이 0이고 화학평형 상태이다. 각 입자의 화학 퍼텐셜을 μ_j라고 하면 입자 j와 그 반입자의 밀도차이가

$$n_j - n_{\bar{j}} = \begin{cases} \dfrac{g_s T^2}{6}\mu_j & (\text{페르미온}) \\ \dfrac{g_s T^2}{3}\mu_j & (\text{보손}) \end{cases} \tag{5.70}$$

이 된다(g_s는 스핀 자유도). 스팔레론 과정에서 모든 세대의 왼쪽회전 쿼크와 렙톤이 만들어지므로 화학평형의 조건에서

$$\sum_i^{n_f} (3\mu_{q_i} + \mu_{\ell_i}) = 0 \tag{5.71}$$

이다. μ_{q_i} 앞의 3은 쿼크의 색 자유도에서 온 값이다. 또한 초전하가 보존되는 것으로부터

$$\sum_i^{n_f} (\mu_{q_i} + 2\mu_{u_i} - \mu_{d_i} - \mu_{\ell_i} - \mu_{e_i} + 2\mu_{\phi_h}/n_f) = 0 \tag{5.72}$$

임을 알 수 있다. 여기서 q, u, d, ℓ, e, ϕ_h의 초전하는 각각 1/3, 4/3, −2/3, −1, −2, 1이고 q, u, d는 색의 자유도 3이며 q, ℓ, ϕ_h는 $SU(2)_L$의 2중항(자유도2)임을 주의해야 한다. 더욱이 페르미 상호작용

$$\mathcal{L}_{\text{Yukawa}} = -h_{ij}^{d}\bar{d}_{Ri}q_{Lj}\phi_h - h_{ij}^{u}\bar{u}_{Ri}q_{Lj}\phi^c{}_h - h_{ij}^{e}\bar{e}_{Ri}\ell_{Lj}\phi_h \tag{5.73}$$

에 의해

$$\mu_{q_i} - \mu_{\phi_h} - \mu_{d_j} = 0, \tag{5.74}$$

$$\mu_{q_i}+\mu_{\phi_h}-\mu_{u_j}=0, \tag{5.75}$$

$$\mu_{\ell_i}-\mu_{\phi_h}-\mu_{e_j}=0 \tag{5.76}$$

이 성립한다. 또한 페르미 상호작용은 맛flavor들이 혼합했기 때문에 쿼크, 렙톤의 화학 퍼텐셜은

$$\mu_{q_i}=\mu_q, \quad \mu_{\ell_i}=\mu_\ell, \cdots \tag{5.77}$$

처럼 맛들 사이에서 평균화된다. 이 식들로부터 화학 퍼텐셜에 대해 각각,

$$\mu_e=\frac{2n_f+3}{6n_f+3}\mu_\ell, \quad \mu_d=-\frac{6n_f+1}{6n_f+3}\mu_\ell, \tag{5.78}$$

$$\mu_u=\frac{2n_f-1}{6n_f+3}\mu_\ell, \quad \mu_{\phi_h}=\frac{4n_f}{6n_f+3}\mu_\ell, \tag{5.79}$$

$$\mu_q=-\frac{1}{3}\mu_\ell \tag{5.80}$$

이라고 쓸 수 있다. 바리온수 밀도와 렙톤수 밀도를 각각 $n_b=(B/6)T^2$과 $n_\ell=(L/6)T^2$이라고 하면, $B=n_f(2\mu_q+\mu_u+\mu_d)=-(4/3)n_f\mu_\ell$, $L=n_f(2\mu_\ell+\mu_e)=-(10n_f+11)/(6n_f+3)n_f\mu_\ell$이고 최종적으로

$$B=\frac{8n_f+4}{22n_f+13}(B-L)\simeq 0.3(B-L) \tag{5.81}$$

를 얻는다. 여기서 두 번째 등호에서는 $n_f=3$을 사용했다. 이것으로 우주에 렙톤수를 생성하면 스팔레론 효과를 통해 30%의 바리온수가 만들어지는 것을 알 수 있다. 단, 렙톤수와 바리온수의 부호는 반대가 된다.

다음으로 우주에 렙톤수를 생성하는 작용에 대해 구체적으로 설명하겠다. GUT 바리온수 생성에서는 무거운 X,Y 보손이나 색 힉스의 열평형에

서 벗어난 상태에서 붕괴에 의해 바리온수를 만들었지만 여기서는 무거운 오른쪽회전 중성미자가 그 역할을 한다. 오른쪽회전 중성미자의 존재는 왼쪽회전 중성미자의 매우 작은 질량을 설명하는 시소 현상에서도 중요한 역할을 한다[8].

무거운 중성미자 N과 렙톤 $\boldsymbol{\ell}$, 힉스 ϕ_{h}는 다음과 같이 결합한다.

$$\mathcal{L}=h_{ij}\bar{\boldsymbol{\ell}}_i\phi_{\mathrm{h}}N_j+\frac{1}{2}M_j\bar{N}_j^cN_j. \tag{5.82}$$

M_i는 무거운 중성미자의 마요라나 질량[9]이다. 오른쪽회전 중성미자의 질량항은 통상의 오른쪽회전과 왼쪽회전의 페르미온으로 이루어지는 질량항(디락 질량항)과 다르고 오른쪽회전의 페르미온으로만 만들어지므로 M_j는 마요라나 질량이라고 한다. 무거운 오른쪽회전 중성미자는 다음과 같이 힉스입자와 (반)렙톤으로 붕괴한다.

$$\mathrm{N}\rightarrow\begin{cases}\boldsymbol{\ell}+\phi_{\mathrm{h}} & (\Delta L=+1)\\ \bar{\boldsymbol{\ell}}+\phi_{\mathrm{h}} & (\Delta L=-1)\end{cases} \tag{5.83}$$

따라서 무거운 중성미자의 렙톤수를 0이라고 하면 위 반응에서는 각각 렙톤수가 +1, −1만큼 변화한다. CP의 붕괴는 무거운 중성미자 붕괴의 최소차수 도식과 1루프보정 도식의 확률진폭을 각각 $\mathcal{M}_0$, $\mathcal{M}_1$이라면 붕괴

8 뒤에서 설명하는 마요라나 중성미자의 경우, 오른쪽회전 중성미자에 대한 마요라나 질량을 크게 잡는 것으로 인해, 왼쪽회전 중성미자의 질량을 작게 하는 작용.

9 중성미자가 질량을 갖는 경우, 관측되는 왼쪽회전 중성미자에 더해 오른쪽회전 중성미자가 존재하지만 중성미자는 전하를 갖지 않으므로 오른쪽회전 중성미자가 왼쪽회전 중성미자의 반입자일 가능성과 그렇지 않을 가능성 두 가지를 다 생각할 수 있다. 앞의 경우는 마요라나 중성미자라고 하고 입자와 반입자의 구별이 없어진다. 마요라나 중성미자의 경우, 라그랑주 함수 내에서 오른쪽회전 성분끼리 혹은 왼쪽회전 성분끼리 질량항이 만들어지는데 그러한 질량을 미요라나 질량이라고 한다. 한편, 전자(電子)의 질량항처럼 왼쪽회전 성분과 오른쪽회전 성분의 조합으로 만드는 질량을 디락 질량이라고 한다.

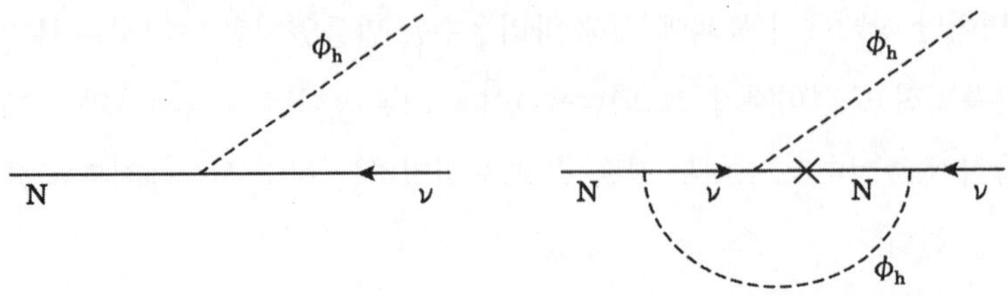

그림 5.9 무거운 중성미자의 붕괴에 대한 최소차수의 모식도(왼쪽)와 1루프 보정(오른쪽).

율은 $|\mathcal{M}_0+\mathcal{M}_1|^2$에 비례한다. CP붕괴의 원인이 되는 무거운 중성미자 질량항의 복소위상은 $\mathcal{M}_0$, $\mathcal{M}_1$에 포함되는데 절댓값의 제곱을 가지므로 두 항 사이의 간섭항 $\mathcal{M}_0\mathcal{M}_1^*$ 만이 복소위상을 갖는다. 따라서 무거운 중성미자 붕괴에서 CP가 깨지는 것은 1루프 보정까지 감안해 처음으로 생긴다 (그림 5.9).

무거운 중성미자 붕괴율은

$$\Gamma_{N_i}=\Gamma(N_i\rightarrow h_\phi+\ell)+\Gamma(N_i\rightarrow h_\phi+\bar{\ell})=\frac{1}{8\pi}(hh^\dagger)_{ii}M_i \qquad (5.84)$$

로 주어지고 CP의 깨짐에 따라 ℓ붕괴와 $\bar{\ell}$붕괴의 비대칭성 매개변수 ε가 $M_1\ll M_2$, M_3인 경우

$$\begin{aligned}\varepsilon_1&=\frac{\Gamma(N_1\rightarrow h_\phi+\ell)-\Gamma(N_1\rightarrow h_\phi+\bar{\ell})}{\Gamma(N_1\rightarrow h_\phi+\ell)+\Gamma(N_1\rightarrow h_\phi+\bar{\ell})}\\&\simeq\frac{3}{8\pi}\delta_{\text{eff}}\frac{m_{\nu3}M_1}{\langle\phi_{\text{h}}\rangle^2}.\end{aligned} \qquad (5.85)$$

이다. 여기서 δ_{eff}는 CP붕괴의 위상으로 은 제3세대의 가벼운 중성미자의 질량을 나타낸다. $\langle\phi_{\text{h}}\rangle=246\text{GeV}$, $M_1\sim10^{10}\text{GeV}$, $m_{\nu3}\sim0.05\text{eV}$, $\delta_{\text{eff}}\sim1$이라면 $\varepsilon\sim10^{-6}$이 된다. 이 정도로 ε이 크면 그림 5.10에 나타낸

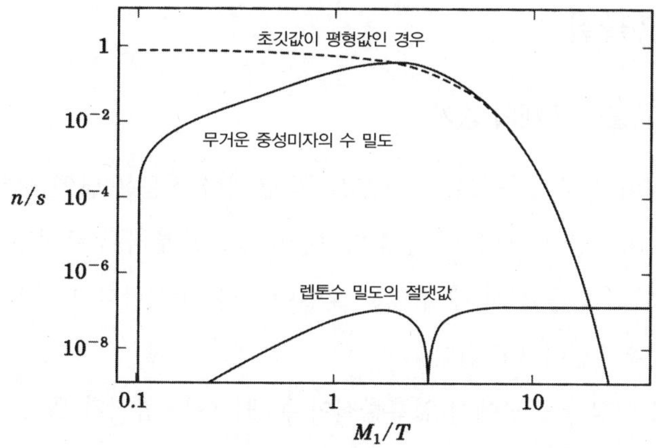

그림 5.10 무거운 중성미자와 렙톤수의 온도(시간)변화(Buchmüller *et al.*, 2002, *Nucl. Phys.*, B643, 367).

것처럼 충분한 렙톤수를 우주에 만들 수 있다.

무거운 중성미자가 열평형에서 벗어나 붕괴하기 위해서는 무거운 중성미자가 비상대론적으로 됐을 때 붕괴율이 우주팽창률(=허블상수)보다 작아야 한다. 이 조건은 제1세대의 가벼운 중성미자 질량에 대한 상한값

$$m_{\nu 1} \lesssim 10^{-3}\mathrm{eV} \tag{5.86}$$

을 이끌어낸다.

무거운 중성미자의 붕괴에 의한 렙톤수 생성 시나리오는 인플레이션 후에 재가열온도가 약 10^9GeV라면 현재 우주의 바리온수를 설명할 수 있다. 그리고 앞에서 말한 것처럼 무거운 중성미자의 존재는 카미오칸데Kamiokande[10]의 실험에서 발견된 중성미자의 질량을 설명하는 데서도 중요한 역할을 했기 때문에 렙톤수 생성의 시나리오는 전도유망한 바리온수 생성작용이라고 할 수 있다.

10 KAMIOKA Nucleon Decay Experiment. 일본의 소립자 관측장치.

5.6 암흑물질

5.6.1 암흑물질 존재의 증거

우주가 어떠한 구성물들로 이루어졌는가에 대한 질문은 당연하면서도 우주론에서 중요한 문제이다. 현재 다양한 관측으로부터 우주에는 빛을 내는 별 이외에 빛을 전혀 내지 않는 물질이 다수 존재한다고 알려져 있다. 이것을 암흑물질이라고 한다.

우주의 다양한 규모에서 암흑물질이 존재한다는 증거가 있다. 은하 규모에서 암흑물질이 존재하는 가장 큰 증거는 은하의 회전곡선이다. 회전곡선이라는 것은 은하 주위를 돌고 있는 별이나 수소원자들의 회전속도 v를 은하 중심에서 거리 r의 함수로 그린 것으로 뉴턴의 법칙으로부터

$$v(r)=\sqrt{\frac{GM(r)}{r}} \tag{5.87}$$

이다. 여기서 $M(r)$은 중심에서 반경 r 안에 있는 전체 질량이다. 이 식으로 알 수 있는 것처럼 만일 은하 질량의 대부분을 별이 차지한다면 중심에서 멀리 떨어져 어두운 부분에서는 회전속도가 $r^{-1/2}$에 비례해 감소할 것이다. 그러나 실제로는 그림 5.11에 나타난 것처럼 은하 중심에서 먼 곳이라도 회전속도는 일정하게 유지된다. 이것은 빛을 내지 않지만 전체 질량 $M(r)$이 거리 r에 비례하는 물질 분포(암흑물질의 헤일로)가 이루어져 있음을 나타낸다. 암흑물질의 양은 예를 들어 그림에 나타낸 NGC 6503에서는 중심으로부터 22kpc의 지점에서 주로 별이 차지하는 은하원반의 기여보다 헤일로가 7배 더 기여하고 있음을 알 수 있다.

그리고 큰 규모인 은하단에서도 암흑물질이 대량으로 존재한다. 은하단의 질량을 추정하는 한 가지 방법은 은하단 가운데에 있는 고온가스에서

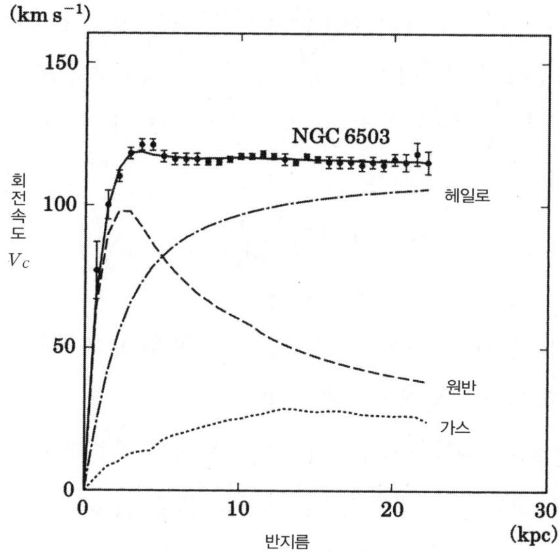

그림 5.11 은하 NGC 6503의 회전곡선(Begeman *et al.*, 1991, *MNRAS*, 249, 523).

방출되는 X선의 분포를 사용하는 것이다. 은하단의 가스가 구球대칭이고 정유체 평형 상태에 있다면

$$\frac{dP}{dr} = -\frac{GM(r)\rho}{r^2} \tag{5.88}$$

이 성립한다. 여기서 P와 ρ는 가스의 압력와 밀도를 나타낸다. 상태방정식

$$P = \frac{k_B T\rho}{\mu m_p} \quad (\mu : \text{평균 분자량}) \tag{5.89}$$

를 이용하면

$$M(r) = \frac{k_B T r}{G\mu m_p}\left[-\frac{d\ln\rho}{d\ln r} - \frac{d\ln T}{d\ln r}\right] \tag{5.90}$$

이 되고 가스의 온도와 밀도 분포를 안다면 질량을 얻을 수 있다. 은하단의 온도는 중심에서 벗어나 있는 곳에서 거의 일정하고 밀도는 $\rho \propto r^{-(1.5-2)}$인 것을 사용해 전형적인 은하단의 온도를 10keV라고 하면

$$M(r) \sim 10^{15} M_{\odot} \left(\frac{r}{\text{Mpc}}\right)\left(\frac{T}{10\text{keV}}\right) \tag{5.91}$$

인데 전형적인 은하단의 바리온 질량은 이것의 약 1/10이다. 즉, 바리온보다 열 배 더 많은 암흑물질이 존재한다.

이처럼 은하나 은하단의 규모에서 암흑물질이 존재하는 유력한 증거가 있지만, 우주 전체에서 암흑물질이 얼마나 존재하는지 아는 것도 중요한 문제이다. 우주론적 규모에서 암흑물질의 존재량은 우주배경복사의 온도요동으로부터 도출된다.

우주배경복사의 온도요동 δT는 천구상의 방향 (θ, ϕ)의 함수이며 다음과 같이 구면조화 함수 $Y_{\ell,m}$으로 전개할 수 있다.

$$\frac{\delta T}{T}(\theta, \phi) = \sum_{\ell,m} a_{\ell,m} Y_{\ell,m}(\theta, \phi). \tag{5.92}$$

그리고 전개된 식의 계수 $a_{\ell,m}$으로부터

$$C_{\ell} = \langle |a_{\ell,m}|^2 \rangle = \frac{1}{2\ell+1} \sum_{m=-l}^{l} |a_{\ell,m}|^2 \tag{5.93}$$

와 같이 정의된 C_{ℓ}은 온도요동의 제곱평균에 대응해 ℓ의 함수로써 이론적으로 그림 5.12처럼 예언된다. 그림을 보아 알 수 있듯이 온도요동의 스펙트럼 모양은 우주의 물질밀도(Ω_{m})나 바리온 밀도(Ω_{b})에 의해 변화하고 반대로 온도요동의 관측 자료에서 물질밀도나 바리온 밀도를 다른 우주론적

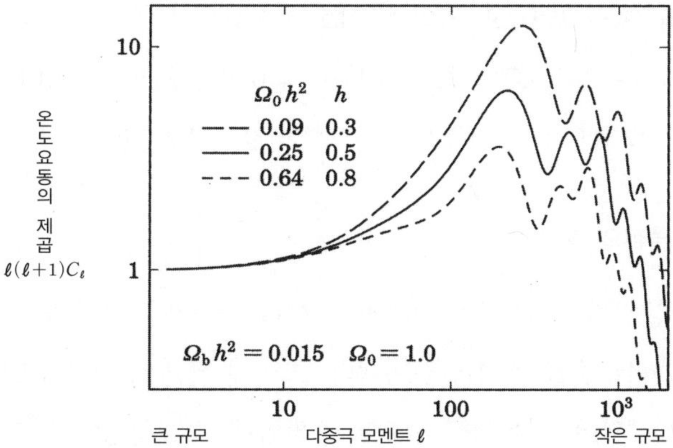

(a)

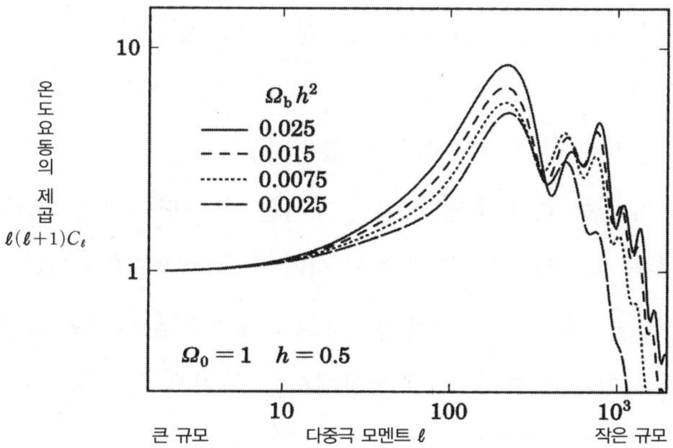

(b)

그림 5.12 우주배경복사의 온도요동 스펙트럼과 물질밀도 및 바리온 밀도와의 관계. 그림은 $\ell=2$일 때 $\ell(\ell+1)C_\ell=1$이 되도록 규격화되어 있다(Hu & White 1996, *ApJ*, 471, 30).

매개변수와 함께 얻을 수 있다(자세한 것은 제3권을 참조). 최근의 WMAP위성 관측 자료로부터

$$\Omega_m h^2 = 0.13 \pm 0.01, \tag{5.94}$$

$$\Omega_b h^2 = 0.022 \pm 0.001 \tag{5.95}$$

인 것이 밝혀졌다. 그러므로 위의 두 밀도를 이용해 우주 암흑물질의 밀도 매개변수 $\Omega_{\rm dm}$은 $\Omega_{\rm dm}=\Omega_{\rm m}-\Omega_{\rm b}\simeq 0.11h^{-2}\simeq 0.20$임을 알 수 있다. 여기서 h는 허블상수를 $100{\rm kms^{-1}Mpc^{-1}}$로 측정한 값으로 $h=0.73\pm 0.03$이다.

5.6.2 암흑물질의 후보

우주에 암흑물질이 존재하고 일반적인 별이나 가스가 아닌 충분한 관측적 증거들이 있다는 것을 앞에서 설명했다. 그런데 문제는 암흑물질의 정체가 무엇이냐는 것이다. 유력한 후보로 중성미자, 초대칭성입자, 액시온을 들 수 있다. 또한 암흑물질의 정체를 추측하는 것과 더불어 중요한 것은 암흑물질을 이루는 입자가 어떤 속도로 운동하고 있는가이다. 우주가 물질우세가 된 이후 우주의 구조형성 시기에 암흑물질 입자의 속도가 빨라지면 운동에 따라서 작은 규모 요동이 없어져 은하 등의 작은 구조가 우주에 생겨날 수 없다는 문제가 발생한다. 이러한 큰 속도를 가진 암흑물질을 '뜨거운' 암흑물질, 반대로 구조형성의 시기에 속도가 거의 0이라고 할 수 있는 암흑물질을 '차가운' 암흑물질이라고 하고 이 두 가지의 중간을 '따뜻한' 암흑물질이라고 한다. 구조형성에서는 차가운 암흑물질의 경우가 더 적합하다.

중성미자

중성미자는 존재가 확실하고 만약 질량이 몇 eV라면 암흑물질의 중요한 구성요소가 될 수 있다. 현재 알려져 있는 중성미자의 밀도 Ω_ν와 질량의 관계는

$$\Omega_\nu h^2=\frac{\sum m_\nu}{94{\rm eV}} \tag{5.96}$$

이다. 여기서 $\sum m_\nu$는 중성미자 세 종류의 질량의 합을 나타낸다. 중성미자가 암흑물질이 될 수 있는가는 이 질량으로 결정되지만 슈퍼 카미오칸데에 따른 대기 중성미자나 태양 중성미자의 관측에서 중성미자의 진동이 발견됨으로써 세 종류의 중성미자 질량에 관해 다음과 같은 관계가 있음이 밝혀졌다.

$$|m_2^2 - m_1^2| \simeq 7 \times 10^{-5}\mathrm{eV}^2, \tag{5.97}$$

$$|m_3^2 - m_2^2| \simeq 3 \times 10^{-3}\mathrm{eV}^2. \tag{5.98}$$

여기서 m_1, m_2, m_3는 각각 전자 중성미자, 뮤 중성미자, 타우 중성미자에 대응하는 질량의 고유값을 나타낸다. (식 5.97)과 (식 5.98)로부터 중성미자의 질량이 쿼크처럼 세대에 따라 계층성을 가진다면, 즉 $m_3 \gg m_2 \gg m_1$라면 $m_3 \simeq 0.05\mathrm{eV}$, $m_2 \simeq 0.008\mathrm{eV}$가 되고 (식 5.96)으로부터 중성미자의 밀도는 바리온 밀도보다 작아져 암흑물질을 설명할 수 없다. 하지만 중성미자의 질량이 거의 축퇴되어 있다면, 즉 $m_1 \simeq m_2 \simeq m_3$인 경우에 중성미자 진동에 관한 실험은 질량의 제곱의 차이만을 측정할 수 있으므로 중성미자가 수 eV의 질량을 가질 가능성이 남는다. 질량의 절댓값에 관해서는 트리튬의 베타붕괴에서 방출되는 전자 중성미자의 에너지 스펙트럼을 측정하는 실험으로부터

$$m_{\nu_e} < 2.2\mathrm{eV} \tag{5.99}$$

라는 상한값을 지정할 수 있다. 이것은 $\Omega_\nu h^2 < 0.07$에 대응하고 우주의 암흑물질 전부를 나타낼 수는 없지만 많은 부분을 차지하고 있을 가능성이 있다.

하지만 우주론적 고찰로부터 중성미자의 질량에 대한 강한 제한을 받을 수 있다. 5.6.1절에서 소개한 것처럼 우주배경복사의 온도요동 스펙트럼은

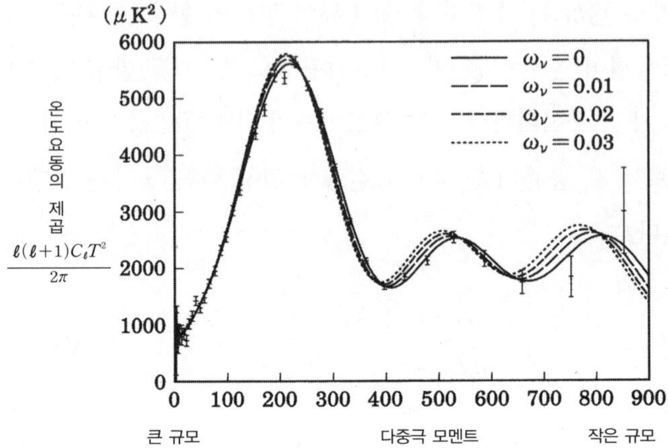

그림 5.13 우주배경복사의 온도요동 스펙트럼과 중성미자의 질량($\omega_\nu \equiv \Omega_\nu h^2$).

우주의 암흑물질 밀도나 바리온 밀도에 민감하지만 그림 5.13처럼 중성미자의 질량에 따라서도 그 모양이 바뀐다. 중성미자는 그 질량에 비해 우주의 온도가 높을 경우에는 상대론적 입자로 행동하거나 온도가 질량보다 낮아지면 비상대론적 입자가 된다. 중성미자의 질량이 약 0.6eV보다 크면 중성미자는 재결합 전에 비상대론적 입자가 돼 상태방정식이 바뀌어 중력 퍼텐셜의 요동을 변화시키고 최종적으로는 온도요동에 영향을 준다. 이 효과는 다른 우주론적 매개변수의 변화로 상쇄되지 않고 중성미자의 질량에 엄격한 제한을 준다. 실제로 WMAP위성의 관측 자료로부터,

$$\sum m_\nu < 2.0\text{eV} \qquad (m_\nu < 0.66\text{eV}), \tag{5.100}$$

$$\Omega_\nu h^2 < 0.022 \tag{5.101}$$

라는 결과를 얻을 수 있다. 이 결과에서 중성미자가 암흑물질이 아니라는 결론에 도달했다.

액시온

액시온은 양자색역학(Quantum Chromodynamics, QCD)에서 CP붕괴의 문제점을 해결하기 위해 도입된 입자이다. 양자색역학QCD은 쿼크나 글루온 사이에 작용하는 강한 상호작용을 기술하는 이론으로 현재 소립자 표준이론의 일부를 이룬다. 상대론적 장의 양자론에서는 일반적으로 하전반전(C), 공간반전(P), 시간반전(T)을 모두 조작해도 이론이 변하지 않는다는 CPT대칭성을 갖지만 양자색역학에서는 라그랑주 함수에 다음과 같은 CP 대칭성을 붕괴시키는 항을 덧붙일 수 있다.

$$\mathcal{L}=\mathcal{L}_{\theta=0}+\frac{\theta}{32\pi^2}G^a_{\mu\nu}\tilde{G}^{a\mu\nu}. \tag{5.102}$$

여기서 $G^a_{\mu\nu}$는 글루온장의 세기(μ, $\nu=0$, 1, 2, 3, a는 $SU(3)$의 지수)를 나타내고 $\tilde{G}^{a\mu\nu}=\varepsilon^{\mu\nu\alpha\beta}G^a_{\alpha\beta}/2$이다. CP붕괴의 크기는 임의의 매개변수 θ로 결정된다. 하지만 CP붕괴를 결정하는 θ의 크기는 중성자의 전기쌍극자를 측정하는 실험으로부터

$$|\theta|<10^{-9} \tag{5.103}$$

라는 범위의 값을 얻을 수 있고 는 거의 0이라고 알려져 있다. 즉, 실험으로부터 양자색역학이 CP를 보존하는 이론이라는 것을 강하게 시사하고 있다. 그러나 양자색역학 자체에는 CP를 붕괴시키는 항을 넣지 않을 이유가 전혀 없다. 소립자이론에서는 넣지 않을 이유가 없는 항을 모두 나타내는 것이 자연스러우므로 양자색역학에서 CP가 보존되는 것을 보면 양자색역학이 부자연스러운 이론이 된다.

이 문제에 대한 해결방법은 페체이R.D. Peccei와 퀸R. Quinn이 제시했다. 그들은 페체이-퀸PQ 대칭성이라는 새로운 대칭성을 도입해 θ를 스칼라장

이라고 해서 $\theta=0$을 최소 퍼텐셜값으로 얻었고 CP가 보존되는 값을 도출했다. 이 모델에서 페체이-퀸 대칭성은 특정 에너지 F_a에서 붕괴되고 그때 난부-골드스톤 입자라고 하는 스칼라 입자가 생성된다.[11] 이 스칼라 입자를 액시온이라고 한다. 액시온은 양자색역학QCD의 인스탄톤 효과[12]로 다음 식에서 주어지는 질량 m_a를 얻는다.

$$m_a \simeq 6.2\times10^{-4}\mathrm{eV}\left(\frac{10^{10}\mathrm{GeV}}{F_a}\right). \tag{5.104}$$

액시온의 질량은 페체이-퀸 대칭성이 붕괴되는 에너지 규모(PQ 크기) F_a에 의존해 그 규모가 커질수록 질량은 작아진다.

액시온은 그 존재가 아직 실험적으로 검증된 것은 아니지만 액시온의 질량, 또는 PQ 규모는 지상의 실험이나 천체현상의 해석으로부터 엄격하게 제한되고 있다. 액시온과 다른 입자간 상호작용의 세기도 질량처럼 F_a에 반비례하기 때문에 실험이나 천체현상으로는 F_a의 하한값(m_a에서는 상한값)

$$F_a \gtrsim 10^9\mathrm{GeV}, \quad m_a \lesssim 0.01\mathrm{eV} \tag{5.105}$$

을 얻는다. 가장 정밀한 값은 초신성 SN 1987A로부터 얻었다. F_a가 큰 액시온은 다른 물질과 아주 약하게 상호작용을 하기 때문에 초신성 중심부에서 액시온이 만들어지면 그대로 초신성 밖으로 에너지를 갖고 나와 초신성의 냉각을 촉진시킨다. 액시온에 의한 냉각이 주로 작용하면 중성미자가 중심부에서 나오는 에너지가 감소해 SN 1987A에서 방출된 중성미자의 관측 결과와 모순되므로 그 범위에 강한 제한을 받는다. 위의 제한을

11 대칭성이 자발적으로 깨어졌을때 나타나는 질량 0인 보손.
12 유클리드화된 장의 양자론 작용을 유한하게 하는 고전값. 장의 이론에서 터널효과를 나타낸다.

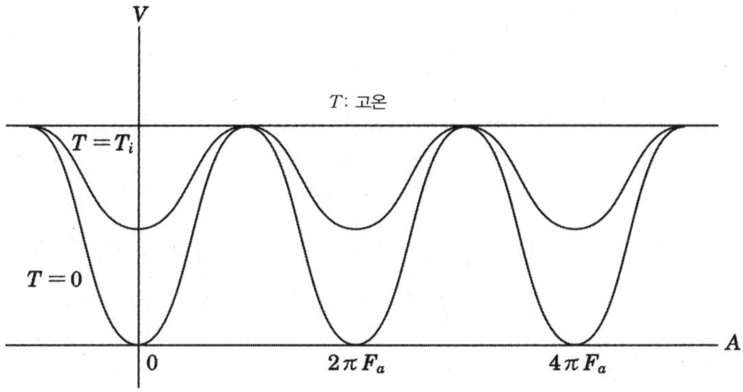

그림 5.14 액시온장의 퍼텐셜.

만족시킬 만한 아주 가벼운 액시온은 광자 두 개를 방출해 붕괴하지만 그 수명은

$$\tau_{\mathrm{a}} \simeq 10^{25}\,\mathrm{sec}\left(\frac{m_{\mathrm{a}}}{\mathrm{eV}}\right)^{-5} \tag{5.106}$$

이고 우주 나이보다 훨씬 길기 때문에 실질적으로 안정된 입자라고 할 수 있다. 따라서 우주에 다수 존재한다면 암흑물질이 될 수 있다.

질량이 작은 액시온은 비열적으로 생성된다. PQ 대칭성이 자발적으로 붕괴됐을 때 액시온은 질량 0, 즉 퍼텐셜이 평탄하므로 액시온장 A는 우주의 각 영역에서 일정한 값 $A_i \equiv \theta_i F_{\mathrm{a}}(-\pi < \theta_i < \pi)$를 갖는다. 그 후 우주 온도 T가 내려가면서 액시온장의 퍼텐셜은 그림 5.14처럼 변화하고 액시온의 질량 $\tilde{m}_{\mathrm{a}}(T)$는 증가한다. 액시온장의 운동방정식은

$$\ddot{A} + 3H\dot{A} + \tilde{m}_{\mathrm{a}}(T)^2 A = 0 \tag{5.107}$$

로 주어지고 $3H$가 질량 $\tilde{m}_{\mathrm{a}}(T)$보다 작아지면 액시온장은 진동하기 시작한다. 진동이 시작하는 온도는 $\tilde{m}_{\mathrm{a}}(T) \simeq 0.1 m_{\mathrm{a}}(\Lambda_{\mathrm{QCD}}/T)^{3.7}$($\Lambda_{\mathrm{QCD}}$: QCD

규모~100MeV)를 사용하면

$$T_i \simeq 1\,\mathrm{GeV}\left(\frac{m_a}{10^{-5}\mathrm{eV}}\right)^{0.18} \tag{5.108}$$

이다. 액시온의 진동에너지를 $\rho_a = \dot{A}^2/2 + \tilde{m}_a^2/2$이라고 하고, 수 밀도를 $n_a = \rho_a/\tilde{m}_a(T)$라고 하면 밀도변화는 아래와 같이 얻을 수 있다. (식5.107)의 양변에 $\dot{a}$를 곱해

$$\frac{d}{dt}\left(\frac{1}{2}\dot{A}^2 + \frac{1}{2}\tilde{m}_a^2 A^2\right) = -3H\dot{A}^2 + \dot{\tilde{m}}_a \tilde{m}_a A^2. \tag{5.109}$$

를 얻을 수 있다. 여기서 액시온장의 진동주기는 우주팽창($\dot{a}$: a 규모 인자)이나 액시온의 질량변화($\dot{\tilde{m}}_a$)의 시간 규모보다 짧기 때문에 위의 식을 한 주기만 평균해도 그 값을 얻을 수 있다. $H = \dot{\tilde{m}} = 0$이라고 하면 운동방정식의 해는 $A = B\sin(\tilde{m}_a t + \delta)$ $(B,\ \delta$: 상수$)$라고 할 수 있고 A^2과 $\dot{A}^2$의 한 주기 평균은 각각 $B^2/2 = \rho_a/\tilde{m}_a^2$, $B^2\tilde{m}_a^2/2 = \rho_a$가 되어 (식 5.109)는

$$\dot{\rho}_a = -3H\rho_a + \frac{\dot{\tilde{m}}_a}{\tilde{m}_a} \implies \frac{d}{dt}\left(\frac{\rho_a a^3}{\tilde{m}_a}\right) = 0 \tag{5.110}$$

으로 표시된다. 그리고 n_a는 우주팽창과 함께 a^{-3}으로 변화하는 것을 알 수 있다.

따라서 액시온-엔트로피 비 n_a/s는 진동하는 동안 일정하고

$$\frac{n_a}{s} = \frac{45\tilde{m}_a(T_i)a_i^2}{4\pi^2 g_* T_i^3} = \frac{45a_i^2\sqrt{G}}{2T_i\sqrt{5\pi g_*}} \tag{5.111}$$

로 주어진다. 따라서 현재의 액시온 밀도 매개변수 Ω_a는

$$\Omega_a h^2 \simeq 0.16 \left(\frac{m_a}{10^{-5}\text{eV}} \right)^{-1.18} \overline{\theta}_i^2 \qquad (5.112)$$

가 된다. $\overline{\theta}_i$는 진동이 시작할 때의 θ_i를 평균한 값이다. 인플레이션 우주의 경우 우주 전체에서 일정한 값 θ_i를 가진다. 어떠한 경우에도 $\overline{\theta}_i \sim O(1)$이므로 액시온의 질량이 $m_a \sim 10^{-5}$eV($F_a \sim 10^{12}$GeV)라면 우주의 암흑물질을 설명할 수 있다.

액시온은 우주 초기에서도 열평형 상태가 아니고 속도 0으로 정지해 있는 입자라고 볼 수 있다. 따라서 다음에 설명할 초대칭성 입자의 경우와 마찬가지로 차가운 암흑물질로 분류돼 우주의 구조형성에서도 중요한 물질이라고 할 수 있다. 액시온은 상호작용이 매우 작기 때문에 그 존재를 실험적으로 확인하기는 어렵지만 액시온을 검출하기 위한 실험이 종종 이루어지고 있다. 그러나 아쉽게도 현재까지 액시온 자체는 발견된 적이 없다.

초대칭성 입자

5.2절과 5.3절에서 기술한 것처럼 초대칭성이론은 소립자 표준모델의 계층성 문제를 해결하고 대통일이론에서 기대되는 세 개의 힘(강한 상호작용, 약한 상호작용, 전자기력)의 세기를 좌우하는 결합상수의 통일을 실현할 수 있다는 특징이 있다. 초대칭성은 낮은 에너지에서는 붕괴됐고 초대칭성 입자는 $O(100)$GeV$-O(1)$TeV의 질량을 갖는다.

이렇게 초대칭성에 기초한 소립자 모델은 그 자체로 매우 매력적인데 역시 암흑물질의 후보가 되는 입자도 포함한다. 초대칭성이론의 모델에는 일반적으로 R패리티라고 하는 대칭성을 요구한다. R은

$$\text{R} = (-1)^{3(B-L)+2S} \qquad (5.113)$$

라고 정의되고 B, L, S는 각각 바리온수, 렙톤수, 스핀을 의미한다. 이것에 따르면 표준이론에 존재하는 입자는 R패리티 +1, 초대칭성 입자는 R 패리티 −1이다. R패리티가 보존되기 위해 R패리티 −1의 입자가 붕괴하는 경우에 홀수개의 더욱 가벼운 초대칭성 입자로 붕괴되어야 한다. 그러므로 가장 가벼운 초대칭성 입자(Lightest supersymmetric particle, LSP)는 안정적이 된다. 일반적으로 소립자 이론에서는 질량이 큰 입자는 불안정하고 더욱 가벼운 입자로 붕괴하는 것으로 알려져 있지만 R패리티 때문에 LSP는 질량이 무거워도 안정된 상태로 존재한다. 그러므로 LSP가 암흑물질의 유력한 후보가 될 수 있다. 실제로 LSP 질량은 크고 수백 GeV라고 생각되므로 우주 초기에 열평형 상태에서도 빠른 속도로 운동하지 못하고 차가운 암흑물질이 된다.

LSP로 가능성이 높은 것은 중성의 게이지 보손 B와 W^3, 힉스입자 H_u와 H_d의 초대칭성 입자인 비노 $\tilde{B}$, 위노 $\tilde{W}^3$, 힉시노 $\tilde{H}_u$, $\tilde{H}_d$의 혼합 상태인 뉴트랄리노 $\tilde{\chi}_n^0(n=1, 2, 3, 4)$으로 가장 가벼운 물질들이다.

우주에서 뉴트랄리노의 밀도는 3장에서 설명한 열평형의 결합제거 과정으로 결정된다. 즉, 우주 초기에서 뉴트랄리노는 열평형 상태이고 수 밀도는 열평형 분포를 따르지만 온도가 내려가고 밀도가 감소하면서 뉴트랄리노가 비상대론적이면 그 수 밀도는 볼츠만 분포를 따라서 급격히 감소한다. 하지만 뉴트랄리노는 상호작용이 약하므로 쌍소멸이 충분히 일어나지 않고 평형 분포을 따르지 못하기 때문에 열평형 상태에서 벗어나 밀도가 우주팽창으로 작아진다. 따라서 뉴트랄리노의 밀도는 쌍소멸의 단면적으로 결정된다. 단면적은 페르미온쌍을 생성하는 작용

$$\tilde{\chi}_1^0\tilde{\chi}_1^0 \longrightarrow f\bar{f} \quad (f=\mathrm{q},\ \ell,\ \nu) \tag{5.114}$$

과 보손쌍을 생성하는 작용

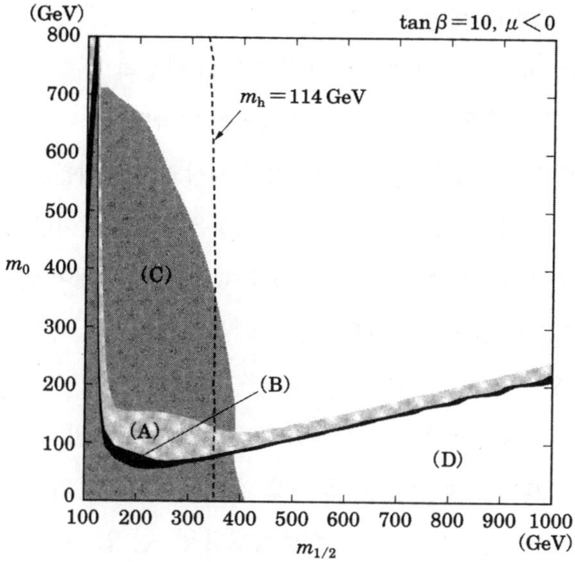

그림 5.15 뉴트랄리노가 $0.1<\Omega h^2<0.3$을 만족하는 영역(A), WMAP의 결과 $0.094<\Omega h^2<0.129$를 만족하는 영역(B), 실험의 제한영역(C), 스타우[13]가 LSP가 되는 영역(D). 점선은 힉스입자의 질량 제한.

$$\tilde{\chi}_1^0\tilde{\chi}_1^0 \longrightarrow W^+W^-,\ Z^0Z^0,\ W^\pm H^\mp \cdots \tag{5.115}$$

이 존재하고 그 계산은 복잡하다. 또한 초대칭성 입자의 질량이나 힉스입자의 질량 등 다수의 자유 매개변수가 존재하기 때문에 해석은 쉽지가 않다. 그래서 최근에는 이론적 가정에 기초해 모델 매개변수를 많이 줄여서 해석하는 경우가 많다. 그러한 모델로 많이 조사되고 있는 것이 mSUGRA라고 하는 것으로 GUT 규모(M_U)에서 다음을 가정한 모델이다.

- 게이지 상호작용에서 결합상수의 통일
- 통일된 게이지 페르미온의 질량 ($m_{1/2}$)
- 공통의 초대칭성 스칼라 입자의 질량 (m_0)

13 제 3세대의 하전렙톤 τ의 초대칭성 파트너 $\tilde{\tau}$(스타우).

– 공통의 스칼라 세 점의 결합상수

그림 5.15는 mSUGRA모델을 이용해 WMAP위성의 관측 결과로 계산한 암흑물질의 존재량을 설명할 수 있는 영역을 나타낸다.

최근에 암흑물질의 뉴트랄리노를 직접 지상의 검출기를 사용해서 검출하려는 시도가 종종 이루어지고 있다. 이것은 게르마늄이나 실리콘 등의 물질을 사용해 그것에 뉴트랄리노가 충돌했을 때 원자핵이 얻는 반동에너지를 전기신호로 검출하는 것으로 앞으로 뉴트랄리노의 직접 검출이 기대된다.

뉴트랄리노 외에 암흑물질의 후보가 되는 초대칭성 입자로는 그래비티노를 들 수 있다. 그래비티노는 중력을 매개하는 중력자의 초대칭성 파트너로 다른 입자들과 오직 중력으로만 상호작용하는 입자이다. 그래비티노의 질량은 초대칭성 붕괴가 표준모델의 입자에 전달되는 모델로 결정된다. 초대칭성 붕괴를 매개하는 것은 크게 나누어 중력과 게이지 상호작용이 있다. 중력이 매개하는 모델에서 그래비티노의 질량 $m_{3/2}$은 다른 초대칭성 입자와 마찬가지로 $100-10^3$GeV가 된다. 한편, 게이지 상호작용이 초대칭성 붕괴를 전달하는 모델에서는 1GeV 이하의 작은 질량을 갖고 이 경우 그래비티노가 LSP가 된다고 기대할 수 있다. 질량이 2keV보다 큰 그래비티노는 주로 인플레이션 후에 재가열기에서 만들어지고 따라서 그 우주에서 존재량 $\Omega_{3/2}$는 인플레이션 후의 재가열 온도 T_R을 이용해 다음과 같이 구할 수 있다.

$$\Omega_{3/2}h^2 \simeq 0.35\left(\frac{T_R}{10^7\mathrm{GeV}}\right)\left(\frac{m_{\tilde{g}}}{500\mathrm{GeV}}\right)^2\left(\frac{m_{3/2}}{\mathrm{GeV}}\right)^{-1}. \tag{5.116}$$

여기서 $m_{\tilde{g}}$ 는 글루이노의 질량을 나타낸다. 또한 질량이 2keV 이하인 그래비티노는 약 100GeV의 온도에서 열평형 상태가 되므로 그 존재량은

$$\Omega_{3/2}h^2 \simeq 0.5\left(\frac{m_{3/2}}{\text{keV}}\right) \qquad (5.117)$$

이다. 따라서 몇 keV에서 1GeV의 질량을 갖는 그래비티노는 재가열 온도에 의해 그리고 500eV의 그래비티노는 재가열에 상관없이 암흑물질을 설명할 수 있다. 단, 500eV의 그래비티노는 따뜻한 암흑물질로 분류돼 구조형성에 어려움을 준다.

여기서 그래비티노 문제에 대해 더 알아보자. 위에서 본 것처럼 초대칭성 붕괴가 게이지 상호작용에서 표준모델의 입자로 전달되는 경우에는 그래비티노가 가볍기 때문에 안정된다. 이때 (식 5.103)을 보면 알 수 있는 것처럼 인플레이션 후의 재가열 온도가 높으면 그래비티노가 너무 많이 만들어져 우주물질의 관측값을 크게 넘는다는 문제가 생긴다. 또한 초대칭성 붕괴를 중력이 전달하는 모델에서는 그래비티노의 질량이 $100-10^3$ GeV가 되어 일반적으로 그래비티노는 더욱 가벼운 초대칭성입자로 붕괴된다. 하지만 그 수명은 길고 예를 들어 그래비티노가 광자와 포티노(광자의 초대칭파트너)로 붕괴되는 수명은

$$\tau_{3/2} = 4\times 10^8 \text{sec}\left(\frac{m_{3/2}}{100\text{GeV}}\right)^{-3} \qquad (5.118)$$

이고 그래비티노는 원소합성 후에 붕괴하는 것이다. 이때 붕괴 때문에 생성된 광자가 경원소를 붕괴시켜 원소합성에 심각한 영향을 준다. 또한 붕괴에 의해 양성자나 중성자와 같은 하드론이 생길 때에는 광자보다 더 큰 영향을 준다. 이와 같이 그래비티노의 존재는 우주론에서 심각한 문제를 일으킬 수 있다. 이를 그래비티노 문제라 한다. 그래비티노 문제를 피하려면 인플레이션 후의 재가열 온도가 낮아야($T_R \lesssim 10^6$GeV) 하고, 이것으로 인해 인플레이션 모델의 구축과 바리온 생성을 제한한다.

5.7 암흑에너지

암흑에너지의 관측

우주의 시간변화는 아인슈타인 방정식(프리드만 방정식)으로 기술되고 우주 팽창의 속도는 우주를 구성하는 에너지 밀도로 결정된다. 우주가 바리온이나 암흑물질처럼 압력이 0인 물질에 지배를 받으면 아인슈타인 방정식으로부터 우주는 팽창하고 있지만 속도는 점점 늦춰지고 있음(감속팽창)을 알 수 있다. 한편, 우주상수(진공에너지)가 지배하는 경우에는 우주는 가속팽창한다. 현재의 우주가 감속팽창하는지 아니면 가속팽창하는지는 광도거리(d_L)와 적색편이(z)의 관계를 측정해 조사할 수 있다. 간단한 예로 평탄한 우주를 가정하고 우주가 물질우세($\Omega_{\mathrm{m}}=1$)라고 하면 광도거리(2.5절 참조)는

$$d_L=2H_0^{-1}[(1+z)-\sqrt{1+z}] \tag{5.119}$$

로 주어지고 우주상수가 지배하는 우주($\Omega_\Lambda=1$)에서는

$$d_L=H_0^{-1}z(1+z) \tag{5.120}$$

가 되어 d_L과 z의 관계가 달라지고 같은 z에 대해 우주상수가 지배하는 우주의 d_L이 큰 것을 알 수 있다.

1990년대 말부터 Ia형 초신성의 관측으로 광도거리와 적색편이가 측정되어 그림 5.16에 나타낸 것처럼 관계가 있음이 밝혀졌다. 이 그림에서 우주상수가 큰 우주가 관측 자료와 잘 맞음을 알 수 있지만 실제로 Ia형 초신성의 관측으로부터 우주상수 Ω_Λ와 물질밀도 Ω_{m}대해 그림 5.17에 나타낸 것처럼 제한범위가 존재하고 현재 우주가 가속팽창을 하고 있음을 시사한

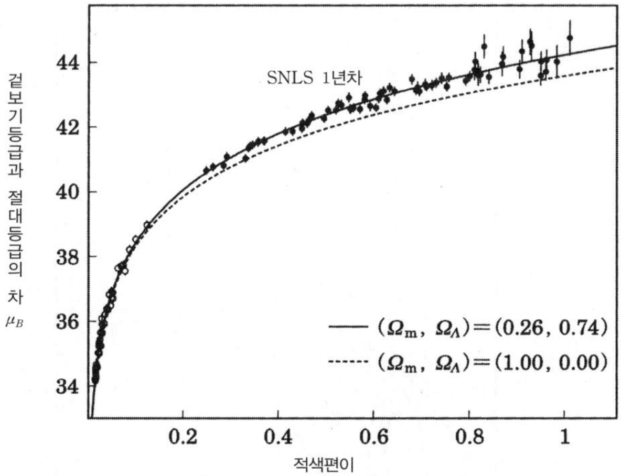

그림 5.16 Ia형 초신성의 광도거리와 적색편이의 관계. μ_B는 겉보기등급과 절대등급의 차를 나타내고 광도거리와 $\mu_B \simeq 5\log_{10}(d_L/\mathrm{Mpc})+25$의 관계가 있다(Supernova Legacy Survey: Astier *et al.*, 2006, *A & A*, 447, 31).

다. 이것은 현재 우주가 약한 물질이나 복사가 아니라 우주상수의 지배를 받고 있음을 나타낸다. 이런 우주를 가속팽창시키는 에너지를 암흑에너지라고 한다.

암흑에너지의 대표적인 것은 우주상수이다. 역사적으로는 아인슈타인이 정적인 우주모델을 표현하기 위해서 아인슈타인 방정식을 도입했지만 그 후 허블이 우주팽창을 발견해 철회됐다. 우주상수의 소립자 물리적 해석으로는 진공에너지를 뜻한다. 소립자 물리에서 진공은 소립자의 생성과 소멸이 일어나는 곳에서 에너지가 가장 낮은 상태라고 할 수 있다. 따라서 진공에너지는 0일 필요가 없으며 아인슈타인 방정식

$$\dot{\rho}=-3H(\rho+P) \tag{5.121}$$

(ρ : 밀도, P : 압력)으로부터 우주상수처럼 진공에너지가 시간변화에 따라 변화하지 않으면 위 식의 좌변이 0이기 때문에

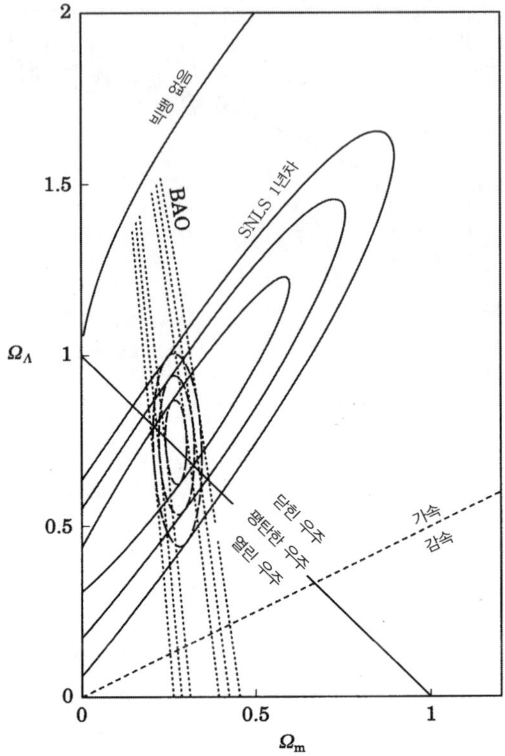

그림 5.17 $\Omega_m - \Omega_\Lambda$면의 제한 범위. 등고선은 안에서부터 68.3%, 95.5%, 99.7%의 신뢰도를 나타내고 실선은 초신성관측(SNLS), 가는 점선은 SDSS에 의한 은하탐사(BAO), 굵은 점선은 양쪽을 합한 제한 범위를 각각 나타내고 있다(Supernova Legacy Survey: Astier *et al.*, 2006, *A & A*, 447, 31).

$$P(\text{진공}) = -\rho(\text{진공}) \tag{5.122}$$

가 된다. 여기서 문제가 되는 것은 진공에너지의 크기이다. 소립자의 표준 이론에 따르면 약 100GeV의 에너지 규모에서 전약 상전이가 일어나 우리가 관측하는 저에너지에서 진공 상태로 이동했다고 생각된다. 따라서 진공 에너지 규모는 $(100\mathrm{GeV})^4$이라고 기대된다. 하지만 암흑에너지라고 계산되는 것은 $(10^{-12}\mathrm{GeV})^4$으로 약 10^{56}배나 차이가 있다. 그리고 대통일 이론을 따른다면 그 차이는 10^{112}배나 된다. 따라서 현재 관측되는 암흑에너지가 진공에너지라면 소립자이론에서는 극히 부자연스러운 현상이라고 할 수 있다.

일반적으로 상태방정식을 $P=w\rho$라고 하면 진공에너지는 $w=-1$인 에너지라고 할 수 있다. 그리고 우주의 가속도를 기술하는 아인슈타인 방정식

$$\ddot{a}=-\frac{4\pi}{3}G(\rho+3P)a=-\frac{4\pi}{3}G(1+3w)\rho a \tag{5.123}$$

으로부터 $w<-1/3$을 만족하는 에너지는 우주를 가속팽창시키고 현재의 우주를 지배하는 암흑에너지가 되는 것을 알 수 있다. $w\neq-1$의 암흑에너지를 설명하는 대표적인 모델은 '정수' Quintessence[14]라고 하는 것으로 암흑에너지는 시간에 따라 천천히 변화하는 스칼라장의 퍼텐셜에너지로 설명할 수 있다.

예로써 알브레히트A. Albrecht와 스코디스C. Skordis가 제안한 모델(AS모델)을 생각해 보자. 이 모델에서는 스칼라장 Q가

$$V(Q)=[(Q-b)^2+c]e^{-\lambda Q}=f(Q)e^{-\lambda Q} \tag{5.124}$$

로 주어지는 퍼텐셜에너지로 운동한다. 여기서 b와 c는 모델 매개변수를 나타낸다. 이제 $f(Q)$의 시간변화가 작다면 근사에 의해 운동방정식은

$$\ddot{Q}+\frac{6}{mt}\dot{Q}-\lambda f(Q)e^{-\lambda Q}=0 \tag{5.125}$$

이다. 여기서 $a\propto t^{2/m}(\rho\propto a^{-m})$로 했다. 이 운동방정식은 $Q=A\ln(\lambda Bt)$

14 제5원소, 고대, 중세 철학에서 불, 바람, 흙, 물의 4대 원소 외에 존재하며 우주에 충만해 있다고 생각됐던 원소.

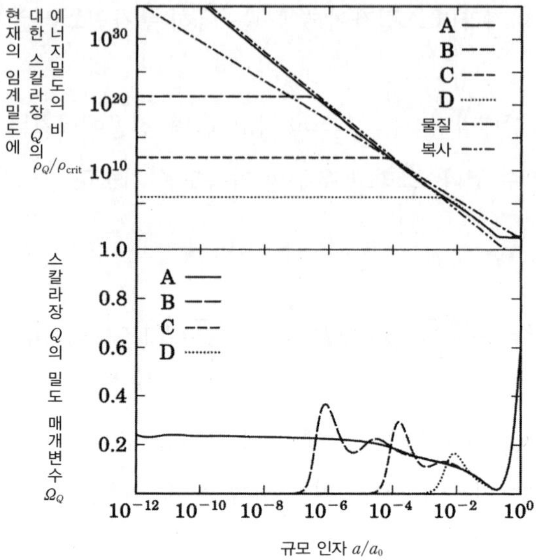

그림 5.18 AS모델에서 스칼라장 에너지의 시간변화.

(A, B는 상수)라는 해를 가지고 넓은 범위의 초기조건에 대해 Q의 시간변화의 궤적은 그 해에 수렴한다. 이 해를 트러커해라고 한다. Q가 트러커해를 가질 때는 스칼라장의 에너지 ρ_Q는 $\rho_Q \propto t^{-2} \propto a^{-m}$과 같이 변하고 우주의 밀도를 지배하는 물질(혹은 복사)과 같다. 따라서 Q는 우주의 비교적 빠른 시기에서부터 우주에너지의 큰 비율을 차지하고 최종적으로는 우주밀도를 지배한다. 그림 5.18에 이 '정수' 모델에서 스칼라장의 에너지 밀도 변화를 나타냈다.

그림 5.18에서 위의 그림은 현재의 임계밀도를 단위로 해 측정한 에너지밀도이고 아래 그림은 밀도 매개변수를 나타낸다. 모델 매개변수는 $\lambda=20/M_{pl}$, $c=0.002M_{pl}$, $b=13.6M_{pl}$이다. Q의 초기조건은 (A)$8M_{pl}$, (B)$11.6M_{pl}$, (C)$12.6M_{pl}$, (D)$13.2M_{pl}$이다. 이 그림의 계산에서는 우주론 매개변수는 $\Omega_m=0.4$, $\Omega_b h^2=0.019$, $h=0.65$라고 했다. 또한

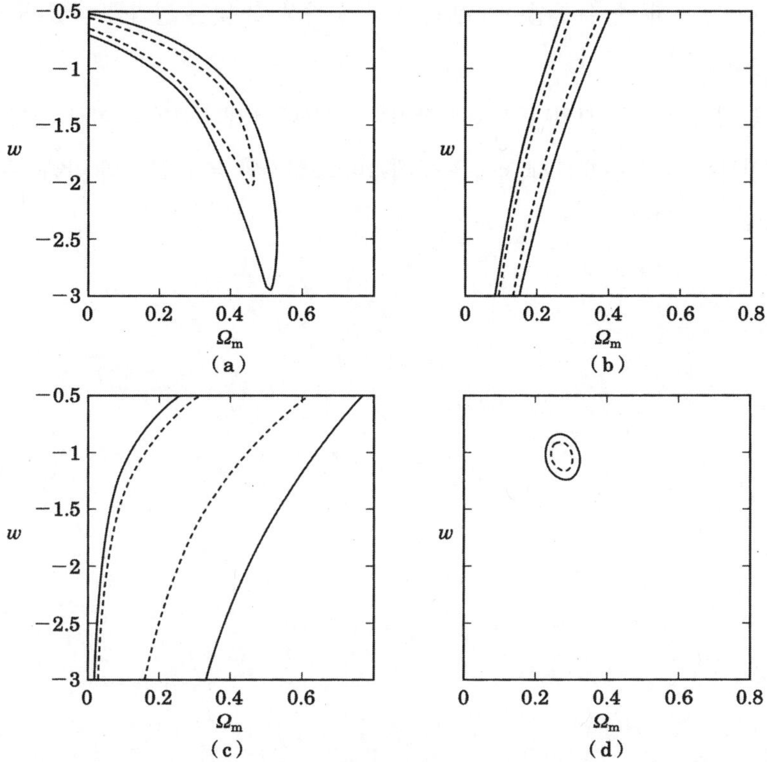

그림 5.19 상태방정식의 성립 범위. (a) 초신성(SNLS)에 의한 범위, (b) 은하탐사(SDSS)에 의한 범위, (c) 우주배경복사에 의한 범위, (d) 3개를 합쳤을 때의 범위. 점선은 1σ, 실선은 2σ범위의 경계를 나타낸다.

$M_{\rm pl}=(\hbar c/G)^{1/2}=2.18\times10^{-5}$g은 중력상수 G, 플랑크 상수 $h(\hbar=h/2\pi)$, 빛의 속도 c를 이용해 만든 질량의 단위를 가진 양으로써 플랑크질량이라고 불린다.

AS모델 이외에도 '정수' 모델은 무수히 제안됐고 다양한 w와 그에 따른 시간변화를 예측했다. 그러나 이 모델들은 모두 진공에너지가 거의 0이라는 것을 전제로 해 현재의 진공에너지가 왜 작은지 설명하지 못한다.

그리고 최근 우주배경복사, 초신성, 은하탐사 자료를 합친 해석에 따르면

$w=-1$일 때 즉 우주상수가 관측 자료와 가장 잘 맞는 결과를 얻었다(그림 5.19).

앞에서 기술한 것처럼 관측과 잘 맞는 진공에너지의 크기를 이론적으로 설명하는 것은 현재까지 어려운 문제이며 소립자와 우주 물리의 미해결문제로 남아 있다.

제6장
인플레이션

6.1 역사적 배경

2장에서 설명한 것처럼 고전 빅뱅 우주모델은 균일한 우주팽창, 우주배경복사의 존재, 경원소의 존재량이라는 세 가지 우주론적 관측사실을 합리적으로 설명하는 이론이지만 동시에 지평선문제와 평탄성문제라는 어려운 문제를 안고 있다. 문제들은 지극히 근원적이며 또한 초기의 우주로 돌아가려고 한다는 점 때문에 우주 마이크로파 배경복사가 발견되어 고전 빅뱅우주론이 확립된 후에도 비교적 오랜 시간 동안 받아들여지지 않았다. 극히 초기우주 즉 플랑크 시대를 설명하는 고에너지 물리의 믿을 만한 이론이 없었기 때문이기도 하다.

그러다가 1970년대에 소립자의 대통일이론이 등장하자 상황이 바뀌었다. 대통일이론은 $M_{\mathrm{GUT}}=10^{15-16}$GeV라는 아주 높은 에너지 규모를 가진 이론이며 이것은 고전 중력이론의 적용한계인 플랑크 규모 10^{19}GeV에 거의 근접한 것이므로 이때 드디어 우주의 아주 초기까지 설명할 수 있는 이론을 손에 넣었다고 할 수 있다. 그리고 그것을 이용해 초기우주의 물리현상을 연구하려는 움직임이 서서히 생기고 요시무라 타로吉村太彦가 우주의 바리온 비대칭성 기원을 설명하는 등 적극적인 연구 성과들이 나왔다.

반면 5장에서 기술한 것처럼 단극자 문제와 같은 새로운 문제들이 발생했다. 이후의 소립자 물리학과 우주론의 발전은 새로운 이론이 제기될 때마다 새로운 우주론적 문제들이 발생하고 그것을 해결하기 위해 또 다른 접근 방법이 생겨나는 형태로 계속 발전되고 있다.

인플레이션 우주론도 이러한 상황에서 생겨났다. 대통일이론은 단극자 문제를 야기시켰지만 해결법 자체도 사실은 대통일이론 속에 숨어 있었다. 이러한 것을 빨리 알아챈 것이 사토 카츠히코佐藤勝彦와 구스A. Guth였다. 대칭성이 보존된 상황에서 상호작용이 분화된 상황으로 상전이한다고 예언한 대통일이론은, 대칭성을 깨지게 하는 힉스장의 값이 0인 상황에서 $M^4_{\rm GUT}$의 큰 진공에너지 밀도를 갖는다는 점에 착안했다. 이 상태가 제법 오래 지속되면 복사 등의 다른 에너지 밀도는 우주팽창으로 엷어지고 진공의 에너지가 우주의 에너지 밀도를 지배한다. 이것은 양의 우주항이 지배하는 드 지터de Sitter 시공처럼 변동하기 때문에 지수함수적으로 우주팽창이 일어난다. 이것이 우주의 인플레이션이다. 우주가 팽창하면 단극자가 매우 엷어지고 우주의 지평선을 크게 넓힐 수 있으며 곡률반경이 커질 수 있다.

6.2 지평선문제와 평탄성문제의 해결

사토 카츠히코나 구스의 이론은 지수함수적인 팽창을 실현시켰지만 지평선 문제나 평탄성문제를 해결하기 위해서 지수함수적인 팽창이 반드시 필요한 것은 아니다. 여기서는 더욱 일반적으로 어떠한 조건이 만족되면 이러한 문제들이 해결될 수 있는지 살펴보자.

일단, 평탄성문제에 관해 프리드만 방정식

$$\left(\frac{\dot{a}}{a}\right)^2+\frac{K}{a^2}=\frac{8\pi G}{3}\rho, \qquad (6.1)$$

에 대해 복사우세와 물질우세 어떤 시대에서도 규모인자의 제곱에 반비례해 감소하는 좌변의 곡률항보다도 우변의 에너지항이 빠르게 감소한다는 것이 이 문제의 핵심이다. 따라서 만약 우주가 팽창해도 에너지 밀도가 거의 감소하지 않는 신종 에너지 즉 a^{-2}보다 천천히 감소하는 에너지가 우주의 에너지를 지배한다면 곡률항이 에너지항보다 빨리 감소해 평탄성문제는 해결된다.

다음으로 지평선문제에 대해 생각하자. 2장에서 본 것처럼 (식 6.1)에서 곡률항을 무시할 수 있는 경우 우주의 에너지 밀도가 $\rho \propto a^{-n}$에 비례해 감소하는 상황에서는 우주팽창식은 $a(t) \propto t^{2/n}$이 된다. 복사우세라면 $n=4$, 물질우세라면 $n=3$이기 때문에 어떤 경우에도 우주는 $2/n<1$의 감속팽창을 한다. 이러한 감속팽창 시대에서는 2장에서 정의한 입자의 지평선도 허블 지평선도 시간에 비례해 커지기 때문에 시간이 경과하면 할수록 지금까지 겪어보지 못한 먼 좌표지점이 지평선 안으로 들어온다. 신기하게도 새롭게 눈에 들어오는 곳이 우리 주변과 성질(예를 들어, 온도가 같다)이 비슷하다는 점이 지평선문제이다.

반대로 만약 n이 2보다 작은 에너지 밀도가 우주팽창을 지배한다면 우주팽창의 지수가 1보다 커지는 가속팽창이 시작되고 허블 지평선 안에 있는 부분이 시간이 지나면서 허블 지평선밖으로 빠져 나가는 것과 더불어 입자의 지평선은 규모인자와 함께 허블 지평선보다 빠른 속도로 커진다. 이러한 시대가 오래 지속되면 지평선은 충분히 넓어지고 지평선문제가 해결된다.

위에서 말한 것처럼 우주가 팽창해도 a^{-2}보다 천천히 감소하는 밀도의 에너지(이것이 인플레이션을 일으키는 에너지이므로 인플라톤 에너지라고 하겠다)가 우주 에너지 밀도를 지배해 우주팽창이 가속되면 원리적으로는 지평선 문제와 평탄성문제를 동시에 해결할 수 있음을 알 수 있다. 또한 이 때 인플레이션을 일으키는 에너지에 비해 단극자 등 나중의 우주진화에 문제를 일으키는 신종 입자들도 매우 희박해진다. 하지만 인플레이션에 의해 단극자뿐 아니라 우주의 엔트로피 밀도도 a^{-3}에 비례해 감소하므로 단극자 밀도와 엔트로피 밀도의 비는 어떤 급격한 팽창이 일어나도 거의 변하지 않는다. 인플레이션은 현대우주론에서 없어서는 안 될 현상이지만 인플레이션이 언제까지나 지속된다면 현재 우리가 살고 있는 우주는 만들어

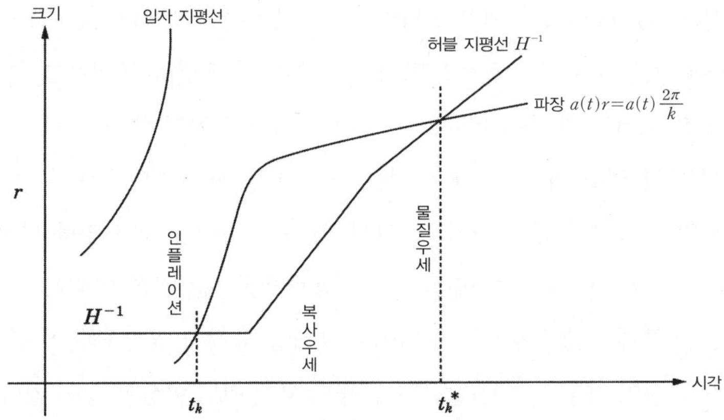

그림 6.1 인플레이션 우주론에서 각종 규모들의 시간변화.

지지 않는다. 인플레이션을 알맞게 종료시키고 복사우세의 프리드만 우주로 전환해야 한다. 즉, 인플라톤 에너지를 복사에너지로 전환시켜 엔트로피 생성을 일으켜야 한다. 이것을 우주의 재가열이라고 한다.

이를 테면 인플레이션 우주론은 단순히 지수함수적으로 팽창하게 하는 것이 아니라

$$\text{인플레이션} = \text{가속팽창} + \text{재가열}$$

이라는 두 가지 현상이 제대로 일어나야 비로소 현실적인 우주모델이 된다.

이러한 인플레이션 우주론에 의해 지평선문제가 정말 해결되는지 확인하기 위해 인플레이션 우주론에서 각종 규모들의 시간변화를 그림 6.1로 나타냈다.

그림과 같이 좌표 크기 r이 허블 지평선보다 아래쪽에 있는 경우에는 두 점의 간격이 좌표규모의 거리이므로 우주팽창시간(허블시간 H^{-1}) 안에 상호작용을 할 수 있다. 인플레이션 우주론에서 그림의 시각 t_k 이전에는 좌표거리 r까지는 허블시간 안에 상호작용을 할 수 있다. 반대로 t_k 이후는

우주팽창이 급격히 팽창해 좌표거리 r의 점은 멀어져 보이지 않는다.

인플레이션이 끝나고 프리드만 팽창의 시대가 되면 규모인자는 천천히 감속팽창을 하기 때문에 이때부터는 허블 지평선 쪽이 빨리 커져 결국에 시각이 t_k^*가 되면 좌표크기 r의 점은 다시 허블 지평선 안으로 들어온다. 이때 r만큼 떨어진 점이 다시 '보이게' 되고 우주팽창 시간 안에 다시 상호작용이 가능해진다. 하지만 이 점과 상호작용하는 것은 이때가 처음이 아니라 인플레이션의 시각 t_k 이전에 상호작용한 적이 있기 때문에 갑자기 '보이는' 점이 자기 자신과 같은 성질을 갖고 있어도 이상할 것이 없다. 이것이 인플레이션 우주론에 의한 지평선문제 해결의 요점이다. 이것은 또한 초기에 인플레이션을 경험한 우주에서는 입자의 지평선이 그림처럼 허블 지평선보다 지수함수적으로 커지는 것을 봐도 이해할 수 있다.

그것에 대해 인플레이션을 경험하지 않은 고전 빅뱅우주론에서는 그림 6.1의 인플레이션의 시기가 사라지고 좌표크기 r의 점이 보이게 되는 것은 시각 t_k^*가 처음이므로 그 규모의 점이 자기 자신과 닮았다는 것은 설명할 수 없다.

이러한 규모의 진화에서 인플레이션이 어느 정도 지속되면 지평선문제나 평탄성문제를 해결할 수 있을 것인가를 계산할 수 있다. 일단 간단히 하기 위해 인플레이션 중에는 우주의 에너지 밀도가 일정한 값 $\rho_{\rm inf}$를 가진다고 하고 인플레이션이 시각 t_s에서 t_f까지 계속된 후 곧 인플란톤의 에너지 밀도 $\rho_{\rm inf}$가 모두 복사에너지 밀도 $\rho_{\rm r}$로 전환된다고 하자. 뒤에서 설명하겠지만 실제로 이 재가열 과정에는 유한한 시간이 걸리고 그 동안 인플란톤의 에너지는 우주팽창으로 어느 정도 희박해진다. 그러면 그때 복사온도는

$$\rho_{\rm inf}=\rho_{\rm r}=\frac{\pi^2}{30}g_*T_R^4\cong 60g_{*200}T_R^4 \tag{6.2}$$

에 의해 계산된다. 단, g_*는 그때의 상대론적 자유도이며 g_{*200}은 그것을 200으로 규격화시킨 값을 나타낸다.

그 후 우주는 계속 단열팽창을 했다고 단순화하면 엔트로피의 보존보다 $g_*T^3a^3$은 일정하게 유지된다. 엔트로피 밀도에 관한 현재의 실효적 자유도수는 $g_{*s}=3.91$이기 때문에 현재의 $T_{\rm CMB}=2.73{\rm K}$까지 우주는 $a_0/a_R=T_R/T_{\rm CMB}(200g_{*200}/3.91)^{1/3}=3.7g_{*200}^{1/3}T_R/T_{\rm CMB}$만큼 팽창한 셈이다. a_R은 재가열할 때 규모인자를 나타낸다. 따라서 인플레이션이 시작됐을 때 허블 지평선 규모 $H_{\rm inf}^{-1}$은 현재

$$\begin{aligned}L_0&\equiv H_{\rm inf}^{-1}e^{H_{\rm inf}(t_f-t_s)}\times\frac{a_0}{a_{\rm R}}\\&=1.1\times10^{17}g_{*200}^{-1/4}\left(\frac{H_{\rm inf}}{10^{13}\,{\rm GeV}}\right)^{-1/2}e^{H_{\rm inf}(t_f-t_s)}\quad[{\rm GeV}^{-1}]\\&=7.3\times10^{-22}g_{*200}^{-1/4}\left(\frac{H_{\rm inf}}{10^{13}\,{\rm GeV}}\right)^{-1/2}e^{H_{\rm inf}(t_f-t_s)}\quad[{\rm Mpc}]\end{aligned} \tag{6.3}$$

까지 늘어났다. 단, $H_{\rm inf}=(8\pi G\rho_{\rm inf}/3)^{1/2}$이다. 인플레이션이 시작된 때 우주가 얼마나 비균일성을 갖는지는 알 수 없지만 가설로 시각 t_s의 허블 지평선 규모로 1단위의 밀도요동이 있다면 이것을 충분히 늘려서 현재에 관측되는 듯한 지평선 규모에서 요동이 10^{-5}밖에 되지 않는 균일등방 우주를 실현하는 것을 생각할 수 있다. 그렇기 때문에 $L_0\gtrsim 500H_0^{-1}$인 것이 요구되므로 인플레이션이 자연로그의 아래의 몇 제곱만큼 지속됐는가 하는 수(number of *e*-folds) N은,

$$N\equiv H_{\rm inf}(t_f-t_s)>65+\frac{1}{2}\ln\left(\frac{H_{\rm inf}}{10^{13}\,{\rm GeV}}\right)\equiv N_{\rm min} \tag{6.4}$$

을 만족시켜야 한다는 것을 알 수 있다.

다음으로 평탄성문제를 해결하기 위해서 모든 에너지 성분(비상대론적 물질, 복사, 진공 에너지)에 대한 밀도 매개변수의 총합인 Ω_{tot}의 진화를 생각한다.

$$\frac{K}{a^2}=H^2(\Omega_{\text{tot}}-1)$$

으로부터

$$\frac{\Omega_{\text{tot}}(t_0)-1}{\Omega_{\text{tot}}(t_s)-1}=\left(\frac{a(t_s)H_{\text{inf}}}{a_0H_0}\right)^2=\left(\frac{1}{L_0H_0}\right)^2 \qquad (6.5)$$

가 성립한다는 점에 유의하면 지평선문제를 해결하기 위해 $L_0 \gtrsim 500H_0^{-1}$을 이용하면

$$|\Omega_{\text{tot}}(t_0)-1|<500^{-2}|\Omega_{\text{tot}}(t_s)-1|=4\times10^{-6}|\Omega_{\text{tot}}(t_s)-1| \qquad (6.6)$$

이 성립한다는 것을 알 수 있다. 따라서 인플레이션 이론으로 지평선문제가 해결됐다고 하면 평탄성문제도 자동적으로 해결되고 현재의 우주 밀도 매개변수의 총합은 10^5배보다 높은 정확도로 1에 근접하고 즉 우리가 공간적으로 평탄한 우주에 살고 있다고 할 수 있다.

여기서 다룬 계산의 단순화는 지평선문제와 평탄성문제를 해결하기 위해서 $N \gtrsim 65$의 인플레이션 지속기간이 필요하다. 하지만 실제로 재가열에는 유한한 시간이 걸리기 때문에 현실적으로는 N이 조금 더 작아도 좋은 상황이다.

여기까지가 인플레이션 우주론 원리지만 그 연구는 다음과 같이 크게 나누어 세 가지의 방향성을 갖는다.

(1) 다양한 요구를 충족시키고 소립자 물리와 밀접하게 우주진화를 모순 없이 기술할 수 있는 $\rho_{\text{inf}}(t)$의 정체를 밝히는 연구.

(2) $\rho_{\text{inf}}(t)$ 또는 양의 실효적 우주항이 있어서 일반적인 비균일 비등방 시공에서 시작해 출발한 인플레이션이 일어나고 그 후 우주의 균일등방화가 이루어지는가라는 일반 상대론적 연구.

(3) 인플레이션에서 생성되는 밀도요동으로 발생하는 결과를 우주배경복사의 비등방성이나 우주의 대규모 구조의 관측 데이터와 비교 검토하는 관측우주론 연구.

일단 이 중에 (2)에 대해서는 '양의 우주항이 있으면 일반적인 초기조건에서 출발해도 우주항이 결정하는 시간규모에서 인플레이션이 시작된다'라고 주장하는 우주무모가설Cosmic no hair conjecture이 있다. 그것에 대해서는 쉽게 예시를 만들 수 있으므로 이것이 항상 성립하지 않는다는 것은 알고 있으면서 매우 다양한 종류의 초기조건에 대해 성립한다는 것도 알고 있다. 구체적으로는 균일 · 비등방 우주에 대해서 비안키Bianchi가 1형부터 9형까지 분류했고 그 중 1형부터 8형까지는 항상 성립하고 양의 곡률를 갖는 9형에 대해서도 일정한 조건이 충족되면 우주무모가설이 성립한다고 왈드Wald가 증명했다.

비균일성이 있는 경우도 공간곡률이 0 또는 음의 값일 때는 우주무모가설이 성립한다고 쉽게 나타낼 수 있지만 공간곡률이 양의 값이라고 해도 인플레이션이 시작하는 초기조건은 많으므로 이것은 충분조건에 지나지 않는다. 보통의 비균일 시공에 대해서는 수치해석으로 연구할 수 밖에 없지만 일반적으로 초기 허블 지평선의 몇 배의 규모로 비균일성이 1 이하로 유지되는 것과 또한 공간곡률이 양의 값을 갖는 경우는 그 값이 너무 커지지 않아야 한다는 것을 보여준다.

결론은 매우 다양한 초기조건에 의해 인플레이션은 시작될 수 있고 일단 시작되면 우주는 급속도로 균일등방해진다. 따라서 그 후 우주진화 연구는 배경 시공으로서 평탄한 로버트슨–워커 계량을 이용하면 충분하다.

6.3 스칼라장의 성장

앞 절 (1)에 관련해 무엇이 $\rho_{\mathrm{inf}}(t)$를 담당하는가가 큰 문제이지만 현재 특정 스칼라장 ϕ의 퍼텐셜에너지 밀도 $V[\phi]$가 $\rho_{\mathrm{inf}}(t)$를 담당하고 있다는 것이 가장 표준적이다. 즉 퍼텐셜에너지는 스칼라장의 값만으로 결정되므로 장의 움직임이 완만하면 우주가 어떤 식으로 팽창해도 에너지 밀도는 감소하지 않고 거의 일정값 수준을 유지한 상태에서 인플레이션을 일으킬 수 있다.

현재 소립자 물리에서는 스칼라장의 기원으로 대략 세 가지를 고려한다.

(i) 쿼크와 렙톤이 질량을 갖게 하는 힉스장 또는 게이지장.

(ii) 초대칭성이론에 등장하는 페르미온의 초대칭성 파트너의 스칼라장.

(iii) 스칼라–텐서이론, 고차원이론, 고차미분이론의 일반화된 중력이론에서 스칼라 모드로써 빠져나오는 스칼라장.

이들 각각에 대해 다양한 인플레이션 모델이 제기되고 있다.

초기의 인플레이션 모델 즉 구스나 사토의 원시 인플레이션 모델은 힉스장의 1차상전이를 이용하는 것이다. 또한 곡률의 2차항을 포함하는 중력이론에서 지수함수적 팽창이 일어나는 것은 이미 스타로빈스키A. Starobinsky가 지적했다.

하지만 여기서 스칼라장이나 그 퍼텐셜의 구체적인 기원을 묻지 않고 관측과 모순되지 않게 인플레이션을 일으키는 이론에 대해 일반적 특징을 기술하겠다. 단순히 지수함수적으로 팽창을 일으킬 뿐이라면 퍼텐셜의 허진공(가짜진공)[1]에서 스칼라장이 오랫동안 안정된 상태로 있다면 좋지만 인플레이션을 원활하게 끝내는 것까지 생각하면 인플레이션이 일어나는 동안에 스칼라장의 값이 완만하게 변화하는 모델이 더 좋다고 할 수 있다.

앞 절에서 기술한 것처럼 일단 인플레이션이 시작되면 우주는 급격히 균일등방해지고 복사에너지나 물질에너지도 지수함수적으로 희박해지기 때문에 그러한 상황을 염두에 두고 스칼라장의 에너지만 가진 평탄한 로버트슨-워커 시공에서 장의 방정식을 쓰면

$$\ddot{\phi}+3H\dot{\phi}+V'[\phi]=0, \tag{6.7}$$

$$\left(\frac{\dot{a}}{a}\right)^2=H^2=\frac{\rho_\phi}{3M_G^2}, \quad \rho_\phi=\frac{1}{2}\dot{\phi}^2+V[\phi] \tag{6.8}$$

과 같다. $M_G=1/\sqrt{8\pi G}=(\hbar c^5/8\pi G)^{1/2}=2.4\times10^{18}\text{GeV}$는 플랑크 규모를 나타낸다.

퍼텐셜에너지 밀도 $V[\phi]$가 ρ_ϕ를 지배하는 시대가 충분히 오래 지속되면 인플레이션이 일어난다. 그러기 위해서 ϕ는 퍼텐셜상에서 천천히 움직여야 하며 장의 방정식 (6.7)에서 $\ddot{\phi}$를 무시할 수 있는 상황이어야 한다. 그러한 상황에서 장의 방정식을 다시 쓰면

$$3H\dot{\phi}+V'[\phi]=0, \tag{6.9}$$

$$\left(\frac{\dot{a}}{a}\right)^2=H^2=\frac{V[\phi]}{3M_G^2} \tag{6.10}$$

이고 이것을 슬로우 롤slow roll 근사 방정식이라고 한다. 이 식을 풀면 인플레이션이 되는 동안 인플라톤이 균일한 부분의 성장을 알 수 있지만 물론 슬로우 롤 근사가 정당화되어 있어야 한다. 그러기 위해서는 퍼텐셜이

1 스칼라장에서 퍼텐셜의 극솟값으로 에너지가 0이 아닌 상태. 고전적으로 그 상태는 안정되어 있지만 양자론적 터널효과에 의해 퍼텐셜에너지가 더욱 낮은 상태로 천이된다.

아주 완만하고 그곳을 바꾸는 장의 진화의 시간규모가 우주팽창에 걸리는 시간보다도 충분히 길어야 한다. 구체적으로 퍼텐셜의 형태에 대해

$$\varepsilon \equiv \frac{M_G^2}{2}\left(\frac{V'[\phi]}{V[\phi]}\right)^2 \ll 1, \quad \eta \equiv M_G^2 \frac{V''[\phi]}{V[\phi]} \ll 1 \tag{6.11}$$

이 성립하는 것이 필요하며 이것들을 슬로우 롤 매개변수라고 한다. 반대로 이것이 성립하면 초기조건이 아주 이상하지 않는 한 즉 ϕ는 초기속도가 매우 크고 우주팽창시간에서 장의 값이 급격히 변화해 (식 6.11)이 성립하지 않는 영역까지 성장하는 경우가 발생하지 않으면 인플레이션은 일어난다.

이렇게 해서 슬로우 롤 근사가 성립하면 우주팽창시간에서는 ϕ가 거의 변화하지 않기 때문에 퍼텐셜에너지 밀도도 거의 일정하게 보존되고 그것은 양의 우주항이 우주를 채우고 있는 상태와 거의 같기 때문에 준지수함수적인 우주팽창이 나타난다. 스칼라장이 성장해 부등식 (식 6.11)이 성립하지 않으면 인플라톤의 진화시간규모가 짧아지고 인플레이션은 끝난다.

그림 6.2에 스칼라장에서 퍼텐셜의 전형적인 예를 나타내는데 먼저 $\phi=0$ 부근에서는 스칼라장의 기울기가 매우 완만하기 때문에 인플레이션을 일으킬 수 있다. 또한 장의 값이 큰 부분에서 퍼텐셜은 ϕ의 몇 제곱밖에 증가하지 않는다면 장의 값이 플랑크 값보다 큰 영역에서는 (식 6.11)이 성립하는 것을 알 수 있으므로 거기서도 인플레이션은 일어날 수 있다.

한편 ϕ의 값이 퍼텐셜의 최소점인 $\phi=v$ 근처가 되면 부등식 (식 6.11)은 성립하지 않기 때문에 인플레이션은 끝난다. 이 영역에서는 반대로 ϕ의 진화시간 규모가 우주팽창시간보다도 짧아지기 때문에 인플라톤은 $\phi=v$의 주위를 격렬하게 진동한다. 그것에 의해 인플라톤과 결합하는 장의 입자생성이 일어나고, 인플라톤은 복사로 인해 에너지를 잃어버린다. 이것

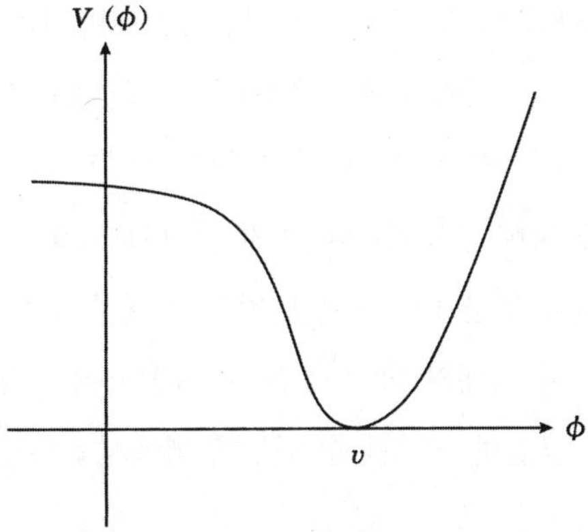

그림 6.2 인플레이션을 일으키는 스칼라장에서 퍼텐셜의 전형적인 형태.

을 우주의 재가열이라고 한다. 이처럼 인플레이션이 충분히 일어나고 적절한 온도까지 우주가 재가열될지 어떨지는 인플라톤의 퍼텐셜 형태나 다른 장과 상호작용으로 결정된다.

6.4 인플레이션 모델

여기서는 역사적인 발전도 근거로 해서 슬로우 롤 인플레이션의 구체적인 모델에 대해 몇 가지 살펴보자.

6.4.1 뉴인플레이션

이것은 원래 대통일이론에서 콜먼-와인버그형의 퍼텐셜

$$V_{\mathrm{CW}}[\phi]=A\phi^4\left[\ln\left(\frac{\phi^2}{v^2}\right)-\frac{1}{2}\right]+B(T)\phi^2+\rho_{\mathrm{vac}}+C(T)+\cdots \quad (6.12)$$

에 의해 힘의 분화를 일으키는 힉스장의 상전이가 일어난다고 생각하는 모델이다. 5장에서 본 것처럼 초기우주의 고온고밀도 시대에는 퍼텐셜이 보정을 받아서 대칭성이 회복된 $\phi=0$의 형태가 됐다.

그 후 우주가 팽창해 온도가 내려가면 상전이가 일어나지만 그림 6.2와 같이 퍼텐셜은 원점 부근에서 매우 완만하기 때문에 ϕ는 매우 천천히 변화하고 $V[\phi]\simeq\rho_{\rm vac}$의 시대가 잠시 동안 지속되어 이때 인플레이션이 일어난다. 공간적으로 균일하다고 볼 수 있는 영역에서 ϕ는 운동방정식

$$\ddot{\phi}+3H\dot{\phi}+V'_{\rm CW}[\phi]=0 \qquad (6.13)$$

을 따르지만 $|\phi|$가 작으면 (식 6.12)는 $V_{\rm CW}[\phi]\simeq\rho_{\rm vac}-A'\phi^4\,(A'>0)$로 근사할 수 있으며 (식 6.13)에서 슬로우 롤 근사를 적용해 ϕ의 2차미분을 무시할 수 있으므로

$$\phi^2(t)=\left[\frac{1}{\phi_i^2}-\frac{8A'}{3H}(t-t_i)\right]^{-1},\quad H\simeq\sqrt{\frac{8\pi G}{3}\rho_{\rm vac}} \qquad (6.14)$$

라고 풀 수 있다. 단, 시각 t_i에 초깃값 ϕ_i로 인플레이션이 시작됐다고 했다. ϕ_i는 양자요동으로 $\phi_i\sim H$의 값을 가졌다고 생각된다. (식 6.14)의 우변이 커지면 슬로우 롤 근사는 성립되지 않고 인플레이션은 끝나지만 지속시간은 (식 6.13)과 슬로우 롤 근사를 이용해,

$$H(t_e-t_i)=\int_{t_i}^{t_e}Hdt=8\pi G\int_{\phi_e}^{\phi_i}\frac{V[\phi]}{V'[\phi]}d\phi\simeq\frac{3}{8A'}\left(\frac{H}{\phi_i}\right)^2\sim\frac{3}{8A'} \qquad (6.15)$$

라고 구할 수 있다. 단, t_e는 인플레이션의 종료시각이고, ϕ_e는 인플레이션 종료시각의 ϕ값이고 이때 $H(t_e-t_i)$는 ϕ_e에 영향을 받지 않는다. 이것이 $N_{\rm min}$보다 커지려면 $A'\lesssim10^{-3}$인 값이 필요하다.

그러면 슬로우 롤 근사가 깨진 후의 우주에서는 ϕ는 진정한 진공 $\phi=v$의 주변을 격렬하게 진동한다. 즉, 인플레이션을 일으켰던 퍼텐셜에너지는 ϕ의 진동에너지로 전환된다. 이 시대의 우주팽창은 차가운 물질우세일 때와 마찬가지로 $a(t) \sim t^{2/3}$이 된다. 이렇듯 ϕ의 진동은 운동량이 0인 입자가 응축된 것으로 볼 수 있으므로 이 진동은 ϕ입자의 붕괴율 Γ_ϕ로, 그것이 결합한 다른 입자로 붕괴되고 ϕ의 에너지 ρ_ϕ는 복사에너지 ρ_r로 전환된다. 이것에 대해서는 나중에 다시 설명하겠다.

6.4.2 카오틱(혼돈) 인플레이션

지금까지 기술한 인플레이션 모델은 대통일이론의 에너지 규모에 대응하는 초기우주에서 유한한 온도의 효과로 대칭성이 회복해 인플레이션을 일으키는 초기조건을 만족시키는 것이었다. 3장에서 기술한 것처럼 이 시대의 우주는 아직 열평형 상태에 이르지 못했고 대칭성이 회복됐다고 하기에는 무리가 있다.

이것은 인플레이션 우주론뿐 아니라 5.4절에서 기술한 위상적 결함의 생성에 대해서도 문제가 되고 대통일이론 규모의 단극자나 끈에는 키블작용[2]이 영향을 준다고 생각하기에도 어려움이 있다. 빅뱅우주 초기에는 이러한 고에너지의 위상적 결함이 무작위적 위상변화로 생성과 소멸을 반복하고 에너지 밀도가 저하됨과 더불어 위상이 고정됐을 때 존재량이 확정됐다고 생각하는 쪽이 오히려 자연스러워 보인다.

그리고 인플레이션 우주에서는 이러한 위상적 결함이 지수함수적으로 희박해지고 단순히 관측 불가능하다고 생각하는 경향이 있지만 반드시 그

2 우주의 온도 저하와 함께 상전이가 일어나고 대칭성이 자발적으로 깨어짐으로 우주론적인 위상적 결함이 생기는 것(5.4.1절 참조).

렇지만은 않다. 구부러진 시공에서는 스칼라장이 일반적으로 $\frac{1}{2}\xi R|\chi|^2$인 형태로 스칼라 곡률 R과 결합항을 얻을 수 있다. 복사우세의 프리드만 우주에서는 $R\simeq 0$이므로 이 항은 스칼라장에 아무런 영향을 주지 않지만 인플레이션 동안에는 $R\simeq 12H^2$이라는 큰 값을 가지므로 $\xi>0$에서 제법 크다면 대칭성을 회복할 수 있다. 그리고 인플레이션의 종료 시기 또는 종료 후에 상전이를 일으키기 위해 인플레이션 우주에서도 위상적 결함을 어느 정도 남길 수 있다.

(식 3.39)에서 나타낸 제한은 대통일이론의 규모에 거의 근접한 것이므로 그다지 심각하지 않아 보인다. 하지만 게이지 상호작용과 같이 비교적 강한 상호작용을 생각해도 그 값을 얻을 수 있음에 주의해야 한다. 실제로는 뒤에 설명할 요동이 생성되는데 인플라톤은 그렇게 강한 상호작용을 하는 것은 금지되므로 임플라톤에 의해 대칭성이 빨리 회복되는 일은 거의 없다고 봐야 한다.

인플레이션을 일으키는 장의 초기조건에 대한 문제점을 해결하기 위해 린데A. Linde의 카오틱-인플레이션 이론이 제안됐다. 탄생 직후의 우주 특히 시공간의 고전적 기술이 가능해지는 플랑크 시대의 우주는 큰 양자요동을 갖고 있었을 것이다. 라그랑주 함수

$$\mathcal{L}_\phi=\frac{1}{2}(\partial\phi)^2-V[\phi],\quad V[\phi]=\frac{1}{2}m^2\phi^2 \tag{6.16}$$

에 따른 스칼라장을 생각하면 플랑크 시대에는 양자요동에 의해

$$\frac{1}{2}(\partial\phi)^2\lesssim M_{\rm pl}^4,\quad \frac{1}{2}m^2\phi^2\lesssim M_{\rm pl}^4 \tag{6.17}$$

을 유지한 채 각각 작은 영역마다 값이 무작위적이고 혼돈의 상황이었을

것이다. 특히 $m \ll M_{\text{pl}}$이라면 $\phi \sim M_{\text{pl}}^2/m \gg M_{\text{pl}}$인 영역이 이 장의 콤프턴파장 $L \sim m^{-1} \gg M_{\text{pl}}^{-1}$에 걸쳐 확장될 수 있다. 그러면 장의 방정식 (식 6.7)과 아인슈타인 방정식 (식 6.8)을 연립해 풀면 ϕ의 운동에너지는 곧 감퇴되고 슬로우 롤 근사를 할 수 있기 때문에

$$\phi(t) = \phi_i - \frac{mM_{\text{pl}}}{2\sqrt{3\pi}}(t - t_i), \tag{6.18}$$

$$a(t) = a_i \exp\left[\sqrt{\frac{4\pi}{3}}\frac{m}{M_{\text{pl}}}\phi_i(t - t_i) - \frac{m^2}{6}(t - t_i)^2\right] \tag{6.19}$$

라는 근삿값을 얻는다. 즉, ϕ가 퍼텐셜 변화에서 천천히 움직일 때 준지수함수적 인플레이션이 일어난다.

ϕ의 진폭이 $\phi \lesssim M_{\text{pl}}/\sqrt{4\pi}$가 되면 ϕ의 변화율 $|\dot{\phi}/\phi|$는 우주팽창률보다 커지고 인플레이션은 끝난다. 따라서 (식 6.19)에 의해 $\phi_i \gtrsim 3M_{\text{pl}}$이라면 지평선문제나 평탄성문제를 해결할 만큼 충분하게 팽창한다는 것을 알 수 있다. 우주는 인플레이션이 돼 뉴인플레이션의 경우와 마찬가지로 장의 진동에너지에 지배를 받고 ϕ의 붕괴에 의해 재가열된다.

또한 앞의 모델과 마찬가지로 이 모델에서는 나중에 기술할 작용으로 단열 밀도요동이 생성된다. 현재의 지평선 규모의 진폭은 $\delta\rho/\rho \simeq 10m/M_{\text{pl}}$로 주어진다. 또한 $V[\phi] = \lambda\phi^4/4$라는 퍼텐셜에서도 카오틱-인플레이션은 일어나지만(일반적으로 지수함수보다 완만한 퍼텐셜이면 된다) 여기에 대해 $\delta\rho/\rho \simeq 10^2\sqrt{\lambda}$이다. 이것이 10^{-5}가 되기 위해서는 $m \simeq 10^{13}$GeV, $\lambda \simeq 10^{-14}$이다. 따라서 역시 ϕ는 자기 자신이나 다른 장과 극히 약한 결합만을 허용하며 이것은 인플레이션의 현실적 소립자 모델을 만드는데 큰 어려움이 된다. 그렇지만 초대칭성이론에서 $M \simeq 10^{13}$GeV의 질량을 갖는 오른쪽 회전 마요라나 중성미자의 초대칭성 파트너를 인플라톤이라고 하면 만족

할만한 우주진화의 시나리오를 얻을 수 있다.

6.4.3 토폴로지컬[3] 인플레이션

뉴인플레이션을 일으키는 것과 같은 원점에서 극댓값이 되는 퍼텐셜을 갖는 실수의 스칼라장

$$\mathcal{L}=-\frac{1}{2}(\partial\phi)^2-V[\phi],\quad V[\phi]=\frac{\lambda}{4}(\phi^2-v^2)^2$$

을 생각한다. 여기서 $\phi=\pm v$가 진공을 나타낸다.

중력을 무시하고 $\phi=\pm v$을 연결하는 해를 구하면

$$\phi(\boldsymbol{x})=v\tanh\left(\sqrt{\frac{\lambda}{2}}vz\right) \tag{6.20}$$

라는 xy평면에서 $\phi=0$이라는 값을 가진 영역벽의 해가 존재한다. 이 영역벽(5.4절 참조)의 두께 d_0는 $(\partial\phi)^2\sim\left(\frac{v}{d_0}\right)^2$과 $V[0]\equiv V_c$를 이용해

$$d_0\approx vV_c^{-1/2}$$

라고 구한다.

그런데 에너지 밀도 V_c에 해당하는 허블 지평선 크기는

$$H_c^{-1}=\left(\frac{8\pi G}{3}V_c\right)^{-1/2}=M_{\rm pl}\left(\frac{3}{8\pi V_c}\right)^{1/2} \tag{6.21}$$

3 물리적인 배치의 형태로 이루어진 어떤 현장의 종류.

이며 만약 $v \gtrsim M_{\rm pl}$이라면 $d_0 \gtrsim H_c^{-1}$이 되고 $V \sim V_c$의 영역이 허블 지평선 안으로 들어간다. 그러면 그 영역 내에서 우주의 성장은 다른 영향을 받지 않고 거기서 인플레이션이 일어난다. 즉, 이 모델에서는 스칼라장에 무작위적인 초기분포를 주면 영역벽이 자연스럽게 생기지만 그 과정에서 자동적으로 인플레이션이 시작된다.

인플레이션을 일으키는 영역벽은 다음과 같이 진화한다. xy평면상의 벽 $\phi=0$ 부근에서

$$\phi(\boldsymbol{x}, t_c) \simeq kz,$$

$$V[\phi] \simeq V_c - \frac{1}{2}\mu^2\phi^2, \quad \mu^2 \equiv \lambda v^2$$

처럼 전개할 수 있다.

$\mu^2 \ll H^2$이라고 하고 슬로우 롤 근사의 운동방정식

$$3H\dot{\phi} = -V'[\phi], \qquad H^2 = \left(\frac{\dot{a}}{a}\right)^2 = \frac{8\pi}{3M_{\rm pl}^2}V[\phi]$$

을 각 점에서 풀면

$$\begin{aligned}\phi(\boldsymbol{x}, t) &= \phi(\boldsymbol{x}, t_c)\exp\left[\frac{\mu^2}{3H_c}(t-t_c)\right]\\ &= kz\exp\left[\frac{\mu^2}{3H_c}(t-t_c)\right], \\ a(t) &\simeq a_c\exp[H_c(t-t_c)]\end{aligned} \tag{6.22}$$

이 된다. 단, $d_0 \gtrsim H_c^{-1}$으로 ϕ는 공간적으로 완만하게 변화한다는 것을 이용해 공간미분은 무시했다.

$\phi=\phi_*(\ll v)$가 되는 점의 좌표 $z_*(t)$는

$$z_*(t)=k^{-1}\phi_*\exp\left[-\frac{\mu^2}{3H_c}(t-t_c)\right] \tag{6.23}$$

이지만 거기에 대응하는 고유거리(물리적 길이)는

$$d(t)=a(t)z_*(t)=a_c k^{-1}\phi_*\exp\left[\left(H_c-\frac{\mu^2}{3H_c}\right)(t-t_c)\right] \tag{6.24}$$

이며 지수함수적으로 증가한다.

이 모델에서는 $\phi=0$을 유지하는 $z=0$인 점에서는 인플레이션이 영원히 지속되지만 (식 6.23)에 나타낸 것처럼 $z\neq0$이라면 반드시 언젠가는 $|\phi|>\phi_*$가 되어 굴러떨어지기 때문에 고전해석을 보면 $z\neq0$인 점에서는 인플레이션은 유한한 시간에 종료된다.

6.4.4 혼성(하이브리드) 인플레이션

비열적 상전이에 의해 대칭성을 회복하고 그때 인플레이션을 일으키려는 모델을 말한다. 가장 간단한 모델은 실수 스칼라장(ϕ) 한 개와 복소 스칼라장(χ) 한 개로 이루어지며

$$\mathcal{L}=-(\partial\chi)^\dagger(\partial\chi)-\frac{1}{2}(\partial\phi)^2-V[\chi,\ \phi],$$

$$V[\chi,\ \phi]=\frac{\lambda}{2}(|\chi|^2-v^2)^2+g^2\phi^2|\chi|^2+\frac{1}{2}m^2\phi^2 \tag{6.25}$$

라는 퍼텐셜을 주면 된다. 여기서

$$\frac{\partial V}{\partial \chi} = \lambda(|\chi|^2 - v^2)\chi + g^2\phi^2\chi,$$

$$\frac{\partial^2 V}{\partial \chi^2} \equiv M_\chi^2 = \lambda(2|\chi|^2 - v^2) + g^2\phi^2 \qquad (6.26)$$

에 의해 처음에는 $g^2\phi^2 > \lambda v^2$이라면 $\chi = 0$에서 최소점이 존재하고

$$V[\chi = 0,\ \phi] = \frac{\lambda}{2}v^4 + \frac{1}{2}m^2\phi^2$$

이다. 제1항의 진공에너지가 우주를 지배하므로 인플레이션이 일어난다. $\phi < \frac{\sqrt{\lambda}v}{g}$가 되면 χ는 상전이를 일으켜 인플레이션이 끝난다. 상전이는 우주팽창 시간에 종료된다. ϕ가 M_{pl}보다 훨씬 작더라도 인플레이션을 충분히 일으킬 수 있는 것이 특징이다. 또한 λ, g도 1단위의 값이면 된다. 하지만 m은 플랑크 질량보다 매우 작아야 한다.

6.5 우주의 재가열

앞에서 말한 슬로우 롤 인플레이션에서 공통적인 것은 인플레이션이 끝난 후 스칼라장의 진동에너지가 우주를 지배한다는 것이다. 예를 들어 (식 6.16)의 카오틱 인플레이션에서는 $|\phi| \lesssim M_{pl}/\sqrt{4\pi}$가 되면 ϕ의 변화율이 우주팽창률보다 커지기 때문에 ϕ는 $2\pi/m$의 주기로 원점의 주위를 격렬하게 진동한다.

이 진동은 ϕ이 균일한 모드의 응축과 마찬가지로 우주팽창에서 진폭을 줄이면서 붕괴되어 우주를 가열한다. 진동의 진폭이 큰 초기에는 ϕ과 결합하는 장은 운동방정식에서 큰 진동항을 갖기 때문에 매개변수 공명으로 다수의 입자가 생성된다. 이것을 예비가열이라고 한다. 그러나 예비가열

효과가 있는 것은 장의 진동의 진폭이 큰 기간뿐이므로 재가열의 최종단계는 섭동적인 붕괴가 지배적이며 최종적으로는 ϕ입자의 붕괴율 Γ_ϕ로 붕괴된다.

예를 들어 페르미 상호작용 $h\phi\bar{\psi}\psi$로 붕괴된다면 다음 식이다.

$$\Gamma_\phi = \frac{h^2}{8\pi}m$$

나중에 이유를 설명하겠지만 $h \ll 1$이므로 $\Gamma_\phi \ll m$이라는 작은 값을 갖는다.

우주팽창률이 Γ_ϕ보다 큰 기간에는

$$\ddot{\phi} + 3H\dot{\phi} + m^2\phi = 0,$$

$$\frac{d}{dt}\left(\frac{1}{2}\dot{\phi}^2 + \frac{1}{2}m^2\phi^2\right) = -3H\dot{\phi}^2 \quad \text{((식 6.7)에 } \dot{\phi}\text{를 곱한다)} \tag{6.27}$$

이 성립하지만 지금 생각하는 상황에서는 $H \ll m$으로 진동이 우주팽창보다 빠르므로 $\dot{\phi}^2$를 일주기 평균 $\overline{\dot{\phi}^2}$로 치환하고, 비리얼 정리로 좌변의 괄호 내부는 $\rho_\phi = \overline{\dot{\phi}^2}$가 되므로 다음과 같다.

$$\frac{d}{dt}\rho_\phi = -3H\rho_\phi$$

ϕ의 붕괴까지 고려하면 에너지 밀도의 시간변화는

$$\frac{d}{dt}\rho_\phi = -(3H + \Gamma_\phi)\rho_\phi \tag{6.28}$$

에 영향을 받고 붕괴생성물이 복사로 바뀌면 (식 6.29)가 된다.

$$\frac{d\rho_{\rm r}}{dt}=-4H\rho_{\rm r}+\Gamma_\phi\rho_\phi \tag{6.29}$$

이 두 식을 연립해 풀면

$$\rho_\phi(t)=\rho_\phi(t_f)\left[\frac{a(t)}{a(t_f)}\right]^{-3}\exp[-\Gamma_\phi(t-t_f)], \tag{6.30}$$

$$\rho_{\rm r}(t)=\Gamma_\phi\int_{t_f}^{t}\left[\frac{a(t)}{a(\tau)}\right]^{-4}\rho_\phi(\tau)d\tau \tag{6.31}$$

이 된다.

이것으로부터 $t\simeq\Gamma_\phi^{-1}$일 때 복사우세가 된다. 이때

$$H=\sqrt{\frac{8\pi}{3M_{\rm pl}^2}\rho_{\rm r}}=\sqrt{\frac{8\pi}{3M_{\rm pl}^2}\frac{\pi^2 g_*}{30}T_R^4}$$

$$\simeq\frac{1}{2t}=\frac{1}{2}\Gamma_\phi\text{에서}$$

$$T_R=0.1\left(\frac{200}{g_*}\right)^{1/4}\sqrt{\rm M_{pl}\Gamma_\phi}\simeq10^{11}\left(\frac{200}{g_*}\right)^{1/4}\left(\frac{\Gamma_\phi}{10^5\rm GeV}\right)^{1/2}\quad[\rm GeV] \tag{6.32}$$

이며 GUT 규모보다 매우 작음을 알 수 있다($\Gamma_\phi\simeq10^5$GeV인 근거는 나중에 설명하겠다).

6.6 고전적 양자요동의 생성

인플레이션을 일으키는 스칼라장의 양자적 성질은 드 지터 시공

$$ds^2 = -dt^2 + e^{2Ht} d\boldsymbol{x}^2 \tag{6.33}$$

에서 질량이 거의 0[4]인 스칼라장 $\varphi(\boldsymbol{x},\ t)$의 성질과 같다. 더욱 정확하게 말하면 구부러진 시공에서 스칼라장은 재정의[5]가 가능한 범위에서 시공의 스칼라 곡률과 $\frac{1}{2}\xi R\varphi^2$이라는 결합항을 가질 수 있지만 질량이 0이고 이러한 결합이 없는($\xi=0$, 최소결합이라고 한다) 스칼라장과 비슷하게 행동한다. 드 지터 시공에서는 이러한 장은

$$\langle\varphi(\boldsymbol{x},\ t)^2\rangle = \left(\frac{H}{2\pi}\right)^2 Ht \tag{6.34}$$

처럼 제곱 기댓값이 시간에 비례해 증가한다고 알려져 있다.

스칼라장 $\varphi(\boldsymbol{x},\ t)$를

$$\begin{aligned}\varphi(\boldsymbol{x},\ t) &= \int \frac{d^3k}{(2\pi)^{3/2}} (\hat{a}_{\boldsymbol{k}}\varphi_{\boldsymbol{k}}(t) e^{i\boldsymbol{k}\cdot\boldsymbol{x}} + \hat{a}_{\boldsymbol{k}}^{\dagger}\varphi_{\boldsymbol{k}}(t)^* e^{-i\boldsymbol{k}\cdot\boldsymbol{x}}) \\ &\equiv \int \frac{d^3k}{(2\pi)^{3/2}} \hat{\varphi}_{\boldsymbol{k}}(t) e^{i\boldsymbol{k}\cdot\boldsymbol{x}} \end{aligned} \tag{6.35}$$

라고 모드 분해한다. 그러나 연산자 $\hat{a}_{\boldsymbol{k}}^{\dagger}$, $\hat{a}_{\boldsymbol{k}}$는 일반적인 생성소멸 연산자로서 교환관계

$$[\hat{a}_{\boldsymbol{k}},\ \hat{a}_{\boldsymbol{k}'}^{\dagger}] = \delta^{(3)}(\boldsymbol{k}-\boldsymbol{k}')$$

를 만족한다.

4 $|V''[\varphi]| \ll H^2$과 의미가 같다.
5 양자론적으로 나타나는 발산을 입자의 질량이나 결합상수를 재정의해 회피하려는 작업.

모드함수 $\varphi_{\boldsymbol{k}}(t)$는 드 지터 시공의 클라인-골든 방정식에 따라 2차미분 방정식

$$\left[\frac{d^2}{dt^2}+3H\frac{d}{dt}+\frac{k^2}{e^{2Ht}}\right]\varphi_{\boldsymbol{k}}(t)=0 \tag{6.36}$$

을 만족한다. 그 해는 3/2자리의 핸켈Hankel 함수로 나타낼 수 있으며

$$\varphi_{\boldsymbol{k}}(t)=\sqrt{\frac{\pi}{4}}H(-\eta)^{3/2}H^{(1)}_{3/2}(-k\eta)=\frac{iH}{\sqrt{2k^3}}(1+ik\eta)e^{-ik\eta} \tag{6.37}$$

이 된다. 여기서 η는

$$\eta\equiv\int_{-\infty}^{t}\frac{dt}{a(t)}=\int_{-\infty}^{t}\frac{dt}{e^{Ht}}=-\frac{1}{He^{Ht}} \tag{6.38}$$

로 정의되는 공형시간conformal time이다. 또한 (식 6.36)은 2차 미분 방정식이므로 일반해는 $H^{(1)}_{3/2}$, $H^{(2)}_{3/2}$의 선형 결합으로 나타내는데 우주팽창을 무시할 수 있는 파수무한대인 극한에서 민코프스키 시공의 진동수 모드와 일치하도록 (식 6.37)의 해를 이용했다.

이 해에서

$$-k\eta=\frac{k}{Ha(t)}$$

이 파수와 허블 매개변수의 비, 즉 파장과 허블 지평선의 비의 역수가 같다는 점을 이용하면

$$\varphi_{\boldsymbol{k}}=\frac{iH}{\sqrt{2k^3}}(1+ik\eta)e^{-ik\eta}$$

$$= \frac{iH}{\sqrt{2k^3}}\left(1 - \frac{ik}{Ha}\right)e^{i\frac{k}{Ha}}$$

$$\longrightarrow \frac{iH}{\sqrt{2k^3}}\left[1 + \underbrace{O\left(\left(\frac{k}{Ha}\right)^2\right)}_{\text{감퇴모드}}\right] \qquad (k \ll a(t)H\text{일 때})$$

이므로 파장이 허블 길이보다 아주 길어지면 $\varphi_{\boldsymbol{k}}(t)^* = -\varphi_{\boldsymbol{k}}(t)$가 되고

$$\hat{\varphi}_{\boldsymbol{k}}(t) = \varphi_{\boldsymbol{k}}(t)(\hat{a}_{\boldsymbol{k}} - \hat{a}^\dagger_{\boldsymbol{k}})$$

라고 볼 수 있다. 따라서, $\hat{\varphi}_{\boldsymbol{k}}$의 공역conjugation 운동량은

$$\hat{\pi}_{\boldsymbol{k}}(t) = \dot{\varphi}_{\boldsymbol{k}}(t)(\hat{a}_{\boldsymbol{k}} - \hat{a}^\dagger_{\boldsymbol{k}})a(t)^3$$

이 되고 $\hat{\varphi}_{\boldsymbol{k}}$와 $\hat{\pi}_{\boldsymbol{k}}$는 같은 연산자 의존성을 갖는다. 즉, 감퇴모드를 무시할 수 있는 상태에서는 $\hat{\varphi}_{\boldsymbol{k}}$와 $\hat{\pi}_{\boldsymbol{k}}$는 교환할 수 있으므로 우주팽창에 따라 늘어난 장파장 영역에서는 양자요동은 고전적인 통계요동으로 변동한다.

그리고 모드함수의 제곱은

$$|\varphi_{\boldsymbol{k}}(t)|^2 = \frac{H^2}{2k^3}(1 + (k\eta)^2) = \frac{H^2}{2k^3}\left[1 + \left(\frac{k}{Ha}\right)^2\right]$$

$$\longrightarrow \frac{H^2}{2k^3} \quad \left(\frac{k}{Ha(t)} \to 0\text{일 때}\right) \tag{6.39}$$

라고 쓸 수 있고 파장이 허블 길이보다 긴 것에 대해서는 $|\varphi_{\boldsymbol{k}}(t)|^2$은 일정 값을 갖고 k^{-3}에 비례한다.

그리고 이 모드함수의 근사식을 이용하면 관계식 (식 6.34)는 다음과 같

이 장파장(IR)과 단파장(UV)으로 나눠서 재현된다. 즉

$$\begin{aligned}\langle\varphi(\boldsymbol{x},t)^2\rangle &\simeq \int_H^{He^{Ht}} |\varphi_{\boldsymbol{k}}(t)|^2 \frac{d^3\boldsymbol{k}}{(2\pi)^3} \\ &= \int_H^{He^{Ht}} \frac{H^2}{2k^3}\frac{4\pi k^2 dk}{(2\pi)^3} \\ &= \left(\frac{H}{2\pi}\right)^2 Ht\end{aligned}$$

이 된다. 장파장측으로 잘려나간 $k_{\min}=H^{-1}$은 인플레이션 시작 시기에 허블 지평선으로부터 나온 모드이다.

제곱 기댓값이 t에 비례한다는 이 관계식 (식 6.34)는 시간간격 H^{-1}이고 한 단계가 $\pm H/(2\pi)$인 브라운Brown 운동과 같다. 이처럼 드 지터 시공간의 질량 0에서 시공의 곡률과 최소결합하는 스칼라장의 양자적 성질은 우주팽창시간 H^{-1}마다 초기파장 H^{-1}이고 진폭 $\delta\varphi\sim H/(2\pi)$의 요동이 발생하고 우주팽창에 의해 길어진다고 생각할 수 있다.

6.7 선형 밀도요동의 게이지 불변 해석

인플레이션을 일으키는 스칼라장의 양자요동에 의해 계량에도 요동이 발생한다. 여기서는 잠시 계량의 선형 요동이론에 대해 알아보자.

인플레이션에 의해 우주는 균일, 등방, 평탄해지므로 섭동을 받는 배경의 시공으로는

$$ds^2=-dt^2+a(t)^2 d\boldsymbol{x}^2$$

라는 공간적으로 평탄한 로버트슨-워커 계량으로 한정해도 좋다. 주변 섭

동을 포함한 계량은 일반적으로

$$ds^2 = -(1+2A)dt^2 - 2aB_j dt dx^j + a^2(\delta_{ij} + 2H_L\delta_{ij} + 2H_{Tij})dx^i dx^j,$$
$$\mathrm{T_r} H_T = 0 \tag{6.40}$$

라는 형태로 쓸 수 있다. 새롭게 나타난 양은 모두 시간과 공간좌표의 함수이다. 첨자 i, j, …는 공간좌표 1, 2, 3, …을 갖는다.

더욱이 B_j는

$$B_j = \partial_j B + \tilde{B}_j, \quad \partial_j \tilde{B}_j = 0$$

처럼 ∂가 없는 부분과 발산이 없는 부분으로 나누어 쓸 수 있다. ∂가 없는 부분은 위의 식처럼 스칼라 함수 B의 기울기로 표시된다. 그리고 H_{Tij}는

$$H_{Tij} = \left(\partial_i\partial_j - \frac{\delta_{ij}}{3}\partial^2\right)H_T + \partial_i \tilde{H}_{Tj} + \partial_j \tilde{H}_{Ti} + H_{TTij},$$
$$\partial_j \tilde{H}_{Tj} = 0, \quad \partial_j H_{TTij} = 0, \quad H_{TT}{}^j{}_j = 0$$

로 분해할 수 있다. 마지막에 있는 H_{TT}의 첨자 TT는 transverse-traceless라는 의미로 일반적 선형해석의 중력파에 대응하는 모드를 나타낸다.

위와 같이 분해하면 3차원 공간좌표변환에 대한 변환성으로 스칼라량(첨자가 없는 것), 공간 벡터량(첨자 한 개인 것), 공간 텐서량(H_{TTij})으로 분류되는데 이들은 선형 섭동의 범위에서는 서로 섞이는 일이 없다.

밀도요동은 스칼라양이므로 이 중에 밀도요동과 관계하는 것은 스칼라 모드인 A, B, H_L, H_T이다. $\tilde{B}_j$나 $\tilde{H}_{Tj}$는 벡터모드로 우주팽창과 더불어

감퇴하는 해만 갖는다고 알려져 있다. 따라서 여기서는 다루지 않겠다. 그리고 위에서 기술한 것처럼 H_{TTij}가 중력파에 대응하는 텐서 섭동을 나타낸다.

선형 섭동을 생각한다면 이들은 서로 독립된 방정식으로 표현된다. 여기서는 먼저 밀도요동과 관련된 스칼라 섭동을 다루겠다.

스칼라 섭동만을 생각한 섭동계량은

$$ds^2 = -(1+2AY)dt^2 - 2aBY_j dt dx^j + a^2(\delta_{ij} + 2H_L Y \delta_{ij} + 2H_T Y_{ij}) dx^i dx^j \tag{6.41}$$

로 표현된다. 여기서 Y, Y_i, Y_{ij}는

$$Y = Y_{\boldsymbol{k}} \equiv e^{i\boldsymbol{k}\cdot\boldsymbol{x}}, \quad Y_i \equiv -i\frac{k_i}{k}e^{i\boldsymbol{k}\cdot\boldsymbol{x}}, \quad Y_{ij} \equiv \left(-\frac{k_i k_j}{k^2} + \frac{1}{3}\delta_{ij}\right)e^{i\boldsymbol{k}\cdot\boldsymbol{x}} \tag{6.42}$$

라는 스칼라 조화함수이다. 여기서 섭동변수와 Y의 곱은

$$AY = \sum_{\boldsymbol{k}} A_{\boldsymbol{k}} Y_{\boldsymbol{k}} = \int \frac{d^3k}{(2\pi)^3} A_{\boldsymbol{k}} Y_{\boldsymbol{k}} \tag{6.43}$$

라는 것을 나타내고 스칼라장 ϕ의 요동과 같이 푸리에 공간($\boldsymbol{k}$-공간)에서 생각해 보자. 즉, 아래서 모든 섭동량 A, B, H_L, H_T는 첨자 $\boldsymbol{k}$를 생략한 푸리에 공간의 양으로 이해한다(예를 들어 $A = A_{\boldsymbol{k}}(t)$). 각 섭동량의 의미를 정리하면 다음과 같다.

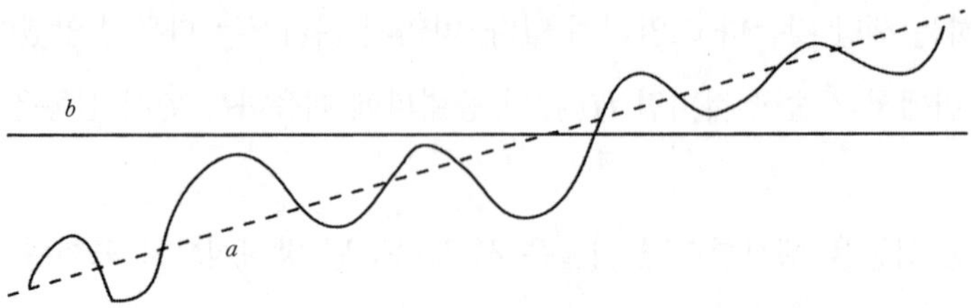

그림 6.3 현실의 우주와 평균화한 균일등방 시공간 a와 b.

A : 시간 경과의 요동(뉴턴 퍼텐셜),

B : 변위 벡터의 요동,

H_L : 공간부피의 요동,

H_T : 공간의 비등방성.

여기서는 계량을 균일등방한 로버트슨-워커 시공에서 섭동을 포함한 형태로 쓰는데 실제로는 비균일 시공을 이러한 형태로 전개하면 의미가 달라진다. 그러면 일단, 균일등방한 로버트슨-워커 시공이 있고 그 주위에 선형 섭동을 생각하는 방법 자체가 현실과 다르다.

즉, 현실에는 항상 비균일 비등방인 시공이 존재하며 거기에 특정 평균을 잡아 배경에 균일등방 시공을 정의하고 그 배경 시공과 현실의 차이를 섭동으로 다루는 것이 본래의 순서이다. 그림 6.3에 나타낸 것처럼 현실의 우주가 그림의 곡선과 같다고 해 그것을 나타내는 균일등방 시공을 직선 a와 같이 정의하는 경우가 있다면 직선 b와 같이 정의하는 경우도 있을 것이다. 현실의 우주는 같을지라도 a의 주위의 섭동이라고 볼지 아니면 b의 주위의 섭동이라고 볼지에 따라 섭동변수는 달라진다. 균일등방한 시공의 정의방법, 즉, 거시적인 좌표의 정의방법(게이지)에 불확정성이 있기 때문이다. 이것을 섭동변수의 게이지 의존성이라고 한다.

게이지 의존성이 어떻게 나타나는가를 조사하려면 현실의 우주, 배경우주 a, 배경우주 b 각각에 대해 좌표값이 같은 지점에서 어떠한 차이를 보이는가를 살펴보면 된다.

x^μ좌표계(이것을 배경우주 a를 정의하는 좌표계라고 생각하자)에서 섭동량 A, B, H_L, H_T에 대해 약간 다른 좌표계(배경우주 b를 정의하는 좌표계) $\bar{x}^\mu$에서 전개한 섭동량 $\bar{A}$, $\bar{B}$, $\bar{H}_L$, $\bar{H}_T$는 다른 값과 함수 모양이 다르다. 구체적으로 A, B, H_L, H_T과 $\bar{A}$, $\bar{B}$, $\bar{H}_L$, $\bar{H}_T$ 사이의 관계식을 구해보자.

두 개의 배경우주를 정의하는 좌표계 x^μ, $\bar{x}^\mu$ 가

$$\begin{aligned}\bar{x}^0 &= x^0 + \delta x^0 = x^0 + TY,\\ \bar{x}^i &= x^i + \delta x^i = x^i + LY^i\end{aligned} \tag{6.44}$$

라는 미소변환으로 묶여 있다고 하자. 여기서 δx^μ는 x^μ의 함수이다. 또한,

$$T = T_{\boldsymbol{k}}(t), \qquad L = L_{\boldsymbol{k}}(t).$$

좌표값이 같은 지점에서 봤을 때 윗첨자 ¯가 붙은 좌표계의 계량 $\bar{g}_{\mu\nu}$는 원래의 계량 $g_{\mu\nu}$와

$$\begin{aligned}\bar{g}_{\mu\nu}(x) &= \frac{\partial x^\alpha}{\partial \bar{x}^\mu}\frac{\partial x^\beta}{\partial \bar{x}^\nu} g_{\alpha\beta}(x-\delta x)\\ &= g_{\mu\nu}(x) - g_{\alpha\nu}(x)(\delta x^\alpha)_{,\mu} - g_{\mu\beta}(x)(\delta x^\beta)_{,\nu} - g_{\mu\nu,\lambda}(x)\delta x^\lambda \\ &(\delta x^0 = TY, \quad \delta x^i = LY^j)\end{aligned} \tag{6.45}$$

이라는 관계로 묶여 있다[6]. 이것을 섭동량 A, B, H_L, H_T를 이용해 나타내면

$$\bar{A} = A - \dot{T},$$

6 콤마(,)는 편미분을 나타낸다. 예를 들어 「$,\mu$」는 x^μ에 대한 편미분을 나타낸다.

$$\bar{B}=B+a\dot{L}+\frac{k}{a}T, \tag{6.46}$$

$$\bar{H}_L=H_L-\frac{k}{3}L-\frac{\dot{a}}{a}T,$$

$$\bar{H}_T=H_T+kL$$

이 된다.

선형 섭동의 범위에서 배경으로 균일등방 시공의 좌표를 어떻게 잡아도 변하지 않는 양(이러한 양을 게이지 불변량이라고 한다)을 (식 6.46)의 네 번째 식에서 T와 L을 소거해 식 두 개를 만들 수 있다. 예를 들어

$$\Phi_A\equiv A+\frac{a}{k}\dot{B}+\frac{\dot{a}}{k}B-\frac{a^2}{k^2}\left(\ddot{H}_T+2\frac{\dot{a}}{a}\dot{H}_T\right), \tag{6.47}$$

$$\Phi_H\equiv H_L+\frac{1}{3}H_T+\frac{\dot{a}}{k}B-\frac{a\dot{a}}{k^2}\dot{H}_T \tag{6.48}$$

이다.

A는 요동의 뉴턴 중력퍼텐셜이므로 Φ_A는 게이지 불변의 중력 퍼텐셜이라고 생각해도 된다. 또한,

$$R\equiv H_L+\frac{1}{3}H_T \tag{6.49}$$

는 공간곡률의 요동을 나타내므로 Φ_H는 이것을 게이지 불변으로 한 섭동량을 나타낸다.

스칼라장의 요동을 살펴보자. 스칼라장을

$$\phi(t,\ \boldsymbol{x})=\phi(t)+\Delta\phi Y$$

라고 균일등방 시공 부분 $\phi(t)$와 섭동량 $\Delta\phi Y$로 나누어서 표현한다. 좌표를 변환한 전후에서 스칼라장은 다음과 같은 관계를 가진다.

$$\begin{aligned}\bar{\phi}(t,\ \boldsymbol{x})&=\phi(t-TY,\ x^j-LY^j)\\&=\phi(t-TY)+\Delta\phi Y\\&=\phi(t)-\dot{\phi}(t)TY+\Delta\phi Y\end{aligned}$$

$\Delta\phi$는 1차의 양이므로 인수가 밖으로 나온 것을 고려하지 않아도 된다. 따라서

$$\overline{\Delta\phi}=\Delta\phi-\dot{\phi}T$$

을 얻을 수 있고 대응하는 게이지 불변량은

$$\delta\phi=\Delta\phi-\frac{a}{k}\left[B-\frac{a}{k}\dot{H}_T\right]\dot{\phi} \tag{6.50}$$

이다.

실제로 계량하는데는 이러한 일반적인 계량에서 출발할 필요는 없고 비물질적인 게이지 모드가 해에 포함되지 않도록 주의하면 된다. 즉, L과 T의 자유도에 관한 것이 없어지면 된다.

예를 들어 $H_T\equiv 0$이라고 해서 L의 자유도가 고정되고 그것에 관한 불확정성이 사라진다. 더욱이 $B\equiv 0$라고 하면 T도 결정된다. 이때 남은 섭동량은 (식 6.47)과 (식 6.48)을 반대 방향으로 살펴보면, $A\equiv\Phi_A$, $H_L\equiv\Phi_H$이 되고 게이지 불변의 양으로만 쓸 수 있음을 알 수 있다. 즉, 요동을 포함한 계량은

$$ds^2=-(1+2\Phi_A Y)dt^2+a^2(1+2\Phi_H Y)dx^2 \tag{6.51}$$

이 된다. 이것을 종파 게이지longitudinal gauge라고 한다. 이때 스칼라장의 요동도 $\delta\phi = \Delta\phi$가 되어 섭동량과 일치한다.

여기서 완전한 유체 $T^{\mu\nu} = pg^{\mu\nu} + (\rho + p)u^\mu u^\nu (u^\mu u_\mu = -1)$스칼라형 섭동도 살펴보자. ρ, p, u^μ가

$$
\begin{aligned}
&\rho \longrightarrow \rho + \delta\rho Y, \\
&p \longrightarrow p + \delta p Y, \\
&u^\mu = (1,\ 0,\ 0,\ 0) \longrightarrow (1 - AY,\ vY^j/a), \\
&u_\mu = (-1,\ 0,\ 0,\ 0) \longrightarrow (-1 - AY,\ a(v - B)Y_j)
\end{aligned}
\tag{6.52}
$$

로 섭동을 받는다면 이때 완전유체의 에너지 · 운동량 텐서는

$$\delta T^0{}_0 = -\rho\delta Y, \tag{6.53}$$

$$\delta T^j{}_0 = -(\rho + p)\frac{v}{a}Y^j, \tag{6.54}$$

$$\delta T^i{}_j = p(\pi_L \delta^i_j + \pi_T Y^i{}_j) \tag{6.55}$$

라고 섭동을 받는다. 단, $\pi_L \equiv \delta p/p$이며 π_T는 완전유체가 아닌 물질에 대해 나타나는 양을 참고하기 위해 쓴 것으로 비등방 압력요동을 나타낸다.

따라서 완전유체의 에너지 · 운동량 텐서의 섭동은 $\delta \equiv \delta\rho/\rho$, π_L, v로 쓸 수 있다. 여기서는 스칼라형의 섭동만 고려하므로 속도요동은 스칼라량의 기울기로 쓸 수 있고 그 결과 v라는 스칼라 함수 하나만으로 나타낼 수 있는 것에 주의하자. 물질의 섭동변수도 종파 게이지에서는 당연히 게이지불변 양으로 쓸 수 있다.

한편 인플레이션 우주론에서 요동의 생성을 염두해 두고 스칼라장의 밀

도요동을 식으로 나타내자. 스칼라장의 에너지 · 운동량 텐서는 작용

$$S=\int\sqrt{-g}d^4x\left(-\frac{1}{2}g^{\mu\nu}\partial_\mu\phi\partial_\nu\phi-V[\phi]\right) \tag{6.56}$$

을 계량 텐서의 변분법으로 구할 수 있다.

$$\begin{aligned}T^{\mu\nu}&\equiv-\frac{2}{\sqrt{-g}}\frac{\delta S}{\delta g_{\mu\nu}}\\&=\phi^{,\mu}\phi^{,\nu}-g^{\mu\nu}\left(\frac{1}{2}g^{\alpha\beta}\phi_{,\alpha}\phi_{,\beta}+V[\phi]\right).\end{aligned} \tag{6.57}$$

이것으로 공간적으로 균일한 스칼라장의 에너지 밀도와 압력을 완전유체의 에너지 · 운동량 텐서와 비교해 각각

$$\rho_\phi=\frac{1}{2}\dot{\phi}^2+V[\phi],\quad p_\phi=\frac{1}{2}\dot{\phi}^2-V[\phi],\quad w_\phi\equiv\frac{p_\phi}{\rho_\phi} \tag{6.58}$$

로 주어진다는 것을 알 수 있다.

그리고 종파 게이지에서 (식 6.57)에 스칼라장의 섭동을 대입하고 $\delta T^0{}_0$의 에너지 · 운동량 텐서의 섭동량을 쓰면 스칼라장의 에너지 밀도 요동의 식을 알 수 있다. 에너지 · 운동량 텐서의 섭동량은

$$\begin{aligned}&-\delta T^0{}_0=\rho_\phi\delta Y=(\dot{\phi}\delta\dot{\phi}-\dot{\phi}^2\Phi_A+V'[\phi]\delta\phi)Y,\\&-\delta T^i{}_j=p_\phi\pi_L Y\delta^i_j=(\dot{\phi}\delta\dot{\phi}-\dot{\phi}^2\Phi_A-V'[\phi]\delta\phi)Y\delta^i_j,\\&-\delta T^j{}_0=(\rho_\phi+p_\phi)\frac{vY^j}{a}=-\phi^{j}\dot{\phi}=\frac{k}{a^2}\dot{\phi}\delta\phi Y^j\end{aligned} \tag{6.59}$$

와 같이 쓸 수 있다. 그리고 이것으로부터

$$v=\frac{k}{a}\frac{\dot{\phi}\delta\phi}{\rho_\phi+p_\phi}=\frac{k}{a}\frac{\delta\phi}{\dot{\phi}} \tag{6.60}$$

을 얻을 수 있다. 여기서 $\rho_\phi+p_\phi=\dot{\phi}^2$임을 이용했다.

따라서 $\Delta_\phi\equiv\delta_\phi+3(1+w_\phi)aHv/k$라는 양을 정의하면

$$\begin{aligned}\rho_\phi\Delta_\phi&=\rho_\phi\delta_\phi+3(\rho_\phi+p_\phi)\frac{aH}{k}\frac{k}{a}\frac{\delta\phi}{\dot{\phi}}\\&=\dot{\phi}\delta\dot{\phi}-\ddot{\phi}\delta\phi-\dot{\phi}^2\Phi_A\end{aligned} \tag{6.61}$$

이 된다.

6.8 요동의 발전방정식과 장파장 해

그림 6.1에서 본 것처럼 인플레이션에서 만들어진 양자요동은 가속팽창해 늘어나 곧 허블 지평선을 넘어서며 감속팽창한 후에 허블 지평선으로 들어온다. 제3권에서 다루는 구조형성은 이 요동이 지평선으로 들어 왔을 때 요동의 파워 스펙트럼이 초기조건으로 필요해진다.

그래서 인플레이션할 때 만들어진 요동과 지평선에 다시 들어 왔을 때 요동의 관계를 구해야 한다. 그러기 위해서 요동이 생성되면서 지평선에 들어올 때까지 즉 요동의 규모가 허블 지평선보다 긴 경우에 보존되는 양이 있다면 편리하다. 실제로 그러한 양이 존재한다. 여기서 그것을 유도해 보자.

먼저 게이지 불변의 양으로 섭동량의 아인슈타인 방정식을 표시하는 것으로 시작한다.

섭동량 사이의 아인슈타인 방정식은 아래와 같이 쓸 수 있다.

$$\delta G^{\mu}{}_{\nu}=8\pi G\delta T^{\mu}{}_{\nu}. \tag{6.62}$$

단,

$$\begin{aligned}
&\delta T^{0}{}_{0}=-\rho\delta Y,\\
&\delta T^{j}{}_{0}=-(\rho+p)\frac{v}{a}Y^{j},\\
&\delta T^{0}{}_{j}=a(\rho+p)vY_{j},\\
&\delta T^{i}{}_{j}=p(\pi_{L}\delta^{i}_{j}+\pi_{T}Y^{i}{}_{j}),\\
&\delta G^{0}{}_{0}=\left(6H^{2}\Phi_{A}-6H\dot{\Phi}_{H}-2\frac{k^{2}}{a^{2}}\Phi_{H}\right)Y,\\
&\delta G^{j}{}_{0}=\left(-2\frac{kH}{a}\Phi_{A}+2\frac{k}{a}\dot{\Phi}_{H}\right)Y^{j},\\
&\delta G^{0}{}_{j}=\left(2\frac{kH}{a}\Phi_{A}-2\frac{k}{a}\dot{\Phi}_{H}\right)Y_{j},\\
&\delta G^{i}{}_{j}=\left[\left(2H^{2}+\frac{\ddot{a}}{a}\right)\Phi_{A}+2H\dot{\Phi}_{A}-\frac{2}{3}\frac{k^{2}}{a^{2}}\Phi_{A}-6H\dot{\Phi}_{H}-2\ddot{\Phi}_{H}-\frac{2}{3}\frac{k^{2}}{a^{2}}\Phi_{H}\right]\delta^{i}_{j}Y\\
&\qquad -\frac{k^{2}}{a^{2}}(\Phi_{A}+\Phi_{H})Y^{i}_{j}
\end{aligned}$$

이다[7].

이 섭동량들의 식으로부터

$$\delta G^{0}{}_{0}-\frac{3H}{k^{2}}(\delta G^{0}{}_{i})^{|i}=-2\frac{k^{2}}{a^{2}}\Phi_{H}Y, \tag{6.63}$$

7 완전유체인 경우를 생각하므로 $\pi_T=0$이지만 π_T가 어디서 나타나는가를 명확하게 하기 위해 써 둔다.

$$\delta T^0{}_0 - \frac{3H}{k^2}(\delta T^0{}_i)^{|i} = -\left[\rho\delta + 3(\rho+p)\frac{aH}{k}v\right]Y$$
$$\equiv -\rho\Delta Y \qquad (6.64)$$

를 얻는다[8]. 단,

$$\Delta \equiv \delta + 3(1+w)\frac{\dot{a}}{k}v \qquad (w \equiv p/\rho) \qquad (6.65)$$

라고 정의했다. Δ는 물질 정지계의 밀도요동에 해당한다.

따라서 아인슈타인 방정식을 이용해

$$2\frac{k^2}{a^2}\Phi_H = 8\pi G\rho\Delta = 3H^2\Delta \qquad (6.66)$$

를 얻는다.

또한 생각하는 상황에 따라 비등방 압력요동은 0이라고 간주하고 이때 Φ_H와 Φ_A는 더 이상 독립적이 아니다. 실제로 아인슈타인 방정식의 좌변 ij성분의 다음과 같은 조합

$$\delta G^i{}_j - \frac{1}{3}\delta^i_j \delta G^l{}_l = -\frac{k^2}{a^2}(\Phi_H + \Phi_A)Y^i{}_j$$

이 되어 $Y^i{}_j$에 비례하는 항만 남지만, 에너지 · 운동량 텐서의 같은 조합은 0이 되므로

$$\Phi_H + \Phi_A = 0 \qquad (6.67)$$

을 얻는다[9].

이 두 식으로부터 푸아송 방정식

$$-\frac{k^2}{a^2}\Phi_A = 4\pi G\rho\Delta$$

$$\Longleftrightarrow \quad \frac{\nabla^2}{a^2}\Phi_A = 4\pi G\rho\Delta \tag{6.68}$$

을 얻는다.

또한 섭동량의 에너지 · 운동량 보존법칙 $\delta T^{\mu}{}_{\nu;\mu}=0$ (;는 공변미분)으로부터

$$\frac{\partial}{\partial t}(\rho\Delta)+3H\rho\Delta = -(\rho+p)\frac{k}{a}v \tag{6.69}$$

$$\Longrightarrow \quad \dot{\Delta}-3Hw\Delta = -(1+w)\frac{k}{a}v, \tag{6.70}$$

$$\dot{v}+Hv = \frac{1}{\rho+p}\frac{k}{a}(\delta p - c_s{}^2\delta\rho + c_s{}^2\rho\Delta)+\frac{k}{a}\Phi_A \tag{6.71}$$

이라는 연속 식과 오일러 방정식을 얻는다. 단, (식 6.69)로부터 (식 6.70)을 얻을 때

$$\dot{\rho} = -3H(1+w)\rho$$

라는 관계를 이용했다. 또한

$$c_s^2 \equiv \frac{dp}{d\rho} \tag{6.72}$$

8 첨자 '|'는 배경시공(현재의 경우는 평탄한 로버트슨-워커 시공)에서 공변미분을 나타낸다.
9 비등방 압력 요동(anisotropic stress) π_T를 0으로 두는 것에 의함.

는 음속의 제곱이다.

푸아송 방정식

$$\rho\Delta=\frac{1}{4\pi G}\frac{k^2}{a^2}\Phi_H=\frac{2}{3}\left(\frac{k}{Ha}\right)^2\Phi_H\rho$$

을 연속식에 이용하면

$$\begin{aligned}\dot{\Phi}_H=H\Phi_H&=-4\pi G(\rho+p)\frac{a}{k}v\\&=-\frac{3}{2}H^2(1+w)\frac{a}{k}v\\&\equiv-\frac{3}{2}(1+w)H\Upsilon\end{aligned} \tag{6.73}$$

을 얻고 여기서

$$\Upsilon\equiv\frac{aH}{k}v \tag{6.74}$$

라고 정했다.

그리고 오일러 방정식을 Υ를 이용해 나타내면

$$\dot{\Upsilon}+\frac{3}{2}H(1+w)\Upsilon=-H\Phi_H+\frac{H}{1+w}(c_s^2\Delta+w\Gamma) \tag{6.75}$$

가 된다. 여기서 $p\Gamma\equiv\delta p-c_s^2\delta\rho$이지만 1성분계에서는 $c_s^2=\dot{p}/\dot{\rho}=dp/d\rho$이므로 $\Gamma=0$(단열요동)이다. 아래서는 이러한 경우를 생각한다.

(식 6.73)과 (식 6.75)의 차를 이용해,

$$\frac{d}{dt}(\Phi_H - \Upsilon) = -\frac{H}{1+w}c_s^2 \Delta$$

$$= -\frac{2c_s^2 H}{3(1+w)}\left(\frac{k}{aH}\right)^2 \Phi_H \qquad (6.76)$$

을 얻는다. 단 1행에서 2행으로 변형할 때에 푸아송 방정식으로 얻는 식 $\rho\Delta = \frac{2}{3}\left(\frac{k}{Ha}\right)^2 \Phi_H \rho$를 이용했다. 스칼라장의 요동인 경우는 위 식의 c_s^2를 1로 치환하면 그대로 올바른 식이 된다. 우변은 $k \ll Ha$, 즉 허블길이보다 장파장인 영역에서는 대부분 0이 된다. 따라서 장파장 영역 $k \ll Ha$에서는 $\Phi_H - \Upsilon$이 보존된다.

Υ의 정의에 의해

$$\Phi_H - \Upsilon = \Phi_H - \frac{aH}{k}v \qquad (6.77)$$

이므로 위에서 기술한 것은 물질의 정지계에서 본 곡률요동은 장파장 영역 $k \ll Ha$에서 보존된다는 물리적 의미를 갖는다[10].

$\Phi_H - \Upsilon$을 Φ_H로만 나타내면 연속식을 이용해

$$\Phi_H - \Upsilon = \Phi_H + \frac{2}{3(1+w)}(\Phi_H + H^{-1}\dot{\Phi}_H) \equiv \zeta \qquad (6.78)$$

이 된다. 여기서 정의된 ζ를 바딘Bardeen의 ζ라고 한다. 바딘의 ζ는 장파장 영역 $k \ll Ha$에서 일정하다.

이 일정값을 C_1이라고 두면 장파장 영역 $k \ll Ha$에서는

10 $\Phi_H - \Upsilon = R - \frac{aH}{k}(v - B)$이므로 $\Phi_H - \Upsilon$는 정지계 $v - B = 0 (u_\mu \propto v - B)$에서의 곡률요동을 나타낸다.

$$\zeta = \Phi_H + \frac{2}{3(1+w)}(\Phi_H + H^{-1}\dot{\Phi}_H) = \text{일정} \equiv C_1 \tag{6.79}$$

이 성립한다. 이 식은 Φ_H에 대한 1차미분방정식이라고 볼 수 있다.

이 미분방정식을 적분하면

$$\Phi_H = C_1\left(1 - \frac{H}{a}\int^t a(t')dt'\right) \tag{6.80}$$

이 된다. 실제로 양변을 미분하면

$$\begin{aligned}
\dot{\Phi}_H &= C_1\left(-\frac{\dot{H}}{a} + \frac{H^2}{a}\right)\int^t a(t')dt' - C_1 H \\
&= C_1\left[\frac{3}{2}H^2(1+w) + H^2\right]\frac{1}{a}\int^t a(t')dt' - C_1 H \\
&= \frac{3}{2}H(1+w)C_1\frac{H}{a}\int^t a(t')dt' - C_1 H\left(1 - \frac{H}{a}\int^t a(t')dt'\right) \\
&= \frac{3}{2}H(1+w)C_1\frac{H}{a}\int^t a(t')dt' - H\Phi_H
\end{aligned}$$

이 되기 때문에

$$\begin{aligned}
\zeta &= \Phi_H + \frac{2}{3(1+w)}(\Phi_H + H^{-1}\dot{\Phi}_H) \\
&= C_1\left(1 - \frac{H}{a}\int^t a(t')dt'\right) + C_1\frac{H}{a}\int^t a(t')dt' \\
&= C_1
\end{aligned}$$

이 된다. 즉 (식 6.80)으로 주어진 Φ_H는 $\zeta = C_1$의 해를 나타낸다.

(식 6.80)의 해에 포함된 적분의 하한값은 임의의 값이므로, $\frac{H}{a}\times$상수도 $\zeta=C_1$의 해가 된다. 이 해는 감퇴모드를 준다. 즉

$$\text{성장 단열모드}\quad \Phi_H^G=C_1\left(1-\frac{H}{a}\int^t a(t')dt'\right), \tag{6.81}$$

$$\text{감퇴모드}\quad \Phi_H^D=\frac{H}{a} \tag{6.82}$$

와 같이 된다.

여기서 얻은 성장 단열모드의 식은 상태방정식 $p=p(\rho)$의 모양에 관계없이 참이다.

특히 $w=p/\rho=$일정일 때는 $a(t)\propto t^{\frac{2}{3(w+1)}}$이 되므로 점근적으로

$$\Phi_H=C_1\left(1+\frac{2}{3(1+w)}\right)^{-1} \tag{6.83}$$

$$=\begin{cases} \frac{2}{3}C_1 & (\text{복사우세기},\ w=1/3) \\ \frac{3}{5}C_1 & (\text{물질우세기},\ w=0) \end{cases}$$

이 된다. 복사우세에서 물질우세로 천이될 때 장파장 영역의 Φ_H는 9/10배가 된다.

6.9 인플레이션 우주에서 곡률요동의 생성과 발전

인플레이션 동안 시각 t_k에서 C_1을 구하면 그 후 k-모드가 다시 허블 지평선에 들어가는 시각 t_k^*까지 그 값은 보존되므로 그때의 Φ_H값을 구할 수 있다.

그러면 그런 상황에서 인플레이션 동안의 Φ_H와 Υ의 움직임을 고찰해 보자.

스칼라장이 우세한 우주에서는 (식 6.73)으로부터

$$\dot{\Phi}_H + H\Phi_H = -4\pi G(\rho + p)\frac{a}{k}v = -4\pi G\dot{\phi}\delta\phi \tag{6.84}$$

가 성립한다. 인플레이션 동안에는 $\dot{\phi}^2/2 \ll V[\phi]$이므로 $w \simeq -1$이며

$$\begin{aligned}\zeta &= \Phi_H + \frac{2}{3}\frac{\Phi + H^{-1}\dot{\Phi}_H}{1+w} = \frac{2}{3H} \times \frac{-4\pi G\dot{\phi}\delta\phi}{1+w} \\ &= -\frac{8\pi G}{3H}\frac{\rho\dot{\phi}\delta\phi}{\rho + p} = -H\frac{\dot{\phi}\delta\phi}{\dot{\phi}^2} = -\frac{H\delta\phi}{\dot{\phi}}\end{aligned} \tag{6.85}$$

가 된다. 따라서

$$C_1(k) = -\frac{H}{\dot{\phi}}\delta\phi\bigg|_{\text{인플레이션 동안}} \tag{6.86}$$

이 성립한다. 이 식은 각 푸리에 모드에 대해 성립하는 식이다.

$\delta\phi_k$는 (식 6.39)에 따라서 제곱 기댓값 $\langle|\delta\phi_k|^2\rangle$이 $H^2/(2k^3)$으로 주어지는 무작위적 가우스 변수[11]임을 생각하면 진공의 양자적 성질이 완전히 반영된다.

따라서 허블 지평선 밖에서는

$$\langle|\Phi_{Hk}|^2\rangle = f^2\left(\frac{H}{\dot{\phi}}\right)^2\langle|\delta\phi_k|^2\rangle = f^2\left(\frac{H}{\dot{\phi}}\right)^2\frac{H^2}{2k^3} \tag{6.87}$$

이 되고 $\langle|\Phi_{Hk}|^2\rangle$은 k^{-3}에 비례한다. 단 여기서

$$f=\begin{cases}\dfrac{2}{3} & (\text{복사우세기})\\[2ex] \dfrac{3}{5} & (\text{물질우세기})\end{cases}$$

이다.

규모가 $r=2\pi/k$인 곡률요동은 위상공간 밀도를 곱해

$$\sqrt{\langle|\Phi_H(r)|^2\rangle}=\sqrt{\langle|\Phi_{Hk}|^2\rangle\frac{4\pi k^3}{(2\pi)^3}}=f\frac{H^2}{2\pi|\dot{\phi}|}\Bigg|_{t_k} \tag{6.88}$$

이 된다. $\dot{\phi}$나 H는 인플레이션 동안에는 거의 일정하므로 위의 기댓값은 t_k나 k와는 거의 상관없이 일정하다. 즉

$$\langle|\Phi_{Hk}|^2\rangle\propto k^{-3} \tag{6.89}$$

이다.

이때

$$2\frac{k^2}{a^2}\Phi_{Hk}=3H^2\Delta_k$$

이므로 거의

$$P(k)\equiv\langle|\Delta_k|^2\rangle=\left(\frac{2}{3H^2a^2}\right)^2k^4\langle|\Phi_{Hk}|^2\rangle\propto k \tag{6.90}$$

와 같다. 이 $P(k)$를 크기 불변 스펙트럼이라고 한다(맨 처음에 이 모양의 스펙트럼을 제안한 사람의 이름을 따서 해리슨-젤도비치Harrison-Zel'dovich 스펙트럼

11 이것은 진폭이 평균 0이며 분산이 $H/\sqrt{2k^3}$로 주어지는 가우스 분포를 따르고 무작위적인 위상을 가지는 확률변수를 말한다.

이라고 한다).

여기서 $\Phi_H - \Upsilon = \zeta$의 크기 r에서 평균제곱 기댓값을 Δ_R이라고 하면 이 양은 Φ_H의 식에서 f를 소거한 것이므로

$$\Delta_R{}^2 = \left(\frac{H^2}{2\pi|\dot{\phi}|}\right)^2$$

이 된다. 특히 $3H\dot{\phi} = -V'(\phi)$이 성립하는 슬로우 롤 인플레이션일 때는

$$\Delta_R{}^2 = \left(\frac{3H^3}{2\pi|V'(\phi)|}\right)^2 = \frac{V(\phi)^3}{12\pi^2 M_G{}^6 V'(\phi)^2} = \frac{V(\phi)}{24\pi^2 \varepsilon M_G{}^4}$$

이 된다. ε는 (식 6.11)에서 정의한 슬로우 롤 매개변수 중에 하나이다.

규모 불변 스펙트럼에서 얼마만큼 벗어났는지를 나타내는 스펙트럼 지수는

$$\Delta_R{}^2\left(r = \frac{2\pi}{k}\right) \propto k^{n-1}$$

로 정의된다. 즉,

$$n - 1 = \frac{d\ln\Delta_R(r)^2}{d\ln k}$$

이다.

그러므로 여기서

$$\begin{aligned} n - 1 &= -3M_G{}^2\left(\frac{V'}{V}\right)^2 + 2M_G{}^2\frac{V''}{V} \\ &= -6\varepsilon + 2\eta \end{aligned}$$

을 얻을 수 있다. η도 (식 6.11)에서 정의한 슬로우 롤 매개변수 중에 하나이다.

그리고 스펙트럼 지수를 $\ln k$로 미분하면

$$\frac{dn}{d\ln k} = 8M_G{}^4 \frac{V'^2 V''}{V^3} - 6M_G{}^4 \frac{V'^4}{V^4} - 2M_G{}^4 \frac{V'V'''}{V^2}$$
$$= 16\varepsilon\eta - 24\varepsilon^2 - 2\xi$$

을 얻을 수 있다. 여기서

$$\xi \equiv M_G{}^4 \frac{V'(\phi)V'''(\phi)}{V^2(\phi)}$$

라고 정의했다. ξ도 ε이나 η와 마찬가지로 슬로우 롤 매개변수이다.

이렇게 단순한 인플레이션 모델의 경우에는 생성되는 곡률요동의 진폭이나 스펙트럼 지수는 인플라톤의 퍼텐셜이나 미분해서 표현한다. 이 성질을 역으로 이용해 CMB의 관측량으로 인플레이션 모델을 제한하는 연구가 최근에 활발하게 이루어지고 있다.

제7장
양자중력과 양자우주론

7.1 특이점 정리와 양자중력의 필요성

빅뱅우주에서는 우주의 시작이 있다고 주장한다. 2.2절에서 본 것처럼 균일등방우주에서는 $\rho+3P\geqq 0$(ρ는 에너지 밀도, P는 압력)을 만족하는 한 과거를 향해 유한한 시간에서 규모인자 $a(t)$는 0이 된다. 거기서는 에너지 밀도나 곡률이 발산하며 고전적인 물리법칙이 성립하지 않는 영역이라고 생각된다. 그리고 특이점 정리로 균일등방한 우주에 국한되지 않고 비균일 비등방의 현실적인 우주에서도 시공간에 시작이 존재했음이 나타났다. 중력이 인력이라는 것이 그 사실을 증명한다. 우주탄생에 양자중력을 적극적으로 고려하는 이유 중에 특이점 정리에서 얻을 수 있는 결과가 있기 때문에 대략적인 내용을 살펴보는 것이 필요하다.

우주팽창을 거슬러 올라가는 측지선 다발을 생각해 보자(그림 7.1 참조). 측지선 다발의 미소 변위 면적 δA의 변화율을 $\theta=(\dot{\delta}A)/\delta A$라고 하면 레이차우드리Raychaudhri 방정식

$$\dot{\theta}=-\frac{1}{3}\theta^2-\sigma_{\mu\nu}\sigma^{\mu\nu}-R_{\mu\nu}u^\mu u^\nu \tag{7.1}$$

을 따른다. 여기서 u^μ는 과거를 향한 측지선의 4차원 속도이다. 4차원의 아인슈타인Einstein 방정식을 이용하면 우변 제3항은 운동량·에너지 텐서를 이용해 바꿔 쓸 수 있다.

$$\dot{\theta}=-\frac{1}{3}\theta^2-\sigma_{\mu\nu}\sigma^{\mu\nu}-8\pi G\Big(T_{\mu\nu}-\frac{1}{2}g_{\mu\nu}T\Big)u^\mu u^\nu. \tag{7.2}$$

θ는 균일등방 우주의 경우에 $\theta=-3H$로 한다. 따라서 팽창우주에서는 $\theta<0$이다. $\sigma_{\mu\nu}$는 측지선 다발의 뒤틀림을 나타내며 대각합이 없는 (traceless, $\sigma_{\mu\nu}g^{\mu\nu}=0$) 텐서량으로 측지선에 수직인 공간 성분만 갖기 때문

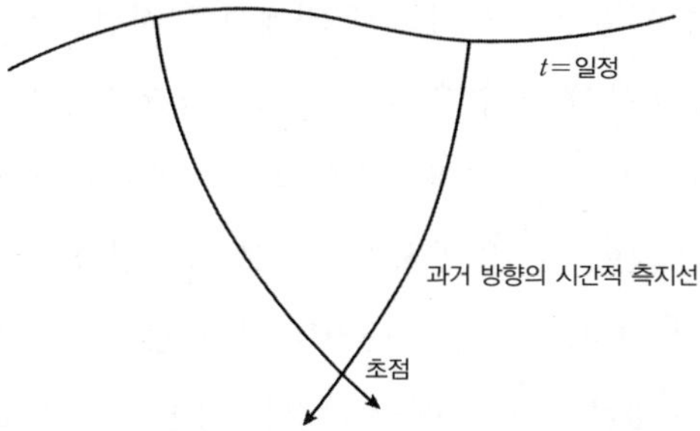

그림 7.1 시간이 일정한 면으로부터 과거 방향의 시간적 측지선. 중력의 인력적 성질에 의해 초점을 형성한다.

에($\sigma_{\mu\nu}u^{\mu}=\sigma_{\mu\nu}u^{\nu}=0$), $\sigma_{\mu\nu}\sigma^{\mu\nu}\geqq 0$이 성립한다. 우변 제3항도 일반적인 고전적 물질의 경우라면 성립한다:

$$\left(T_{\mu\nu}-\frac{1}{2}g_{\mu\nu}T\right)u^{\mu}u^{\nu}\geqq 0 \qquad \text{(강한 에너지 조건).}$$

예를 들어 완전유체인 경우에는 $\left(T_{\mu\nu}-\frac{1}{2}g_{\mu\nu}T\right)u^{\mu}u^{\nu}=\frac{1}{2}(\rho+3P)$가 된다. 따라서 우변의 부호는 모두 마이너스가 되고 $\dot{\theta}$도 음의 값이 된다. 이것은 과거를 향해 측지선 다발이 가속적으로 수렴하는 것을 의미한다.

그리고

$$\dot{\theta}+\frac{1}{3}\theta^2\leqq 0 \tag{7.3}$$

으로부터 시각 $t=0$에서 $\theta=\theta_0<0$(팽창우주 조건)이 되려는 점이 존재한다면 (식 7.3)을 시간에 대해 적분해

$$1/\theta(t)\geqq 1/\theta_0+\frac{1}{3}t \tag{7.4}$$

를 얻는다. 그것보다 $3/|\theta_0|$ 이내의 과거에서 측지선 다발이 초점($\theta \to -\infty$)을 형성하고 있음을 알 수 있다(그림 7.1). 이 초점이 특이점의 발생을 의미하는 것은 아니지만 이 중력의 성질이 특이점 정리의 근원을 이룬다.

지금까지 고찰한 것에서는 일반적인 물질을 가정했지만 예를 들어 인플레이션의 시기를 생각하고 V_0를 진공에너지의 값이라고 하면 $\rho+3p \simeq V_0-3V_0=-2V_0<0$가 되어 위에서 가정한 강한 에너지 조건이 성립하지 않는다. 하지만 인플레이션 이전은 복사우세시기였다고 가정하면 조건은 충족된다. 따라서 특이점 정리를 인플레이션 시기 이전으로 적용하면 우주가 특이점에서 시작됐다는 결론에 다다른다. 그러면 린데A. Linde가 구상한 인플레이션이 영원히 지속되는 시나리오[1]의 경우는 어떤가. 이 경우도 보드A. Borde, 구스A. Guth, 빌렌킨A. Vilenkin이 현실적인 가정 아래서 초기 특이점에서 시작됐다고 결론을 내렸다.

이러한 일련의 정리에 따라 일반상대성이론으로 우주를 설명할 수 없는 영역이 존재함을 확인했다. 특이점 정리로는 위치와 성질은 파악할 수 없지만 초기우주에서 발생한다고 생각하는 것이 자연스럽다. 아래서 보는 것처럼 팽창우주의 역사를 거슬러 초기우주에서는 시공의 양자론적 기술이 필수적인 것을 알 수 있다. 실제로 우주 지평선의 크기는 특이점 부근에서 우주시간 t에 비례해 작아지기 때문에 중력의 양자효과가 영향을 준다고 기대된다. 그래서 여기서 아인슈타인 방정식과 불확정성 원리를 이용해 그 현상에 대해 살펴보자.

양자효과는 작은 공간 규모 또는 고에너지에서 영향을 크게 미친다. 한편, 중력의 상호작용은 다른 상호작용과 비교해 작기 때문에 중력의 양자효과가 영향을 줄 만한 규모에서는 물질의 양자효과도 영향을 주는 것으

1 eternal inflation이라고 한다.

로 생각된다. 그런데 이런 물질이 시공에 미치는 영향은 아인슈타인 방정식으로 구할 수 있다. 아인슈타인 방정식의 좌변은 곡률이므로 시공의 요동을 δg, 관심을 갖고 있는 규모를 L이라고 하면 곡률은 $\sim\delta g L^{-2}$로 주어진다. 여기서 δg는 계량과 같은 단위이므로 무차원량이다.

한편 물질에너지는 $E\sim\hbar c/L$로 주어지므로 에너지 밀도는 $\rho\sim\hbar c/L^4$가 되고 아인슈타인 방정식의 우변은 $G\rho/c^4\sim G\hbar/c^3L^4$라고 구할 수 있다 ($\hbar=h/2\pi$, h는 플랑크 상수). 따라서 아인슈타인 방정식은 $\delta g L^{-2}\sim G\hbar/c^3L^4$이다. 따라서 시공의 요동을 $\delta g\sim(l_{\mathrm{pl}}/L)^2$으로 구할 수 있다. 여기서 $l_{\mathrm{pl}}:=(\mathrm{G}\hbar/\mathrm{c}^3)^{1/2}\sim10^{-33}$[cm]은 플랑크 길이라고 한다. l_{pl}보다 값이 작으면 $\delta g>1$이므로 중력의 양자효과를 무시할 수 없다.

지금까지 살펴본 것처럼 우주진화의 흐름을 밝히기 위해서 중력의 양자화는 필수적이다. 우주탄생의 물리적 이해는 그 다음 진화를 결정한다는 의미로 매우 중요한 과제임에 틀림없다.

중력을 양자화하는 방법은 몇 개의 흐름이 존재하는데 크게 나누어 두 가지가 있다. 한 가지는 일반적인 양자화와 같은 방법을 이용하는 (정준) 양자화 또는 경로적분법이다. 다른 하나는 모든 힘의 상호작용을 통일하면서 동시에 중력의 양자화도 염두에 두는 전혀 다른 접근을 이용하는 초끈이론이다. 전자는 시공 자체를 기하학적으로 취급하는 반면 후자는 중력을 소립자로 다룬다. 두 이론 모두 제법 발달해 있지만 지금도 발전하고 있는 단계이다.

7장에서는 고에너지 현상에만 관심이 있으므로 이후에는 자연단위계 ($c=\hbar=1$)를 원칙적으로 사용한다. 이것은 양자효과나 상대론적 효과가 우세한 상황에서 자연스런 단위계이다.

7.1.1 우주의 파동함수와 휠러-드위트 방정식

형식적인 중력의 정준양자화의 절차를 거쳐 여기서는 간단히 하기 위해 닫힌 균일등방 우주만을 살펴보자. 중력의 자유도가 규모인자 $a(t)$로만 주어지고 제한된 계량공간이라는 의미로 '작은 초공간'이라고 한다. 아래서는 특별히 물질항으로 우주항 Λ만을 포함하는 경우를 생각한다.

시공의 계량을

$$ds^2 = -N^2(t)dt^2 + a^2(t)d\Omega_3^2 \tag{7.5}$$

라고 쓴다. 여기서 $d\Omega_3^2$은 3차원 단위구면의 계량 $d\Omega_3^2 = d\chi^2 + \sin^2\chi(d\theta^2 + \sin^2\theta d\phi^2)$, $N(t)$는 시간좌표의 임의성을 나타내고 t가 우주시간인 경우는 $N=1$에 대응한다. 시공은 균일등방하므로 그 좌표의 임의성에 대해 고려할 필요는 없다. 여기서 시간좌표의 임의성을 남겨 두는 이유는 역학적 해석 또는 양자화 절차상의 상황 때문이다. 또한 7.1.1절에 등장하는 $a(t)$는 길이의 단위를 갖고 있음에 주의해야 한다.

그런데 양자화하기 위해서는 해밀턴 함수 H를 구해야 한다. 우주항으로 나타낼 수 있는 지평선 반경 $\ell := \sqrt{3/\Lambda}$를 이용하면 이 계의 작용함수는

$$S = \frac{1}{16\pi G}\int d^4x(R - 2\Lambda) = \frac{3\pi}{4G}\int dt\left[Na - \frac{\dot{a}^2 a}{N} - \frac{1}{\ell^2}Na^3\right] \tag{7.6}$$

이다. R은 4차원의 리치Ricci스칼라 곡률이다. 두 번째 등식에서 시간에 대해 부분적분을 한다는 점에 주의하라. 이 작용함수에서 라그랑주 함수는

$$L = \frac{3\pi}{4G}\left[Na - \frac{\dot{a}^2 a}{N} - \frac{1}{\ell^2}Na^3\right] \tag{7.7}$$

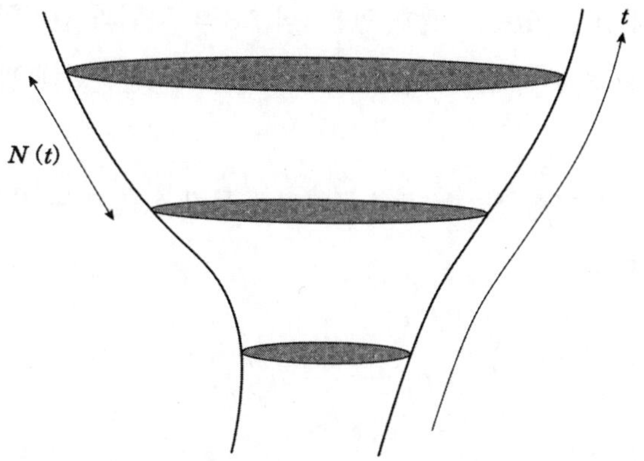

그림 7.2 우주의 성장. 시간이 일정한 면과 또 다른 일정한 시간의 면 사이의 미소거리는 $N(t)dt$.

라고 볼 수 있다. N을 시간에 대해 미분한 항이 존재하지 않음을 주의하자. N에 대해 변분한 후에 $N=1$이라고 하면, 방정식

$$\dot{a}^2+1-a^2/\ell^2=0 \tag{7.8}$$

를 얻을 수 있다. 이것은 아인슈타인 방정식의 tt 성분에 대응한다. 이 식은 a를 시간에 대해 1차미분만 했으므로 발전방정식이 아니라 구속조건을 나타낸다(해밀턴 함수 구속조건). 한편, 라그랑주 함수를 a에 대해 변분하면 a를 시간에 대해 2차미분한 방정식, 즉 발전방정식을 얻는다. 앞에서 본 것처럼 이 발전방정식을 시간에 대해 한 번 적분하면 해밀턴 함수 구속조건을 얻을 수 있다.

다음으로 해밀턴 함수 H를 정의에 따라 구하면

$$H=\dot{a}p_a-L=-\frac{3\pi a}{4G}\left[\dot{a}^2+1-\frac{a^2}{\ell^2}\right]. \tag{7.9}$$

여기서 p_a는 a와 켤레인 운동량으로 현재 $p_a=\partial L/\partial\dot{a}=-\frac{3\pi}{2G}\dot{a}a$의 값을

갖는다. 쉽게 알 수 있듯이 괄호 안은 (식 7.8)의 좌변과 일치한다. 따라서 해밀턴 함수는 자동적으로 0이 된다($H=0$). 이후, 단순화해 괄호 앞의 인자를 생략하겠다.

일반적으로 양자화 절차는 정준공역인 운동량 p_a를 미분 연산자로 치환해 이루어진다.

$$p_a \longrightarrow -i\hbar\frac{\partial}{\partial a}. \tag{7.10}$$

이때 계는 슈뢰딩거Schrödinger 방정식

$$\hat{H}(a)\psi(a)=\left[-\hbar^2\frac{d^2}{da^2}+\left(\frac{3\pi}{2G}\right)^2\left(a^2-\ell^{-2}a^4\right)\right]\psi(a)=0 \tag{7.11}$$

으로 지배되는 파동함수 $\psi(a)$에 따라 기술된다. 이것을 작은 초공간에 대한 휠러-드위트Wheeler-DeWitt 방정식이라고 하며 $\psi(a)$는 우주의 파동함수라고 한다.

이 계는 1차원 양자역학계의 에너지가 0인 상태를 구하는 문제와 값이 같다. 그림 7.3에서 이 슈뢰딩거 방정식의 퍼텐셜 $U(a)=\frac{1}{2}\left(\frac{3\pi}{2G}\right)^2\left(a^2-\ell^{-2}a^4\right)$를 그려보았다. a^2는 닫힌 우주의 곡률이고, a^4는 우주항으로부터의 기여를 나타낸다. $a=0$에서부터 $a=\ell$의 사이에 퍼텐셜의 장벽이 존재한다.

더 일반적으로는 우주의 파동함수는 공간계량 $h_{ij}(x)$의 범함수[2] $\psi[h_{ij}(x)]$이다. 모든 $h_{ij}(x)$로 이루어진 공간을 초공간이라고 한다. 즉, 초공간의 각 점은 임의의 공간계량 $h_{ij}(x)$이다. 각각의 계량은 서로 다른 배

2 함수의 집합을 정의역으로 갖는 함수(functional).

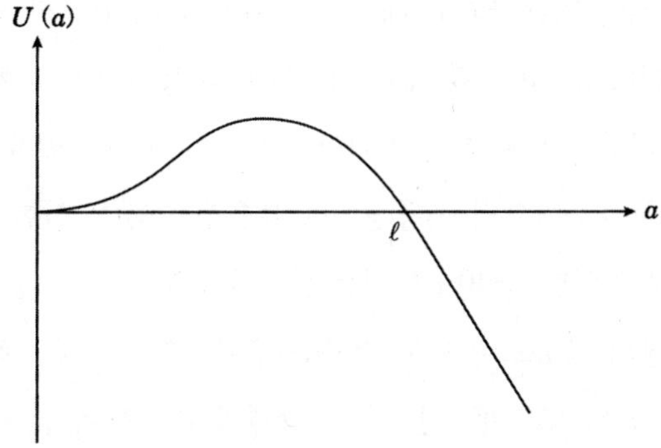

그림 7.3 휠러-드위트 방정식의 퍼텐셜 $U(a)$.

치를 갖고 있어도 상관없다.

이렇게 형식적인 양자화가 이루어졌지만 이 파동함수는 해석문제, 시간문제, 규격화문제, 경계값문제, 발산문제라는 원리적 문제들을 안고 있다.

해석문제

양자역학은 슈뢰딩거 방정식과 관측과정을 통한 확률해석이라는 두 가지 큰 줄기로 이루어져 있다. 일반적인 양자역학에서 관측을 하지 않는 동안 슈뢰딩거 방정식에 따라 계는 시간변화를 한다.

여기서 관측을 통해 임의의 물리량을 측정하는 것을 생각해보자. 실제 실험에서 측정할 때마다 다른 값을 측정하게 된다. 관측값은 다양한 값을 갖지만 그 측정값들의 평균이나 분산은 파동함수의 절댓값의 제곱으로 주어지는 확률분포를 따른다. 이 확률해석에 대해 일반적으로 흔히 말하는 코펜하겐 해석을 이용한다. 거기서는 고전적으로 움직이는 관측장치와 양자계의 두 가지 계를 상정하고 그 사이의 상호작용으로 고전값을 얻으려고 한다. 왜 다양한 값을 얻으면서 전체의 집합이 파동함수를 따르고 있을까. 관측계와 양자계의 상호작용이 하는 역할은 문제가 되지 않는다. 파동함수가 그 실체를 기술한다고 해석하면 관측할 때마다 파동의 수축이 순간적으로 일어나게 된다. 하지만 실제로는 파동함수가 실체를 나타내는 것이 아니라 파동들의 수렴이 일어나지 않는다고 생각해야 한다. 이상하게 들리겠지만 양자역학의 정당성이나 유용성은 많은 실험으로부터 이미 검증됐기 때문에 일단 이러한 원리를 받아들이자.

그러면 고찰의 대상으로 우주 전체를 생각하자. 이 경우 관측자 자체도 우주 내부에 있으므로 관측장치와 대상계의 분리가 분명하지 않다. 오히려 분리가 허용되지 않는다고 생각하는 쪽이 자연스럽다. 이 때 파동함수의 코펜하겐 해석은 성립되지 않는다. 그래서 다세계 해석이 등장한다. 이 해석에서는 고전계와 양자계의 분리가 필요 없다. 관측자도 파동함수에 따라 다양한 상태를 갖는다. 즉, 다세계 해석에서는 대상계의 물리량의 값 하나하나마다 관측자의 상태를 알 수 있다. 따라서 관측할 때마다 우주는 분기된다고 해석할 수 있다. 결과로 이것은 린데Linde의 인플레이션을 영원히 지속하는 시나리오eternal inflation나 사토, 마에다, 사사키, 고다마가 말한 다중우주와 공통된 우주 모습을 제공한다.

시간문제

(식 7.11)로부터 밝혀진 것처럼 이 파동함수는 시간에 의존하지 않는다. 이것은 물질장이 있는 경우도 마찬가지다. 하지만 우리는 물질에 대해 일반적으로는 시간에 의존하는 슈뢰딩거 방정식에 따르고 있음을 알고 있다. 이 문제를 시간문제라고 하자. 이것은 중력이론의 해밀턴 함수가 0인 것에 기인한다. 0인 이유를 떠올리면 파동함수가 시간에 의존하지 않는다는 사실은 시간의 선택방법에 물리량이 의존하지 않는 사실과 같다. 그런 의미로 보면 가장 그럴듯해 보인다. 그러면 시간에 의존하는 슈뢰딩거 방정식은 어떻게 얻어질까. 시간문제의 표준적이고 타협적인 해결책은 다음

과 같다.

일단 계 전체의 파동함수가 시간에 의존하지 않음을 인정한다. 하지만 계에 있는 물질은 일반적인 시간발전을 갖는 슈뢰딩거 방정식에 따른다고 하자. 그래서 우주팽창에 주목하면 우주는 팽창함으로 커지고 준고전적으로 행동할 것이다. 그래서 우주 자체를 '시계' 라고 취급할 수 있다. 이것을 빌렌킨Vilenkin의 아이디어에 따라 자세하게 살펴보겠다.

우주가 준고전적으로 행동하는 경우에 계 전체의 파동함수는

$$\psi(a,\ q)=A(a)e^{iS(a)/\hbar}\chi(a,\ q)=\psi_0(a)\chi(a,\ q) \tag{7.12}$$

라고 쓸 수 있다. 여기서 q는 물질장의 양자적 변수이다. 간단히 하기 위해 준고전적으로 변동하는 것은 균일등방우주뿐이고 양자론적으로 변동하는 것은 물질뿐이라고 가정하자. $\psi_0(a)$는 우주의 준고전적인 파동함수이고, $\chi(a,\ q)$는 준고전적인 우주에 대한 물질의 파동함수이다. 미소매개변수를 $\hbar$라고 하고 $S=O(\hbar^0)$, $U=O(\hbar^0)$라고 한다. 이 경우에 형식적으로 휠러-드위트 방정식을

$$(-\hbar^2\nabla_a^2+U(a)+H_q)\psi(a,\ q)=0 \tag{7.13}$$

이라고 쓰겠다. 여기서 H_q는 물질의 해밀턴 함수이며 $\psi_0(a)$는

$$(-\hbar^2\nabla_a^2+U(a))\psi_0(a)=0 \tag{7.14}$$

을 충족시킨다. 일단, $\psi_0=A(a)e^{iS(a)/\hbar}$를 (식 7.13)에 대입하고 (식 7.14)와 $O(\hbar^0)$, $O(\hbar)$를 이용해 각각

$$(\nabla_a S)^2+U=0,\quad iA\nabla_a^2 S+2i\nabla_a A\nabla_a S=0 \tag{7.15}$$

를 얻는다.

여기서 $\dot{a}=2\nabla_a S$에 의해 자연스럽게 시간이 도입된다. 윗첨자 「˙」는 시간 매개변수를 나타낸다. $\nabla_a S$는 작은 초공간의 운동량에 대응한다. 해석역학에서 $S(a)$는 실현된 작용함수, (식 7.15)의 첫째 식이 해밀턴-자코비 Hamilton-Jacobi 방정식에 대응한다. 한편으로 물질장에 대응하는 파동함수 $\chi(a,\ q)$는

$$2i\hbar\nabla_a S\nabla_a\chi - H_q\chi = 0 \tag{7.16}$$

을 따른다. 앞에서 도입한 시간을 이용하면

$$i\hbar\partial_t\chi = H_q\chi \tag{7.17}$$

가 되고 물질에 대한 슈뢰딩거 방정식을 얻을 수 있다. 따라서 실제로 고전우주가 물질의 시간발전을 기술한다는 것을 알 수 있다. 이런 논의의 문제점 중 한 가지는 거대우주가 준고전적으로 변동한다고 가정한 것과 출발점의 파동함수의 모양 (식 7.12)의 타당성 유무이다.

규격화 문제

파동함수의 절댓값을 제곱한 것이 확률을 나타낸다는 것은 양자역학의 규칙이다. 이 양에 정량적 의미를 부여하기 위해서는 계의 모든 상태의 파동함수를 알고 규격화할 필요가 있다. 예를 들어 1차원 계에서 각 상태를 n으로 이름 붙인 파동함수 $\psi_n(x)$로 기술한 경우

$$\sum_n\int dx|\psi_n(x)|^2 = 1 \tag{7.18}$$

라고 쓸 수 있다. 이것을 우주의 파동함수라고 하는 경우 초공간 전체에 대해 파동함수의 절댓값의 합을 구할 필요가 있다. 그러나 초공간의 구조

에 대한 지식이 부족하기 때문에 합을 구할 때 어떠한 척도로 계산해야 하는지 모른다. 그렇기 때문에 우주의 파동함수에 일반적인 의미의 확률해석을 적용할 수가 없다. 경향을 보는 정도의 매우 대략적인 고찰만 가능한 실정이다.

그 밖에 발산문제, 경계조건문제가 있지만 다음 절에서 다루겠다.

현재 양자우주론의 연구 흐름은 루프 양자중력으로 이어진다. 새로운 변수가 도입되면서 중력의 정준이론을 재구성하고 양자화한다. 이때 파동함수의 물리적 상태는 루프에 따른 중력에 대응하는 게이지장을 적분해 표현된다. 정식화에도 극복해야 할 문제가 산더미 같지만 올바른 해석의 하나라고 할 수 있다. 최근에 균일등방한 우주에 대해 여러 가지 진보된 해석들이 보고되고 있다.

7.2 터널 파동함수와 무경계조건 가설

파동함수를 구하려면 경계조건이 필요하다. 균일등방한 우주인 경우에는 물리적 변수가 규모인자 $a(t)$만의 1차원 계에 있으므로 $a=0$ 혹은 $a=\infty$에 경계조건을 준다. 우주 자체의 경계조건을 정하는 확실한 원리는 지금은 모르지만 대표적인 제안으로 아래 두 가지 경계조건을 들 수 있다. 한 가지는 빌렌킨이 제안한 터널 파동함수이며 다른 하나는 하틀J. Hartle과 호킹S. Hawking이 제안한 무경계조건 가설이다. 후자는 유클리드화된 시공에서 파인만의 경로적분으로 정식화된다. 우주가 양자론적으로 생성됐다는 점에서는 두 경계조건 모두 공통되지만 정량적인 관점에서는 큰 차이를 보인다.

무경계조건(하틀-호킹 파동함수)

하틀과 호킹은 일반적으로 중력의 양자화를 유클리드 시공에서 경로적분을 이용해 정식화했다. 경로적분에 따른 양자화는 파인만이 통상의 물질에 대해서도 정식화했고 정준 양자화와 같은 값이라고 증명됐다. 고전론에서는 입자의 초기상태를 정하면 바로 그 운동이 결정된다. 양자역학에서는 여러 경로를 가지지만 각각 $e^{iS/\hbar}$로 주어지는 가중치weighting를 갖는다. 구체적으로 천이확률은

$$\langle x_f,\ t_f | x_i,\ t_i\rangle = \int_{x(t_i)=x_i}^{x(t_f)=x_f} [dx] e^{iS[x]} \tag{7.19}$$

로 주어진다.

경로적분을 우주에 적용할 때 문제가 되는 것이 경계조건이다. 여기서 하틀과 호킹은 다음과 같은 제안을 했다. '파동함수 $\psi[h_{ij}]$'는 유클리드화된 시공의 h_{ij} 이외에는 경계를 갖지 않는 작은 시공을 더해 계산한다(그림 7.4).

$$\psi[h_{ij}] = \int_g [dg] e^{-S_E[g_E]}. \tag{7.20}$$

여기서 $S_E[g_E]$는 유클리드화된 작용함수이고 g_E는 유클리드화된 계량을 나타낸다. 유클리드화라는 것은 시간좌표를 허수로 두는 수학적 조작을 말한다($t \rightarrow -i\tau$). 여기서 τ는 허수시간이라고 한다. 유클리드화는 장의 양자론에서 유한한 값을 내는 정석이다. 유클리드화된 경우에 시공의 원칙적 경로에서도 특별히 배치의 변화를 동반하는 것까지 고려할 수 있다. 물론 경로적분에서 얻을 수 있는 파동함수도 또한 휠러-드위트 방정식을 충족시킨다.

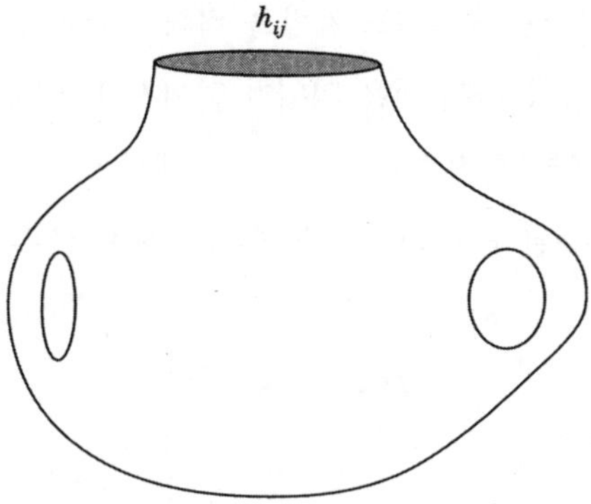

그림 7.4 유클리드화된 시공에서 경로적분. 가능한 모든 경로값을 전부 더한다.

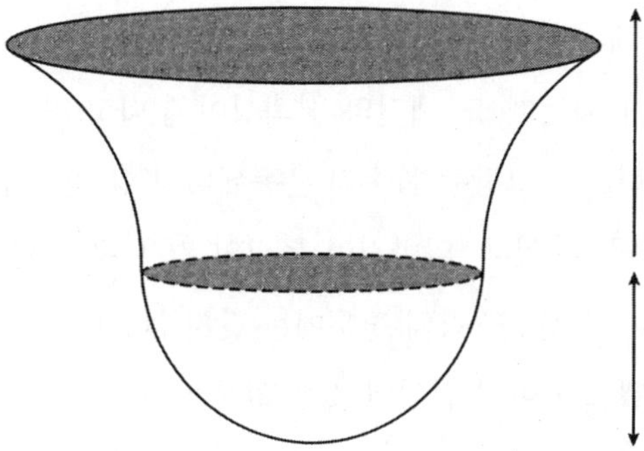

그림 7.5 드 지터 인스탄톤. 양자론적 우주탄생.

그들의 제안에 따라 7.1.1절의 계에 적용하면 드 지터de Sitter 시공의 유클리드화된 시공이 경로적분에 가장 기여한다는 것을 알 수 있다(드 지터 인스탄톤, 그림 7.5 참조). 유클리드화된 드 지터 시공은 4차원 구면이다. 그 계량은

$$ds_E^2 = g_{E\mu\nu}dx^\mu dx^\nu = d\tau^2 + \sin^2(H\tau)d\Omega_3^2 \tag{7.21}$$

로 주어진다. 여기서는 유클리드 계량을 위해 시간과 공간의 개념이 같아지고 우주의 시작을 논하는 것은 의미가 없어진다. 실공간에서 보면 우주는 임의의 순간에 양자론적으로 유한한 크기에서 생성되고 그 후에 팽창으로 전환했다고 추측된다. 이러한 파동함수로 예측되는 우주의 생성확률은

$$P \sim e^{-S_E} \sim e^{\frac{3\pi}{G\Lambda}} \tag{7.22}$$

와 같이 주어진다. 여기서 S_E는 위의 4차원 구면의 부피 $V_4 = 8\pi^2 \ell^4/3$를 이용해 $S_E := -iS(t \to -i\tau) = -\frac{\Lambda}{8\pi G} V_4$라고 쓸 수 있다. 현재의 경우는 $R = 4\Lambda$임에 주의하자.

이 결과에는 몇 개의 문제점이 지적되고 있다. 예를 들어 $\Lambda = 0$에서 확률이 발산하고 있기 때문에 그 예언의 신뢰성이 없다고 생각된다. 그 중 한 가지 원인은 중력의 라그랑주 함수의 운동에너지 항 앞에 붙어 있는 부호가 −라는 점을 들 수 있다. 일반적인 물질의 경우 운동에너지 항은 +이며 하한값을 갖고 있으나 중력의 경우에는 갖지 않는다. 이 문제의 해결책이 몇 가지 제안됐으나 아직 결정된 것은 없다.

퍼텐셜 장벽을 빠져나갈 때 파동함수를 해석적 확장analytic continuation을 함으로써 구할 수 있다. 그 결과 팽창우주를 나타내는 파동함수와 수축우주를 나타내는 파동함수를 중첩시킴으로 생긴다는 것을 알 수 있다(그림 7.6). 실시간으로 보아도 이 상태가 자연스런 것인가에 대해 논의할 여지가 있다.

터널 파동함수

우주가 $a = 0$에서 시작됐다고 하면 퍼텐셜의 모양에서 $a = 0$에서 $a = \ell$로 터널효과로 천이하는 시나리오를 생각할 수 있다. 빌렌킨은 $a \to \infty$에

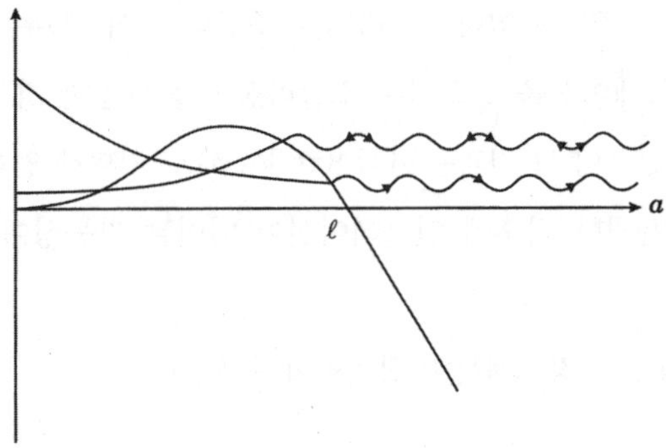

그림 7.6 두 가지 파동함수의 양상. 터널 파동함수는 $a=0$에서 최댓값을 갖고 퍼텐셜 장벽 내에서는 감퇴되어 오른쪽 방향의 진행파에 접속하고 있다. 하틀-호킹의 파동함수는 오른쪽과 왼쪽의 진행파를 중첩시켜 만들어진다.

서 바깥쪽을 향하는 파동함수(팽창우주)만이 존재하는 경우를 가정했다(그림 7.6). 일반적인 양자역학에서 터널확률을 구할 때 얻을 수 있는 경계조건이다. 또한 준고전적 해가 팽창우주에 대응하고 있다는 의미로 자연스러운 제안이라고 생각된다. 여기서는 WKBWentzel, Kramers, Brillouin 근사법[3]을 이용해 일반적인 양자역학의 해를 구하는 방법을 논의한다.

그 결과 터널확률은

$$T=\exp\left\{-2\int_0^{\ell}|p_a(a')|\,da'\right\}=e^{-\frac{3\pi}{G\Lambda}} \tag{7.23}$$

라고 주어진다. 여기서 $p_a=-(3\pi/2G)\dot{a}a=-(3\pi/2G)\sqrt{1-(a/\ell)^2}\,a$임을 이용했다.

하틀-호킹의 결과와 다른 점은 지수함수가 나타난다는 점이다. 하틀-호킹의 결과와 대조적으로 Λ의 의존성을 보면 값이 크면 클수록 확률이

3 선형 방정식과 슈뢰딩거 방정식과 같은 2차미분 방정식에 대한 일반적인 근사법.

높아진다는 것을 알 수 있다[4]. 따라서 우주항의 값이 큰 우주일수록 쉽게 생성된다. 인플레이션을 일으키는 스칼라장 ϕ를 도입한 경우에도 터널확률을 구할 수 있으며 그 결과는 Λ를 $8\pi GV(\phi)$로 치환해 얻을 수 있다. 이것은 우주가 탄생한 직후에 인플레이션이 일어날 가능성이 높다는 것을 의미한다.

터널 파동함수를 경로적분해 정식화할 수 있다.

$$\psi[h_{ij}]=\int[dg]e^{iS}. \tag{7.24}$$

여기서는 로렌츠 계량을 취할 수 있는 배치에 대해 합을 구하려고 한다. 단, 퍼텐셜 장벽 내에서는 로렌츠 계량의 경로가 존재하지 않기 때문에 해석적 확장으로 경로를 구성한다. 또한 로렌츠 계량에서는 게로치R. Geroch가 특이점이 존재하지 않는 한 우주의 배치변화는 허용되지 않고 따라서 이 경로적분에서는 배치가 변할 것 같은 경로에 대해 작용이 유한한 범위 안에서 특이점 존재를 허용한다고 보았다.

여기까지 경계조건에 대한 대표적인 제안 두 개를 보았는데 빌렌킨의 제안이 유력해 보인다. 하지만 어느 쪽이든 생성확률의 자세한 부분을 뺀다면 우주가 양자적으로 유한한 임의의 크기로 생성되고 그 후 고전적인 우주로 진화한다는 대략의 그림은 올바르게 보인다.

4 이것은 Λ가 커지면 터널확률이 커지므로 터널현상이 쉽게 일어나고 Λ가 큰 우주일수록 나타날 확률도 커진다는 것을 의미한다.

7.3 초끈이론과 고차원우주론

지금까지 정준양자화 또는 경로적분의 절차에 따라 시공 자체의 양자화 시도에 대해 소개했다. 한편으로 약한 핵력, 강한 핵력, 전자기력이라는 중력 이외의 힘을 하나로 통일하려는 노력도 이루어지고 있다. 그 시도에 동기를 부여한 것은 이들의 상호작용이 게이지 이론이라는 공통의 틀로 기술된다는 것이다. 특히 전자기력과 약한 핵력에 대해 실험으로 검증되는 통일이론이 존재한다(와인버그-살람 이론, 전약통일이론이라고도 한다). 또한, 고에너지에서 강한 핵력이 다른 결합상수와 일치한다는 이론적 결과가 뒷받침되어 전약통일이론과의 통일이론도 제안되고 있다(대통일이론). 그리고 중력과의 통일도 적극적으로 연구가 진행되고 있다. 이러한 모든 상호작용을 통일하는 가장 유력한 이론으로 초끈이론을 들 수 있다. 점으로 이루어진 입자가 아니라 끈을 기본단위로 한 것은 중력장의 양자이론 특유의 발산문제를 회피하기 위함이다. 초끈이론에서는 입자가 끈의 진동 방법으로 분류된다. 대략적으로 닫힌 끈은 중력을, 열린 끈은 물질을 나타낸다(그림 7.7). 단, 거기서는 배경시공의 존재를 전제로 하고 중력도 다른 힘과 마찬가지로 입자로 취급된다.

초끈이론이 양자적으로 제어할 수 있기 위해서 그 차원은 10차원이 돼야 한다. 차원이 이론과 모순이 없게 정해지는 것은 놀랄 만한 사실이다. 한편, 현재의 우주는 4차원으로 충분히 기술된다는 것을 알고 있다. 이것은 어떤 작용으로 여분의 6차원이 관측에 저촉되지 않을 정도로 작아야 함을 의미한다(밀집화문제).

섭동론적 정식화에 기준한 초끈이론은 다섯 종류의 이론으로 분류된다. 그리고 이 이론들 사이에 이중성이라 불리는 대칭성이 존재하고 그것을 통해 모든 이론이 상호관계를 이루고 있다. 하지만 4차원 시공의 재현이라

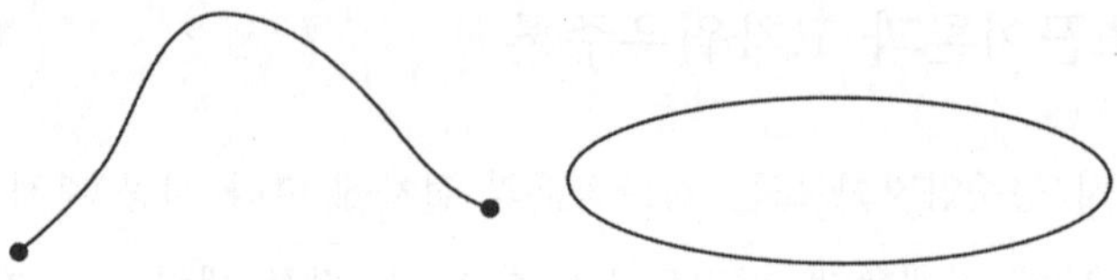

그림 7.7 초끈이론의 기본요소인 열린 끈과 닫힌 끈.

는 의미에서는 현실적으로 밀집화를 설명할 수 없다. 이 점에 대해서는 나중에 상세하게 살펴보겠다.

최근 초끈이론이 발전하면서 밝혀진 것은 브레인이라는 확장된 구조물의 존재이다. 브레인은 'membrane(얇은 막)' 의 줄임말이다. 끈은 공간적으로 1차원이지만 브레인은 1차원보다 큰 공간차원으로 퍼져 있다. 특히 열린 끈의 가장자리가 모인 것으로 정의되는 브레인(D브레인, 그림 7.8)의 존재가 지적된 후 비약적으로 연구가 발전해 우주론에 큰 영향을 주고 있다.

흥미로운 점 중에 한 가지는 D브레인에 붙어 있는 열린 끈과 닫힌 끈이라는 이중성으로 인해 생각할 수 있는 결과이다. 그림 7.9와 같이 원통형의 끈이 D브레인에 붙어 있는 상황을 생각하자. 열린 끈의 시점에서 보면 열린 끈은 닫힌 루프를 그리기 때문에 각 단면은 장의 1차원 낮은 시공면 위의 양자보정항에 대응하고 있다. 한편 닫힌 끈의 시점에서는 닫힌 끈이 방출되는 과정이라고 해석할 수 있다. 이 두 가지 시점은 어느 쪽에서 봐도 올바르다. 따라서 중력자의 방출은 양자장과 같다는 것을 나타낸다. 이 대응 관계는 '고차원의 중력이론과 1차원 낮은 시공에서 양자장의 이론은 같다' 는 것을 주장한다.

일단, 고차원 시공의 특성을 간단한 모형을 이용해 고찰해 보자. 고차원 이론은 4차원적인 관측자 시점에서 볼 때 어떻게 해석될까. 간단히 하기 위해 5차원의 질량 0인 스칼라장을 예로 들고 밀집화에서 나타나는 칼루

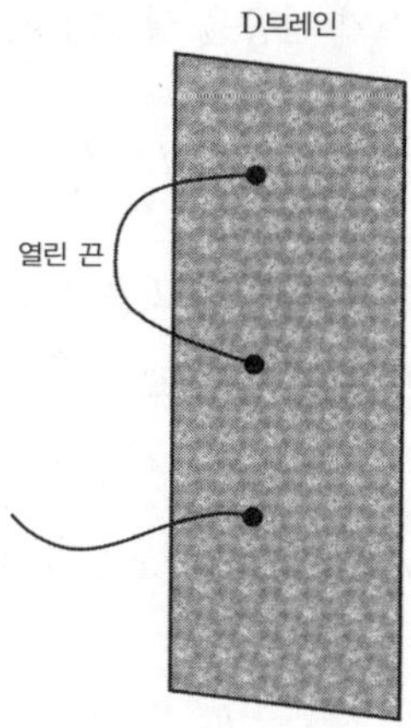

그림 7.8 D브레인. 열린 끈의 가장자리 점이 D브레인에 붙어 있다.

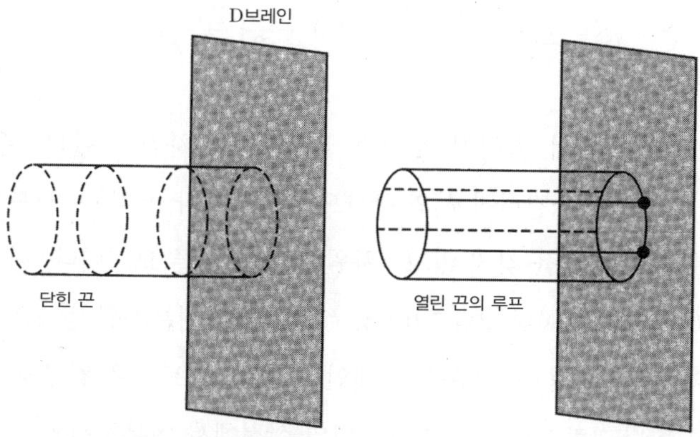

그림 7.9 D브레인에 붙어 있는 열린 끈. 가장자리의 점은 브레인 위에서 루프를 만들고 있다. 닫힌 끈의 방출이라고 해석할 수 있다.

자-클레인Kaluza-Klein 모드로 설명하겠다. 질량이 0인 스칼라장 ϕ의 작용함수는

$$S=-\frac{1}{2}\int d^5x(\nabla\phi)^2. \tag{7.25}$$

배경시공으로 5차원 민코프스키 시공을 생각하자.

$$ds^2=dy^2+\eta_{\mu\nu}dx^\mu dx^\nu. \tag{7.26}$$

이 좌표에서는 y를 여분의 차원으로 하고 주기 L로 밀집화된다. 이 경우 스칼라장 ϕ는 일반적으로 y방향의 바닥모드 $e^{i\frac{2\pi n}{L}y}$로 전개된다.

$$\phi(y,\ x)=\sum_n \phi_n(x)e^{i\frac{2\pi n}{L}y} \tag{7.27}$$

이것을 작용함수에 대입하면

$$S=\sum_n\int d^4x\left[-\frac{1}{2}(\partial_\mu\phi_n)^2-\frac{1}{2}\left(\frac{2\pi}{L}\right)^2 n^2\phi_n^2\right] \tag{7.28}$$

이 된다. 이 식에서 밝혀진 것처럼 질량 0인 5차원 스칼라장은 질량 $\left(\frac{2\pi}{L}\right)^2 n^2$인 4차원 스칼라장 ϕ_n의 합산으로 기술된다. $n=0$인 모드는 여분차원 방향의 운동량을 갖지 않고 4차원 방향에 따른 모드이다. 이것을 제로 모드(0모드)라고 한다(그림 7.10). $n\neq 0$인 경우 여분차원 방향의 운동량을 갖는 모드에 대응해 칼루자-클레인 모드, 스펙트럼은 칼루자-클레인 탑이라고 한다(그림 7.10, 그림 7.11). 위의 설정에서 여분차원의 구조가 균일하다고 가정한다. 그로 인해 스칼라장을 y방향에 관해 푸리에 분해를 할 수 있다. 하지만 여분차원에 특별한 위치는 존재하지 않음에 주의하자.

고차원 우주론의 심각한 문제 중에 하나는 여분차원의 밀집화 문제이다. 또한 현재 관측을 통해 우주가 가속팽창을 한다는 것을 알았지만 이 사실도 동시에 설명할 필요가 있다. 그래서 밀집화에 관한 중요한 사항 두 가지에 대해 자세하게 살펴보자.

먼저 고차 반대칭 텐서장에 의한 여분차원의 크기 안정화를 살펴보자.

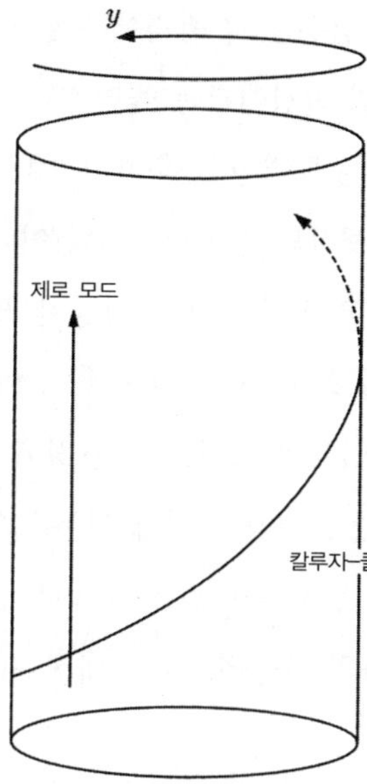

그림 7.10 밀집화. 제로 모드와 칼루자-클레인 모드의 전파.

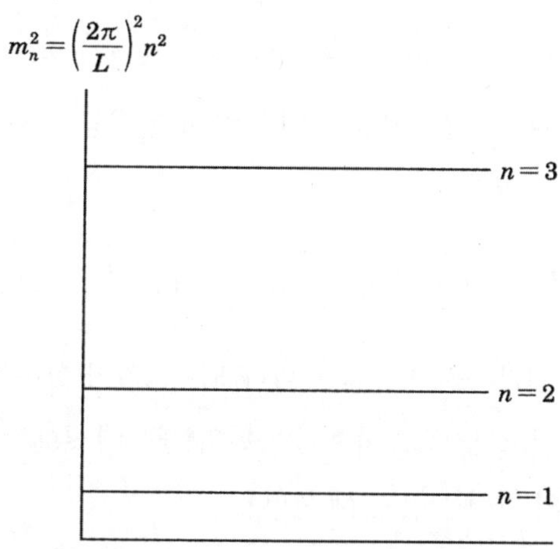

그림 7.11 밀집화에 따른 에너지 스펙트럼. 칼루자-클레인 탑.

여분차원의 크기 안정화는 우주론과 모순이 없기 위해 해결해야 할 기본적인 과제이다. 여분차원의 반경에 대응하는 물리적 자유도가 있음에 주의하자. 안정화되지 않은 경우는 그 반경에 특별한 값은 존재하지 않기 때문에 4차원에서 본 경우의 반경이라는 물리적 자유도가 질량 0인 입자에 대응한다. 질량 0인 입자는 특별한 작용이 일어나지 않는 한 중력이나 물질과 강하게 결합한다고 생각되고 이것은 실험이나 관측으로 쉽게 검증될 것이다. 여분차원의 크기 안정화에 대해 다양한 제안이 나오고 있지만 초끈이론의 저에너지이론인 초중력이론의 범위 안에서 성공을 거두고 있는 경우는 고차 반대칭 텐서의 플럭스에 의한 안정화이다.

초중력이론에서는 고차 반대칭 텐서가 기본요소로 존재한다. 여분차원이 일그러지는 것을 막기 위해 플럭스를 도입해 안정화가 일어난다. 간단한 모형으로 $D=p+q$ 차원 시공에 q차 반대칭 텐서(플럭스)를 살펴보자.

$$S=\int d^{p+q}x\sqrt{-g}\left[\frac{1}{2}R-\frac{1}{4q!}F_{a_1a_2\cdots a_q}F^{a_1a_2\cdots a_q}\right]. \tag{7.29}$$

여기서 $F_{a_1a_2\cdots a_q}$는 q차의 반대칭 텐서장이다. $q=2$의 경우는 전기장 텐서에 대응한다. 여분차원을 q차원 구면으로 하면 시공 전체에 대해 다음과 같이 계량을 할 수 있다.

$$ds^2=e^{\frac{2q}{p-2}\phi(x)}g_{\mu\nu}(x)dx^\mu dx^\nu+e^{2\phi(x)}L^2d\Omega_q^2. \tag{7.30}$$

여기서 $\phi(x)$는 여분차원의 크기를 나타내는 스칼라 함수이고 $d\Omega_q^2$는 q차원 단위구면의 미소면적요소이다. 2차원의 경우에 $d\Omega_2^2=d\theta^2+\sin^2\theta d\varphi^2$이다. L은 길이의 차원을 갖는 상수이다.

작용을 변분해 아인슈타인 방정식과 맥스웰 방정식에 유사한 식이 고차 반대칭 텐서에 대해 도출된다. 후자의 해는 플럭스를 여분차원으로 덮어씌운 것이 존재한다.

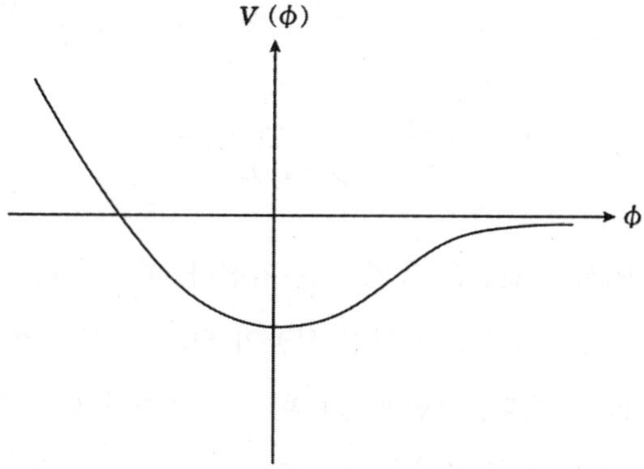

그림 7.12 여분차원의 반경 ϕ에 대한 퍼텐셜 $V(\phi)$.

$$F_{i_1\cdots i_q}=f\varepsilon_{i_1\cdots i_q}. \tag{7.31}$$

여기서 $\varepsilon_{i_1\cdots i_q}$는 q차원 구면의 계량에서 만든 완전 반대칭 텐서이다. 다른 성분은 0으로 둔다. 위의 계량과 플럭스의 해를 대입해 p차원의 유효이론을 얻을 수 있다.

$$S_p=\Omega_q L^q\int d^p x\sqrt{-g_p}\left[\frac{1}{2}R_p-\frac{q(p+q-2)}{2(p-2)}(\nabla\phi)^2-V(\phi)\right]. \tag{7.32}$$

여기서 R_p는 $g_{\mu\nu}(x)$에서 만든 리치 스칼라 곡률을, ∇_μ는 $g_{\mu\nu}$의 공변미분을, Ω_q는 q차원 단위 구면의 면적을 나타낸다. $V(\phi)$는

$$V(\phi):=\frac{f^2}{4}\left[e^{-2q\frac{p-1}{p-2}\phi(x)}-\frac{q(p-1)}{p+q-2}e^{-2\frac{p+q-2}{p-2}\phi(x)}\right]. \tag{7.33}$$

이 퍼텐셜의 제1항은 플럭스가 제2항은 여분차원의 곡률항이 기여한다. 그림 7.12에서도 알 수 있듯이 퍼텐셜에는 극솟값이 존재하고 플럭스의 존재로 여분차원의 크기가 안정되었음을 알 수 있다. 그러면서 $\phi=0$에서

퍼텐셜이 극솟값을 갖도록 매개변수를 조정하고 있다. 즉,

$$f^2=\frac{2(q-1)(p+q-2)}{(p-1)L^2}$$

하지만 극솟값에서 퍼텐셜은 음의 값을 가진다. 따라서 플럭스가 있는 해의 바닥 상태는 음의 우주항을 가진 시공이 되고 반 드 지터 시공이 우주를 나타내는 시공이 된다. 반면에 평탄한 민코프스키 시공 또는 가속팽창을 나타내는 드 지터 시공은 얻을 수 없다.

초중력이론에서는 고차원이론을 4차원 시공의 유효이론으로 보았을 때 가속팽창을 얻을 수 없음을 알고 있다(Gibbons의 금지정리). 이것을 간단한 예로 살펴보자. 일단 시공 전체의 계량을

$$ds^2=W^2(y)g_{\mu\nu}(x)dx^\mu dx^\nu+g_{mn}(y)dy^m dy^n \tag{7.34}$$

라고 하고 $g_{\mu\nu}(x)$를 우리우주 (X)의 계량이라고, $g_{mn}(y)$를 밀집화된 여분차원 공간 (Y)의 계량이라고 한다. 여기서 아인슈타인 방정식의 좌변에 있는 고차원 리치 텐서의 (μ, ν)성분은

$$R\mu\nu={}^XR_{\mu\nu}+\frac{1}{4}\frac{1}{W^2}{}^Y\nabla^2W^4g_{\mu\nu} \tag{7.35}$$

처럼 표현할 수 있다는 점에 주의하자. 여기서 ${}^XR_{\mu\nu}$는 계량 $g_{\mu\nu}(x)$로부터 만든 리치 텐서이고, ${}^Y\nabla_a$는 $g_{mn}(y)$로부터 만든 공변미분이다.

여분차원이 밀집된 경우 양변에 W^2을 곱하고 Y에 대해 적분하면 우변 제2항이 사라져서 더 이상 기여하지 않는다. 특히

$$\int_Y W^2(y)R_{00}(y,\ x)={}^XR_{00}(x)\int_Y W^2(y) \tag{7.36}$$

을 얻는다. 따라서 고차원 아인슈타인 방정식이 강한 에너지 조건 $R_{00} \geqq 0$를 만족하는 경우에 4차원 시공의 강한 에너지 조건 ${}^{X}R_{00} \geqq 0$도 자동적으로 성립한다. 한편, 가속팽창 우주에서는 ${}^{X}R_{00} \simeq -3\ddot{a}/a$(균일등방 우주의 경우, a는 크기 인자)는 음의 값을 가져야겠지만 여기서는 만족되지 않는다. 따라서 일반적으로 가속팽창 우주를 재현하기는 어렵다. 이 어려움을 회피하는 방법으로 (식 7.34)와 같은 계량 분해를 할 수 없는 경우 여분차원이 밀집되지 않은 경우에 여분차원에 특이한 구조가 존재하는 경우를 들 수 있다.

대체로 동적인 드 지터 시공은 초대칭성과 궁합이 나쁘다. 초대칭이라는 것은 보손 입자와 페르미 입자의 교환 대칭성이지만 시공의 대칭성과 관계가 있다. 드 지터 시공을 실현하기 위해서는 어떤 형태로든지 초대칭성을 깰 필요가 있다. 최근 브레인의 존재로 초대칭성을 깨 드 지터 시공을 구성하는 연구가 주목을 받고 있다. 예를 들어 방금 전에 기술한 반대칭장을 사용한 밀집화의 이론에서 여분차원에 브레인을 놓음으로써 에너지를 높이고 극솟값을 음에서 양으로 높일 수 있다고 기대한다. 또한 초기 우주에서 인플레이션을 일으키는 것도 논의되고 있다. 물론 언제든지 우주항을 아인슈타인 방정식의 우변에 마음대로 넣을 수 있지만 그 기원이 브레인이라고 할 수 있다는 점이 새롭다.

초끈이론에서는 그 정식화를 위해 배경시공의 존재가 전제조건으로 돼 있다. 10차원의 민코프스키 시공 또는 반 드 지터 시공에서 초끈의 양자화 때문에 섭동론적으로 구성됐다. 그러기 위해 지금까지 고차원 시공의 구조 해석에 초점을 맞춘 적이 없었는데 최근 발전해서 보는 관점이 달라지고 있다. 실제로 4차원과 비교해 고차원 시공에서는 풍부한 구조를 갖는 것이 알려져 있다. 블랙홀의 배치가 좋은 예이다. 회전하는 경우 S^3뿐 아니라 도넛 모양의 $S^1 \times S^2$ 사상 지평선을 갖는 검은 고리 해가 발견되고 있다. 그 밖에 시공에서 무한으로 멀리 떨어진 곳에 경계조건에도 다양성이 있다. 이것들은 초기우주에서 생성되는 원시 블랙홀의 성질에 영향을 줄 가능성이 있다.

현재의 관측으로 우주항이 존재한다는 것이 확정됐다고 말해도 과언이 아니다. 초끈이론이라고 해도 현실을 설명할 수 없으면 기각된다. 우주항의 기원은 초끈이론과 같이 기초이론으로 설명할 수 있어야 한다.

7.4 브레인 우주론

초끈이론의 전형적인 규모가 플랑크 규모를 따르므로 직접적인 실험검증은 당분간 바랄 수 없다고 지금까지 생각했다. 이것은 플랑크 규모(10^{19}GeV)와 전약 규모(100GeV) 사이에 10^{17}자릿수에 이르는 에너지 규모의 차이가 원인이다(게이지 계층구조 문제). 그런데 브레인의 등장으로 지금까지 우리가 그려온 고차원 시공과 달리 실험검증이 가능한 모델이 등장하게 됐다. 그래서 D브레인의 성질이 열쇠를 쥐고 있다. D브레인의 정의로부터 열린 끈이 브레인에 붙어 있다. 열린 끈이 물질의 자유도를 표현하고 있다는 사실을 염두에 두고 극단적 경우 우주는 D브레인 자체가 된다. 이러한 현상을 적극적으로 생각한 것이 아르카니-하메드N. Arkani-Hamed, 디모폴로스K. Dimopoulos, 드발리G. Dvali들이다. 우리의 우주를 고차원 시공 안에 브레인이라는 것에 따라 고차원의 플랑크 규모가 전약 규모의 저에너지까지 내려갈 가능성이 지적됐다. 따라서 고차원 시공에서는 에너지의 차이가 존재하지 않고 4차원 이론에서 차이는 겉보기상의 것이라고 해석된다.

고차원 플랑크 규모가 어떻게 해서 저에너지로 내려가는가를 자세히 살펴보자. 그러기 위해서 $D=n+4$차원 시공의 만유인력을 생각해보자. 가우스 법칙으로 중력퍼텐셜 G_D를 D차원 시공의 중력상수라고 하면,

$$V(r) = -\frac{G_D}{r^{n+1}} \tag{7.37}$$

로 주어진다. 그러면 여기서 전체 차원 중에 n차원 부분을 밀집화했다고 하자. 밀집화의 전형적인 크기를 L이라고 하고 그것보다 큰 규모에서 보면 중력은 4차원적으로 행동할 것이다.

$$V(r) = -\frac{G}{r}. \tag{7.38}$$

$r \sim L$에서는 각각 $V(L) \sim -G_D/L^{n+1} \sim -G/L$이므로 고차원의 중력상수 G_{n+1}과 4차원 중력상수 G 사이에 관계식을 얻을 수 있다.

$$G_D \sim L^n G. \tag{7.39}$$

자연체계에서는 $G_D = 1/M_{(D)}^{n+2}$, $G = 1/M_{\mathrm{pl}}^2$이라고 쓸 수 있다. 여기서 $M_{(D)}$, M_{pl}은 각각 D차원 시공, 4차원 시공에 대한 플랑크 상수를 나타낸다. 중력상수 사이에 관계식을 플랑크 상수 사이의 관계식으로 바꿔 쓰면

$$M_{\mathrm{pl}}^2 = L^n M_{(D)}^{n+2} \tag{7.40}$$

이 된다.

이 관계식으로 밝혀진 것처럼 L의 크기를 크게 해 $M_{(D)}$의 값을 작게 할 수 있다. 기존의 밀집화의 경우에 앞 절에서 본 것처럼 중력뿐만이 아니라 물질에 대해서도 칼루자-클레인 모드 스펙트럼이 존재한다. 따라서 소립자 실험에 따라 L에 대한 제한이 결정되고 $L \leqq 10^{-17}$cm라는 제한을 얻었다.

하지만 브레인 세계의 모형인 경우에 물질의 칼루자-클레인 스펙트럼은 존재하지 않기 때문에 소립자 실험으로부터 직접 L의 제한을 구할 수

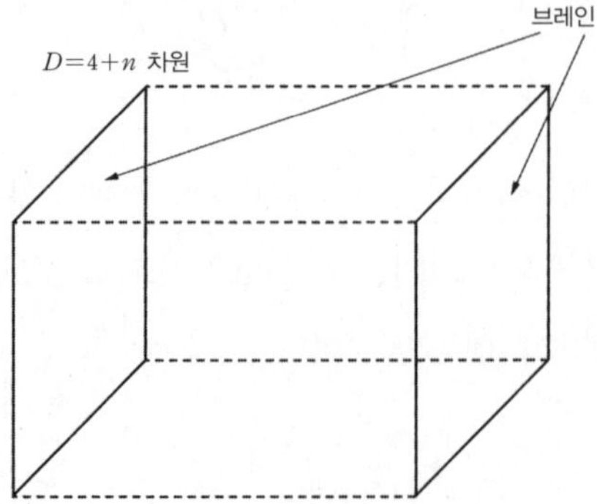

그림 7.13 큰 여분차원 모형. 물질은 브레인 위에서만 존재한다.

없다. L의 제한은 중력실험만으로 구할 수 있다. 현재 역제곱법의 검증은 0.1mm 이상에서 이루어진다. 따라서 L이 0.1mm 이하라면 실험과 모순은 되지 않는다. 이것을 순순히 받아들이면 실험은 여분차원의 크기가 0.1mm까지 허용된다. 현재의 모형에서 $M_{(D)} \sim \mathrm{TeV}$라면 $L < 0.1\mathrm{mm}$가 되기 위해서는 차원에 대해 제한 $n \geqq 2$을 얻는다. 그 밖에 우주 물리학적인 제한에서도 엄밀한 제한이 부가될 가능성이 있다. 0.1mm의 큰 크기를 갖는 여분차원도 가능하기 때문에 큰 여분차원 모형이라고 한다(그림 7.13).

이 모형에서 눈여겨보아야 할 점은 지상의 실험에서 미니 블랙홀을 생성할 수 있다는 것이다. 블랙홀이 만들어지기 위해서는 전체 질량으로 결정되는 슈바르츠실트 반경 $2GM/c^2$ 안에 물질을 모두 집어넣을 필요가 있다. 소립자 실험에서는 입자의 전형적인 크기와 슈바르츠실트 반지름을 비교하면 열 배보다 더 큰 것을 알 수 있다. 따라서 4차원 시공에서 블랙홀을 만드는 것은 실질적으로 불가능하다. 하지만 브레인 세계의 경우에 작은 규모로 고차원적으로 행동한다. 따라서 슈바르츠실트 반지름이 4차원인 경우와 비교하면 커지고 입자 크기보다 커지는 경우가 있다.

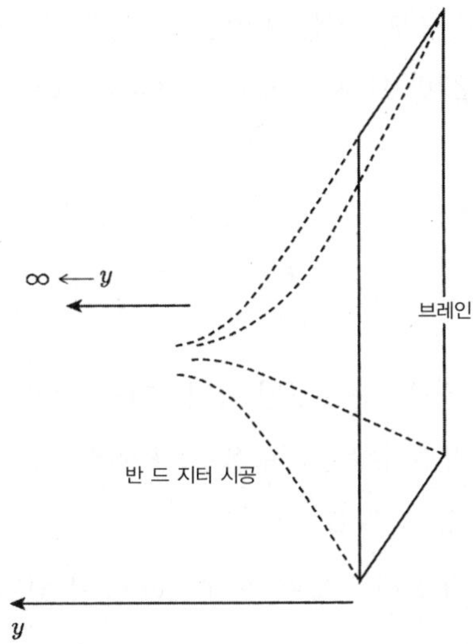

그림 7.14 란달–썬드럼 여분차원 모형. 브레인의 자기중력에 의해 여분차원이 구부러진다.

브레인 우주론의 가장 단순한 모형은 란달L. Randall과 썬드럼R. Sundrum이 1999년에 제창한 것이다. 이 모형은 전체 시공의 차원은 5차원이며 따라서 여분차원은 1차원이다.

5차원 시공 전체는 음의 우주항인 경우에 반 드 지터 시공이다. 반 드 지터 시공은 여분차원 방향으로 인플레이션하는 해라고 볼 수 있다. 간단히 하기 위해 한 장으로 이루어진 란달–썬드럼(RS) 모형을 생각하자. 이때 5차원 시공 전체의 계량은

$$ds^2 = dy^2 + e^{-2|y|/\ell}\eta_{\mu\nu}dx^\mu dx^\nu \tag{7.41}$$

로 주어진다. $\eta_{\mu\nu}$는 4차원의 민코프스키 시공 계량이다. $|y| \rightarrow \infty$를 향해 인자 $e^{-2|y|/\ell}$은 지수함수적으로 움직인다. 여기서 계량의 y방향 1차미분은 $y=0$에서 불연속이지만 이것은 $y=0$에서 무한히 얇은 브레인이 있기 때

문이다. 여분차원이 구부러지는 방법은 그 브레인의 자기중력으로 결정된다. 현재의 경우 ℓ을 반 드 지터 시공의 곡률반지름으로, σ를 브레인 장력이라고 하면

$$\ell^{-1}=\frac{1}{6}\kappa^2\sigma \tag{7.42}$$

이다. 이것을 보기 위해서는 5차원 아인슈타인 방정식으로 돌아갈 필요가 있다. 아인슈타인 방정식에는 계량을 좌표에서 2차미분한 것이 포함되어 있다. 특히, $\partial_y^2 g_{\mu\nu}$라는 항을 포함한다.

한편, $y=0$에서 무한하게 얇은 브레인이 놓여 있기 때문에 5차원의 에너지 · 운동량 텐서는 $T_{ab}\sim-\sigma\delta(y)$로 주어진다. 따라서 아인슈타인 방정식으로부터 $\partial_y^2 g_{\mu\nu}\sim G_{(5)}\sigma\delta(y)g_{\mu\nu}$가 된다. 이 양변을 $y=0$의 전후에서 적분하고 계량의 y방향으로 1차미분의 차이는 브레인 장력을 이용해

$$\partial_y g_{\mu\nu}|_{y=+0}-\partial_y g_{\mu\nu}|_{y=-0}\sim G_{(5)}\sigma g_{\mu\nu} \tag{7.43}$$

처럼 결정되는 것을 알 수 있다. RS모형에서는 브레인 양쪽에서 대칭이라고 가정하기 때문에(Z_2 대칭성), $\partial_y g_{\mu\nu}|_{y=+0}=-\partial_y g_{\mu\nu}|_{y=-0}$이 된다. 계량의 경사가 양쪽에서 같은 크기의 절댓값을 갖게 된다. 그러면 $\partial_y g_{\mu\nu}|_{y=+0}=-\partial_y g_{\mu\nu}|_{y=-0}=\kappa^2\sigma g_{\mu\nu}$와 같이 양쪽에서의 값을 얻을 수 있다. 현재 계량의 1차미분이 $\ell^{-1}g_{\mu\nu}$이므로 결국 $\ell^{-1}\sim\kappa^2\sigma$을 얻는다. (식 7.43)은 이스라엘 Israel의 접속조건이라고 한다.

다음으로 브레인 위의 선형화된 중력이론에 대해 조사해보자. 그러기 위해서는 선형화된 방정식을 슈뢰딩거 방정식 모양으로 바꾸는 게 더 편리하다. 계량으로 반 드 지터 시공에 섭동 $h_{\mu\nu}$를 더한 것을 생각하자.

$$ds^2=dy^2+e^{-2|y|/\ell}(\eta_{\mu\nu}+h_{\mu\nu})dx^\mu dx^\nu. \tag{7.44}$$

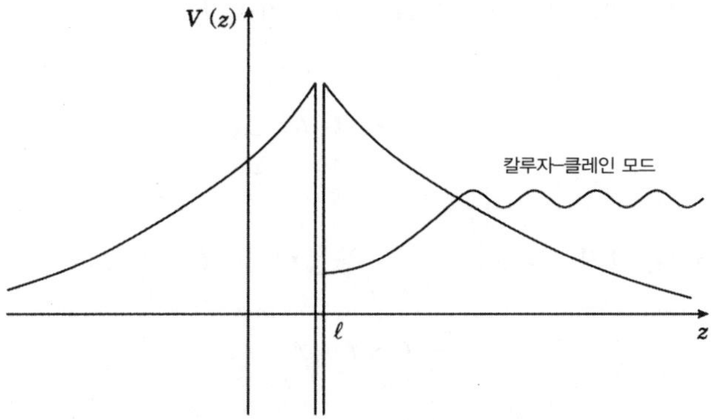

그림 7.15 화산형 퍼텐셜. 분화구에 제로 모드는 포획되어 있다.

여기서 $\eta^{\rho\sigma}\partial_\rho\partial_\sigma h_{\mu\nu}=-m^2 h_{\mu\nu}$를 만족한다. 따라서 $h_{\mu\nu}$는 질량 m을 갖는 칼루자-클레인 모드에 대응한다. 그리고 게이지 조건은 $h^\mu_\mu=\partial^\mu h_{\mu\nu}=0$이 되고 $z=\ell e^{y/\ell}$, $\psi=e^{-3y/\ell}h_{\mu\nu}$로 바꿔 선형화된 아인슈타인 방정식은

$$\left(-\partial_z^2+V(z)\right)\psi=m^2\psi \tag{7.45}$$

가 된다. 퍼텐셜 $V(z)$는

$$V(z)=\frac{15}{4z^2}-\frac{3}{\ell}\delta(z-\ell) \tag{7.46}$$

이 되고 그림 7.15와 같이 화산형이 된다.

여분차원 방향으로 운동량을 갖지 않는 제로 모드는 $y=0$의 화산 분출구에 포획된다. 중력의 섭동인 이 모드는 4차원 중력의 섭동에 대응한다. 또한 운동량을 갖는 칼루자-클레인 모드는 그림 7.15와 같이 행동하고 화산분출구에서는 그 존재가 억제된다. 따라서 장파장 규모에서는 칼루자-클레인 모드의 효과는 작은 보정항으로만 나타난다. 예를 들어 브레인에

서 질량 M을 갖는 입자가 만드는 뉴턴 퍼텐셜은

$$V(r) = -\frac{G_{(5)}\ell^{-1}M}{r}\left(1+\frac{\ell^2}{2r^2}\right) \tag{7.47}$$

로 보정된다. 그리고 이 식으로 4차원 중력상수 G와 $G_{(5)}$의 관계를

$$G = G_{(5)}\ell^{-1} \tag{7.48}$$

라고 읽을 수 있다. 더욱 일반적으로는 장파장 규모에서 선형화된 4차원의 아인슈타인 이론을 얻을 수 있음을 알 수 있다.

앞절에서 설명한 밀집화된 경우와 다른 점은 칼루자-클레인 모드가 밀집화돼 있지 않기 때문에 연속스펙트럼으로 돼 있다는 점이다. 또한 이 모형의 의미심장한 점은 여분차원 방향을 밀집화하지 않았음에도 불구하고 장파장 크기에서 올바른 4차원 이론을 얻을 수 있다는 것이다.

이 모형을 일반적인 경우까지 확장하는 것은 기하학적으로 투영함으로써 얻을 수 있다. 칼루자-클레인 이론의 경우와 비교하면 브레인의 존재에 의해 여분차원이 불분명하게 구부러지고 있기 때문에 원래의 시공 전체를 푼 후에 처음으로 4차원의 유효이론을 얻는다. 하지만 기하학적 투영 방법은 어려운 점을 잘 우회해 중요한 결론을 얻을 수 있다.

일단 5차원의 리만 텐서를 4차원 초곡면에 투영하면 4차원의 리만 텐서와 외적 곡률로 표현된다.

$${}^{(5)}R_{\mu\nu\alpha\beta} = {}^{(4)}R_{\mu\nu\alpha\beta} + K_{\mu\alpha}K_{\nu\beta} - K_{\mu\beta}K_{\nu\alpha}. \tag{7.49}$$

RS모형과 같이 Z_2대칭성의 요청으로부터 외적 곡률 $K_{\mu\nu}$는 브레인 위에 부분적으로 존재하고 있는 물질로 구한다.

$$K_{\mu\nu}=-\frac{1}{6}\kappa^2\sigma-\frac{\kappa^2}{2}\left(T_{\mu\nu}-\frac{1}{3}q_{\mu\nu}T\right). \tag{7.50}$$

여기서 $T_{\mu\nu}$는 브레인 위에서 부분적으로 존재하는 물질의 4차원적인 에너지 · 운동량 텐서, $\kappa^2=8\pi G_{(5)}$, $q_{\mu\nu}$는 브레인 위의 계량을 나타낸다. (식 7.49)를 축약하고 5차원 아인슈타인 방정식과 위의 접속조건을 이용하면

$$^{(4)}G_{\mu\nu}=-\Lambda_4 q_{\mu\nu}+8\pi GT_{\mu\nu}+\pi_{\mu\nu}-E_{\mu\nu} \tag{7.51}$$

가 된다. 여기서 $\Lambda_4=\frac{1}{2}\kappa^2(\Lambda+\frac{1}{6}\kappa^2\sigma^2)$, $8\pi G=\frac{1}{6}\kappa^4\sigma$, $\pi_{\mu\nu}=-\frac{1}{4}T_{\mu\alpha}T^{\alpha}_{\nu}+\frac{1}{12}TT_{\mu\nu}+\frac{1}{8}q_{\mu\nu}T_{\alpha\beta}T^{\alpha\beta}-\frac{1}{24}q_{\mu\nu}T^2$이다. Λ_4은 브레인 위의 우주항에 대응하고 5차원 시공의 우주항(Λ)과 브레인 장력(σ)의 제곱의 합으로 나타낼 수 있다. RS모형에서는 이 우주항이 0인 경우에 대응하고 브레인 위의 시공은 우주항이 없는 4차원 민코프스키 시공이다. G는 뉴턴의 중력상수에 해당한다. 이 항들은 모두 4차원상의 양으로 표현하였으나 우변의 마지막 항 $E_{\mu\nu}$는 5차원 바일Weyl 텐서의 투영 성분의 일부 $^{(5)}C_{y\mu y\nu}$로 주어진다.

바일 텐서 $^{(5)}C_{abcd}$는 중력의 자유도에 대응하므로 이 항만 5차원에서의 영향을 나타낸다고 생각된다. 참고로 반 드 지터 시공이나 민코프스키 시공과 같은 대칭성이 큰 시공에 대해 바일 텐서는 0임에 주의하자.

$\pi_{\mu\nu}$와 $E_{\mu\nu}$의 기여는 저에너지 또는 장파장 규모에서 무시할 수 있으므로 아인슈타인 방정식은 $^{(4)}G_{\mu\nu}=-\Lambda_4 q_{\mu\nu}+8\pi GT_{\mu\nu}$이 된다. 특히 브레인 위에 우주항이 영인 경우, 5차원 시공의 우주항 Λ와 장력 사이에 관계식 $\ell=\frac{1}{6}\kappa^4\sigma$을 얻을 수 있다. 또한 5차원의 중력상수와 4차원 중력상수 사이에 선형이론으로 얻은 $G=G_{(5)}\ell^{-1}$과 같은 관계식을 도출한다.

이 기초방정식의 도출과정에서 가정이나 근사는 사용되지 않았다. 그

덕에 우주모형이나 블랙홀 시공에 대한 응용이 가능하다. 먼저 진공의 블랙홀 해의 경우를 생각하자. $T_{\mu\nu}=0$이므로 $\Lambda_4=0$의 경우를 생각하면 브레인 위의 방정식이 ${}^{(4)}G_{\mu\nu}=-E_{\mu\nu}$가 된다. $E_{\mu\nu}$를 무시할 수 있는 경우는 진공의 아인슈타인 방정식이 됨을 알 수 있다. 하지만 여분차원에 영향을 받는 경우에는 $E_{\mu\nu}$를 무시할 수 없고 이때는 시공 전체를 풀 필요가 있다.

다음으로 우주모형에 대해 고찰하자. 이 경우에 시공 전체를 풀지 않고도 균일등방우주의 해를 구할 수 있다. 우선 균일등방우주의 경우에 (식 7.51)의 양변에 ∇^{μ}가 영향을 미침으로써 $\nabla^{\mu}E_{\mu\nu}=0$이라고 나타낼 수 있다. 또한 $E_{\mu\nu}$의 정의로부터 그 대각합 성분이 0임을 이용해 $-E_{\mu\nu}$는 마치 복사유체의 에너지 · 운동량 텐서와 같이 변동한다. 따라서 균일등방 우주의 경우 규모인자를 a라고 하면 $E_{00}=\mu/a^4$가 된다. 다른 성분은 $E^{\mu}_{\mu}=0$를 이용해 $E^i_j=\frac{1}{3}\mu/a^4\delta^i_j$라고 계산할 수 있다. 여기서 μ는 임의의 상수을 나타낸다.

이와 같이 $E_{\mu\nu}$를 구할 수 있으므로 (식 7.51)의 00성분으로부터 프리드만 방정식을 얻을 수 있다.

$$H^2=\frac{8\pi G}{3}-\frac{K}{a^2}+\frac{\Lambda_4}{3}+\frac{\kappa^4}{36}\rho^2+\frac{\mu}{a^4}. \tag{7.52}$$

ρ^2은 $\pi_{\mu\nu}$로부터의 기여를 나타낸다. 5차원적 해석으로 μ는 5차원의 반 드지터 블랙홀 시공의 질량 매개변수임을 알 수 있다. 닫힌 우주를 생각한 경우, 브레인은 블랙홀을 에워싸는 운동을 한다. 브레인이 블랙홀로부터 멀어지면 브레인 위의 우주에서는 팽창이 일어나며 우주팽창과 브레인 운동이 그대로 대응된다. 흥미로운 점은 여분차원 내부의 블랙홀이 브레인 위에서는 복사하는 것처럼 보인다는 것이다. 단, 이 복사는 브레인 위에서는 존재하지 않으므로 브레인 위의 물질과 직접적인 상호작용은 존재하지

않는다. 고차원 중력을 통해서만 브레인 위의 관측자에 의해 인식된다. 우주모형의 경우는 우주팽창을 관측하는 것에 의해서만 복사의 존재를 밝힐 수 있다. 그렇기 때문에 복사를 흔히 암흑복사라고 한다. 복사의 존재가 확인되면 여분차원에 블랙홀이 존재하는 것을 검증하게 된다. 5차원 블랙홀을 4차원면으로 투영해 보면 복사처럼 보인다는 사실 자체가 흥미로운 결론이다.

브레인 우주론은 저에너지에서 거의 완전하게 4차원 아인슈타인 이론이 되기 때문에 현재의 관측과 모순 없이 성립한다. 매개변수 ℓ과 κ^2에 대한 제한을 느슨하게 해 언제든 모순 없는 모형을 만들 수 있다. RS모형을 발표한 후 완곡한 여분차원 모형이 초끈이론에서 적극적으로 받아들여지고 지금까지 문제가 됐던 질량 0의 자유도를 모두 고정할 수 있는 시나리오가 나오고 있다. 이 시나리오들 중에서 인플레이션 모형이 가장 활발하게 논의되고 있다.

참고문헌

사사키 미사오佐佐木節 저, **일반 상대론**, 산교도서, 1996.

사토 카츠히코佐藤勝彦 저, **상대성이론**, 이와나미서점, 1996.

사토 후미타카佐藤文隆 저, **우주물리**, 이와나미서점, 2001.

사카이 노리스케坂井典佑 저, **소립자 물리학**, 바이후칸, 1993.

코다마 히데오小玉英雄 저, **상대론적 우주론**, 마루젠, 1991.

후타마세 토시후미二間瀨敏史 저, **납득하는 우주론**, 코단샤, 1998.

E.W. Kolb & M.S. Turner, *The Early Universe*, Perseus Books, 1988.

G. Boerner, *The Early Universe*, 4th-Edition, Springer, 2003.

S. Dodelson, *Modern Cosmology*, Academic Press, 2003.

현대의 천문학 시리즈 제2권

우주론 I _우주의 시작

초판 1쇄 발행일 2012년 7월 10일
초판 2쇄 발행일 2015년 10월 6일

엮은이 사토 카츠히코佐藤勝彦 · 후타마세 토시후미二間瀨敏史
옮긴이 오충식
펴낸이 이원중

펴낸곳 지성사 출판등록일 1993년 12월 9일 등록번호 제10-916호
주소 (03408) 서울시 은평구 진흥로1길 4(역촌동 42-13) 2층
전화 (02) 335-5494 팩스 (02) 335-5496
홈페이지 지성사.한국 | www.jisungsa.co.kr 이메일 jisungsa@hanmail.net

ISBN 978-89-7889-257-5 (94440)
978-89-7889-255-1 (세트)

잘못된 책은 바꾸어 드립니다. 책값은 뒤표지에 있습니다.

이 도서의 국립중앙도서관 출판예정도서목록(CIP)은 서지정보유통지원시스템 홈페이지(http://seoji.nl.go.kr)와
국가자료공동목록시스템(http://www.nl.go.kr/kolisnet)에서 이용하실 수 있습니다.
(CIP제어번호: CIP 2012002805)